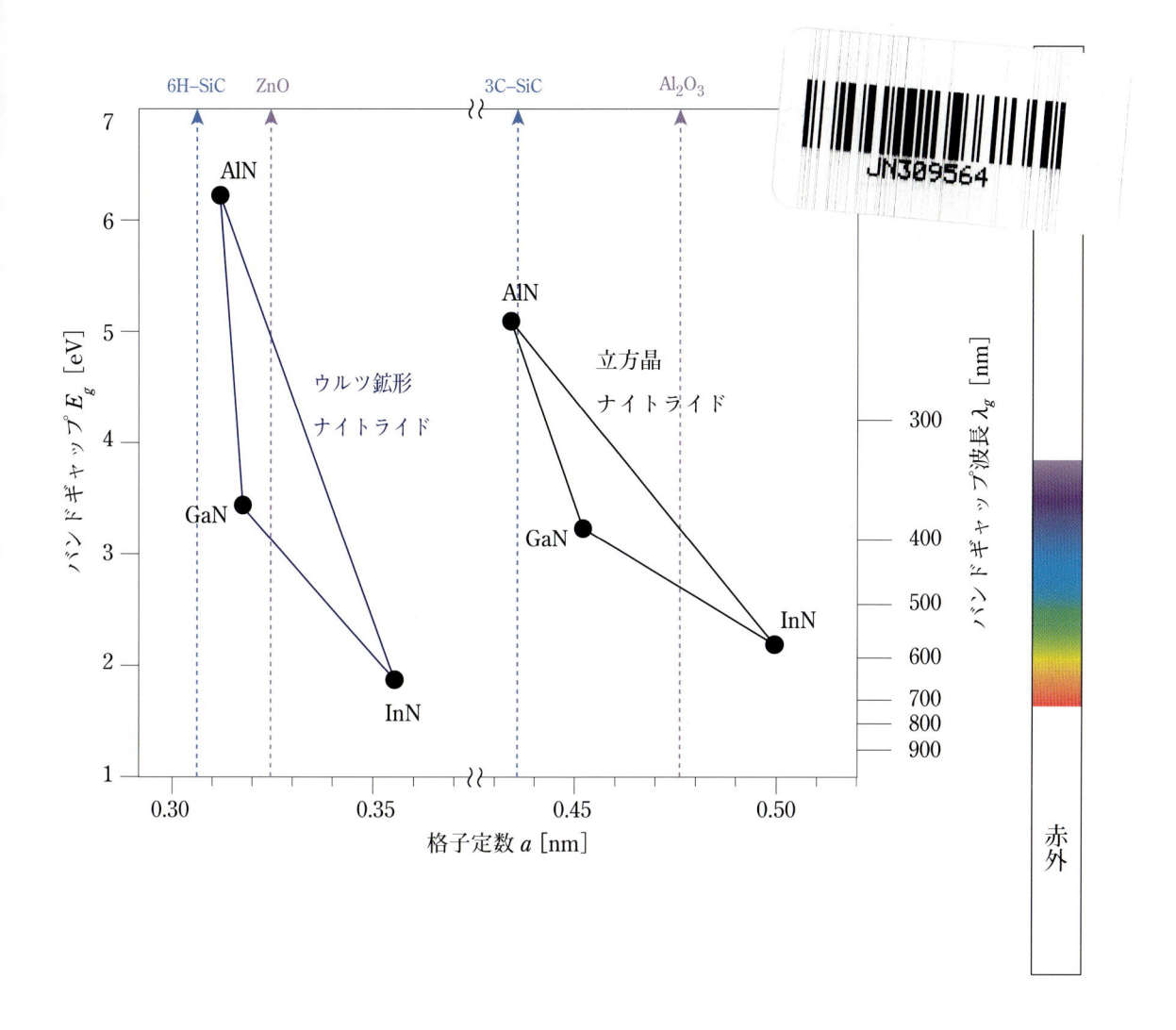

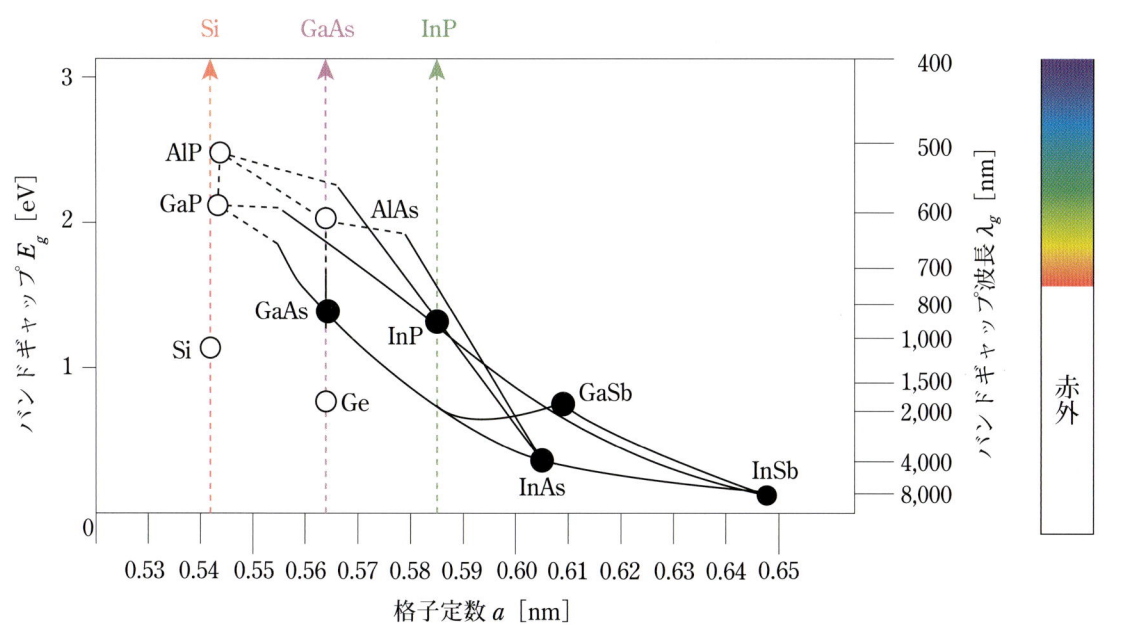

口絵　各種半導体材料の格子定数とエネルギーギャップとの関係

これからスタート！
電気電子材料

共著　伊藤國雄
　　　原田寛治

はじめに

　情報通信技術の急速な進歩は、現代社会を大きく変えつつあります。各種装置は小型・薄型・低消費電力化の方向へ進み、これを実現するために種々の材料を用いた電子部品や電子回路が開発されています。したがって電気電子材料の知識は、単に材料開発を行おうとしている開発者だけでなく、それを用いて作製された電子部品や回路を効率よく使いこなそうと考えている技術者にとっても極めて重要な意味を持っています。

　これまでに電気電子材料の刊行物は数多くありましたが、高校生程度の数学や理科の知識で読める入門書は極めて少ないと思われます。著者たちは現在津山工業高等専門学校の電気電子工学科で「電気電子材料」の講義を、また専攻科で「電子デバイス」の講義を行っていますが、どちらの場合も創造性豊かな実践的技術者を目指す高専生の教育に最適の教科書を見出せず、各教員の講義ノートを中心に授業を行ってきました。そこで二人で相談して、高専生やこれから電気電子材料の勉強を始めようとする学生諸君のために、その基礎から分かりやすく説明し、自然と高度な知識が身につくような教科書を作成することが必要であると感じて、浅学非才をも顧みず従来の講義ノートに手を加えて編纂したのが本書であります。

　本書の特徴としては、まず電気電子材料の知識の修得に必要な材料物性の要点を分かりやすく詳しく述べて、その後に実際の材料の特性を述べていることです。これにより、各種材料の利点、弱点を十分理解し、適切な材料を適切な場所で使用できる幅広い知識を修得できるように心がけました。また各章の中および章末において、適宜演習問題を挿入し、一歩ずつ理解度を確かめて進めるようにしました。第1章から第15章までは基礎的な内容を記述していますが、専攻科生や大学生の高学年にはさらに必要な知識として付録を設けています。付録を読むことにより、大学院へ進もうと思っている学生の知識を補うことができると考えています。

　本書の執筆にあたっては、第12、13、14章を原田が、それ以外を伊藤が執筆しました。内容に関しては正確さを期したつもりですが、不十分な点があるかもしれません。読者の皆様の御教示と御叱正を賜れば幸いです。

　本書の刊行にあたり、原稿から出版まで色々とお世話になった電気書院の田中健三郎さん、および田中昇さん、ならびに田中和子さんに感謝申し上げます。

平成21年4月1日　　　　　　　　　　　　　　　　　　　　　　　　　著者記す

もくじ

はじめに

第1章　水素原子構造と量子論
1.1　水素原子の構造（ボーアの理論） ……………………………………………… 1
1.2　ボーアの理論に基づく水素原子内の電子の遷移による発光 ………………… 3
1.3　量子力学的考えによる水素原子内部の電子の軌道 …………………………… 5
1.4　電子のスピン …………………………………………………………………… 8
1.5　パウリの排他原理 ……………………………………………………………… 9

第2章　固体における化学結合
2.1　原子間力と化学結合 …………………………………………………………… 11
2.2　イオン結晶 ……………………………………………………………………… 12
2.3　共有結合結晶 …………………………………………………………………… 13
2.4　金属結晶 ………………………………………………………………………… 15
2.5　ファンデルワールス結晶 ……………………………………………………… 16
2.6　水素結合結晶 …………………………………………………………………… 16

第3章　結晶構造
3.1　単位細胞とミラー指数 ………………………………………………………… 19
3.2　原子半径と結晶の充填率 ……………………………………………………… 22
3.3　結晶によるX線回折 …………………………………………………………… 24

第4章　金属の電気伝導
4.1　平均ドリフト速度と移動度 …………………………………………………… 27
4.2　フェルミ速度と平均自由行程 ………………………………………………… 28
4.3　金属中の電子の散乱と電気抵抗 ……………………………………………… 29
4.4　金属の熱伝導率 ………………………………………………………………… 32

第5章　帯域理論
- 5.1　フェルミ・ディラックの統計 …………………………………… 35
- 5.2　状態密度と電子密度分布 ………………………………………… 38
- 5.3　エネルギーバンド構造 …………………………………………… 41
- 5.4　有効質量 …………………………………………………………… 44

第6章　半導体の導電率
- 6.1　真性半導体の導電率 ……………………………………………… 47
- 6.2　不純物半導体の導電率 …………………………………………… 51

第7章　半導体と金属の接触による電子現象
- 7.1　仕事関数 …………………………………………………………… 57
- 7.2　半導体と金属の接触 ……………………………………………… 59
- 7.3　半導体と金属の接触による整流特性 …………………………… 61

第8章　p-n接合における電子現象
- 8.1　p-n接合における障壁の厚さと容量 …………………………… 63
- 8.2　p-n接合の整流特性 ……………………………………………… 68
- 8.3　縮退半導体よりなるp-n接合（トンネルダイオード）……… 70

第9章　半導体材料
- 9.1　半導体材料の種類と構造 ………………………………………… 75
- 9.2　結晶成長技術 ……………………………………………………… 77
- 9.3　p-n接合の製法 …………………………………………………… 83
- 9.4　トランジスタの製法 ……………………………………………… 88
- 9.5　半導体集積回路（IC：Intergrated Circuit）の製法 ………… 92

第10章　光半導体材料
- 10.1　p-n接合による発光メカニズム ………………………………… 95
- 10.2　直接遷移型半導体と間接遷移型半導体 ………………………… 96
- 10.3　発光ダイオード用半導体材料 …………………………………… 98
- 10.4　発光ダイオードの構造と製法 …………………………………… 100
- 10.5　半導体レーザの発振条件 ………………………………………… 103

10.6	半導体レーザの構造	109
10.7	半導体レーザの製法	113
10.8	受光素子とその製法	116

第11章　光通信用材料、光ディスク用材料

11.1	光通信用材料	129
11.2	光ディスク用材料	134

第12章　超伝導材料

12.1	超伝導の発見	141
12.2	超伝導の発生原因	142
12.3	超伝導の基本的現象	144
12.4	超伝導材料	149
12.5	超伝導材料の応用	152

第13章　磁性体

13.1	磁性体の磁化	159
13.2	磁性体の分類	160
13.3	原子の磁気モーメント	161
13.4	磁性材料の種類	162
13.5	高透磁率材料	163
13.6	永久磁石材料	165

第14章　誘電体

14.1	誘電分極	175
14.2	誘電分極の機構	176
14.3	強誘電体	177
14.4	圧電効果と電気ひずみ	180
14.5	誘電体の電気伝導	181
14.6	絶縁破壊	182

第15章　その他の各種材料

15.1	導電材料	187

15.2　抵抗材料 ………………………………………………………… 189
　　15.3　新炭素材料 ……………………………………………………… 190

参考文献 ……………………………………………………………………… 194

付録
　付録1　14種のブラベー格子 ………………………………………… 195
　付録2　格子振動と比熱 ……………………………………………… 197
　付録3　ブロッホ関数、クローニッヒ・ペニーのモデル、ブリルアン領域 ……… 205
　付録4　ＣＭＯＳインバータの原理と製法 ………………………… 214
　付録5　定常状態のシュレーディンガーの波動方程式の導出 …… 218
　付録6　各種半導体材料の格子定数とエネルギーギャップとの関係 ……… 220
　付録7　半導体レーザの特性 ………………………………………… 221

解　答 ……………………………………………………………………… 227

索　引 ……………………………………………………………………… 253

第1章

水素原子構造と量子論

1.1 水素原子の構造（ボーアの理論）

　水素原子はボーア（Bohr）の原子模型によると、原子核は1個の**陽子**からなり、そのまわりを1個の**電子**が点電荷として円軌道を描いて回転している。その模型図を**図1.1.1**に示す。1個の電子の電荷 $-e$ の値は -1.602×10^{-19} [C] であり、その静止質量 m の値は 9.109×10^{-31} [kg] である。1個の陽子はその電荷の絶対値は電子と同じく e であるが、その質量は $1836m$ もある。

　ボーアは「軌道上の電子の角運動量はプランク（Planck）の定数 h を 2π で割った値の整数倍に等しい」という量子条件を仮定した。この条件を用いると電子の速度を v として次式が成り立つ。

$$mvr_n = n\hbar, \quad \hbar = \frac{h}{2\pi} \tag{1.1.1}$$

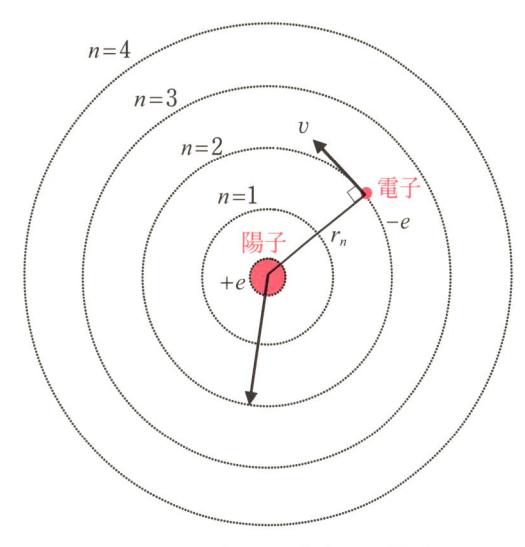

図1.1.1　ボーアの水素原子模型

ここに h はプランクの定数（$h = 6.626\times10^{-34}$ [Jsec]）であり、r_n は図1.1.1で原子核中心から n 番目の軌道までの距離である。

　電子に働く力を考えると、円運動による**遠心力**と、クーロン（Coulomb）引力による**向心力**がつりあっており、次式が成り立つ。

$$m\frac{v^2}{r_n} = \frac{1}{4\pi\varepsilon_0}\frac{e^2}{r_n^2} \tag{1.1.2}$$

ここに ε_0 は**真空の誘電率**（$\varepsilon_0 = 8.854\times10^{-12}$ [F/m]）である。
(1.1.2) 式を変形すると

$$mr_n v^2 = \frac{e^2}{4\pi\varepsilon_0} \tag{1.1.3}$$

となり、(1.1.1) 式より求めた

$$v = \frac{n\hbar}{mr_n} \tag{1.1.4}$$

を (1.1.3) 式に代入して整理すると

$$r_n = \frac{n^2 \hbar^2}{m} \frac{4\pi\varepsilon_0}{e^2} = 5.29 \times 10^{-11} n^2 \quad [\text{m}] \qquad (n = 1, 2, 3, \cdots) \tag{1.1.5}$$

となる。すなわち円軌道の半径は量子数 n で量子化される。

　(1.1.5) 式で $n=1$ すなわち基底状態に対する軌道半径を**ボーア半径**と呼ぶ。ボーア半径 r_a は 5.29×10^{-11} [m] = 0.0529 [nm] となる。

　次に、軌道上の電子エネルギーについて考える。n 番目の軌道上の全電子エネルギー E_n は、その軌道上での運動エネルギー E_{kn} とポテンシャルエネルギー E_{pn} の和に等しく、E_{pn} の零点を $r \to \infty$ にとると、次式で与えられる。

$$E_n = E_{kn} + E_{pn} = \frac{1}{2}mv^2 - \frac{1}{4\pi\varepsilon_0}\frac{e^2}{r_n} \tag{1.1.6}$$

(1.1.3) 式より

$$\frac{1}{2}mv^2 = \frac{1}{8\pi\varepsilon_0}\frac{e^2}{r_n} \tag{1.1.7}$$

が成り立ち、これを (1.1.6) 式に適用すると、以下のようになる。

$$E_n = \frac{1}{8\pi\varepsilon_0}\frac{e^2}{r_n} - \frac{1}{4\pi\varepsilon_0}\frac{e^2}{r_n} = -\frac{1}{8\pi\varepsilon_0}\frac{e^2}{r_n} \quad [\text{J}] \tag{1.1.8}$$

(1.1.8) 式に (1.1.5) 式を代入すると

$$E_n = -\frac{1}{8\pi\varepsilon_0}\frac{e^2}{r_n} = -\frac{me^4}{2(4\pi\varepsilon_0)^2 \hbar^2}\frac{1}{n^2} = -2.18 \times 10^{-18}\frac{1}{n^2} \quad [\text{J}] \tag{1.1.9}$$

となる。

　電子の持つエネルギーを一般に**エレクトロンボルト [eV]** という単位で表わすことが多い。1 [eV] とは 1 [V] の電位差がある自由空間内で電子 1 個が得るエネルギーである。したがって (1.1.9) 式の E_n を eV の単位で表わすと

$$E_n = -2.18 \times 10^{-18}\frac{1}{n^2}[\text{J}] = -\frac{2.18 \times 10^{-18}}{1.602 \times 10^{-19}}\frac{1}{n^2}[\text{eV}] = -13.6\frac{1}{n^2} \quad [\text{eV}] \tag{1.1.10}$$

となる。

演習問題 1.1

① 1[eV] の運動エネルギーを持つ電子の速度を求めよ。
② 1[eV] の運動エネルギーを持つ陽子の速度を求めよ。

演習問題 1.2

ボーアの円軌道を仮定して以下の問いに答えよ。
① 水素原子の基底状態における電子の運動エネルギー、ポテンシャルエネルギーおよび全エネルギーを求めよ。
② 基底状態での電子の速度を計算せよ。

演習問題 1.3

ボーアの円軌道を仮定して、水素原子内の電子の軌道半径およびエネルギーを量子数 $n=1,2,3,4$ の各々について求めよ。

1.2 ボーアの理論に基づく水素原子内の電子の遷移による発光

一般に電子が1つの軌道から別の軌道に遷移するとき、そのエネルギー差に等しい光の放出または吸収がおこる。これを水素原子内の電子の遷移で考えてみる。

図 1.2.1 に示すように移動前の軌道を $n=i$、そのエネルギーを E_i とし、移動後の軌道を $n=j$、そのエネルギーを E_j とすると、放出あるいは吸収される光の周波数 ν は次式で与えられる。

$$\nu = \frac{|E_i - E_j|}{h} \tag{1.2.1}$$

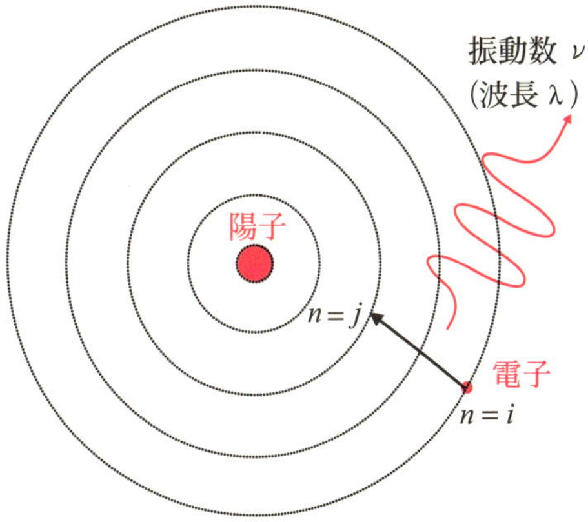

図 1.2.1 電子の遷移と振動数 ν の発光スペクトル

ここに h はプランクの定数で、$E_i > E_j$ の場合が光の放出であり、$E_i < E_j$ の場合が光の吸収である。図 1.2.1 の場合は $E_i > E_j$ なので光の放出になる。光の振動数 ν と光の波長 λ との間には

$$\nu \times \lambda = c \tag{1.2.2}$$

の関係がある。ここに c は光の速度（$c = 3 \times 10^8$ [m/sec]）である。したがって放出あるいは吸収される光の波長 λ は

$$\lambda = \frac{hc}{|E_i - E_j|} \tag{1.2.3}$$

となる。

（1.1.9）式を（1.2.1）式に代入すると

$$\nu = \frac{|E_i - E_j|}{h} = \frac{me^4}{2(4\pi\varepsilon_0)^2 \hbar^2} \frac{1}{h} \left|\frac{1}{i^2} - \frac{1}{j^2}\right| = \frac{me^4}{8\varepsilon_0^2 h^3} \left|\frac{1}{i^2} - \frac{1}{j^2}\right| \tag{1.2.4}$$

したがって単位長さ当りの波の数、すなわち波数は次式で与えられる。

$$\frac{1}{\lambda} = \frac{\nu}{c} = \frac{me^4}{8\varepsilon_0^2 ch^3} \left|\frac{1}{i^2} - \frac{1}{j^2}\right| = R\left|\frac{1}{i^2} - \frac{1}{j^2}\right| = 1.097 \times 10^7 \left|\frac{1}{i^2} - \frac{1}{j^2}\right| \quad [\text{m}^{-1}] \tag{1.2.5}$$

ここに R はリドベリー（Rydberg）定数と呼ばれ、スペクトルに関する重要な定数である。このように2つの軌道上を電子が移動すると、そのエネルギー差に相当したエネルギーを持つスペクトルが観測される。このエネルギー準位と発光スペクトルの関係を図 1.2.2 に示す。$n=1$ の状態を基底状態と呼び、そのエネルギー $E_1 = -13.6$ [eV] はリドベリーエネルギーと呼ばれて、原子に関するエネルギーの単位として用いられる。$n=2$ の状態を第1励起状態、$n=3$ の状態を第2励起状態、$n=i$ の状態を第 $(i-1)$ 励起状態と呼ぶ。$n=\infty$ のときは電子は原子核からの拘束を受けずに自由電子となる。一般に $n=\infty$ のエネルギーをゼロにとる。$n=1$（基底状態）から $n=\infty$（自由電子の状態）までのエネルギー差が電子を電離させるために必要なエネルギーで、このエネルギーを電離エネルギーと呼ぶ。水素原子における電子の電離エネルギーは13.6[eV] である。

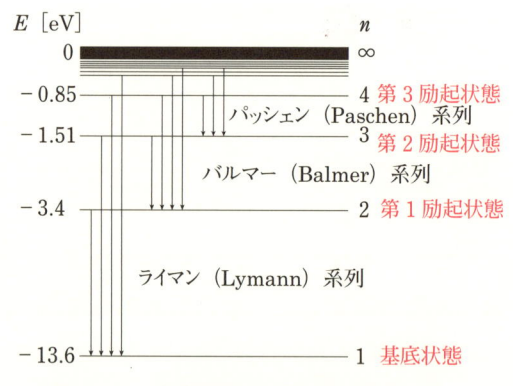

図 1.2.2 水素原子内の水素のエネルギー準位図

演習問題1.4

水素原子中の電子が以下の遷移を行ったときに発する光の周波数と波長を求めよ。
① $n=2$ の状態から $n=1$ の状態への遷移
② $n=3$ の状態から $n=1$ の状態への遷移

演習問題 1.5

水素原子における基底状態から第1、第2、第3励起状態へ励起するに必要な励起エネルギーを求めよ。

1.3 量子力学的考えによる水素原子内部の電子の軌道

1.1および1.2で述べたボーアの理論はおこっている現象を説明するためにいくつかの仮定を導入しており、実際の現象に対して矛盾も多かった。この矛盾を解決するために量子力学的な理論を考えだしたのがシュレーディンガー（Schrödinger）である。ここではシュレーディンガーの波動方程式を解いた結果をもとに、水素原子内部の電子の軌道を詳しく考えてみる。

ド・ブロイ（de Broglie）は「動いている電子は波の性質を有する」という考え方を提唱した。すなわち物体の運動量が p であるとき、その物体は次式で示す波長 λ を有する波の性質を有するという考え方である。

$$\lambda = \frac{h}{p} \tag{1.3.1}$$

ここで h はプランクの定数であり、この波を物質波あるいはド・ブロイ波と呼ぶ。

シュレーディンガーはこの考えに基づき電子を波と考え、「軌道上の電子の運動方程式の解は周期性を有する。すなわち電子の運動方程式は波動型の方程式であり、その境界条件がエネルギーの値を決定する」と考えて、以下のシュレーディンガーの波動方程式を導いた。

$$\frac{\hbar^2}{2m}\left[\frac{\partial^2}{\partial x^2}+\frac{\partial^2}{\partial y^2}+\frac{\partial^2}{\partial z^2}\right]\psi(x,y,z)+(E-V)\psi(x,y,z)=0 \tag{1.3.2}$$

ここに ψ は求める波動関数、E は全エネルギー、V はポテンシャルエネルギー、したがって $E-V$ は運動エネルギーを表わす。

原子核を中心に1個の電子が存在している水素原子では、原子核を原点とした球座標表示が便利である。球座標は図1.3.1のように動径 r と偏角 θ、φ で表わされる。

(1.3.2)式を球座標の方程式に変換し、$\psi(r,\theta,\varphi)$ を求められるが、ここではその解から得られる重要な結果を述べる。[1)]

(1) ψ の動径 r に依存する部分に関しての周期性を表わすのに整数 n を用い、これを主量子数という。この n の値は、図1.1.1で示したボーアの原子模型での電子

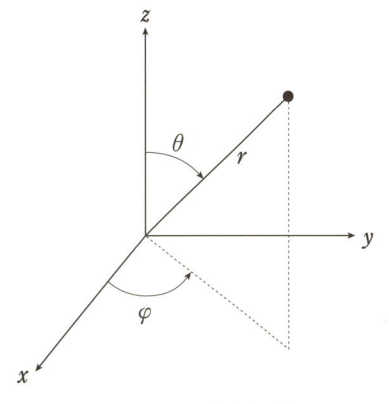

図 1.3.1 球座標系

殻を決定する。$n = 1, 2, 3 \cdots$ の電子殻は各々 **K 殻**、**L 殻**、**M 殻**、…と呼ばれ、これらの電子殻には $2n^2$ 個の電子を収容することができる。水素原子においては主量子数が n の殻の電子エネルギーは (1.1.10) 式で与えられる。

表 1.3.1 に主量子数 n に対応する各々の電子殻の名称を記す。

表 1.3.1 主量子数 n の値に対する電子殻の名称

$n=1$	$n=2$	$n=3$	$n=4$	$n=5$	……
K 殻	L 殻	M 殻	N 殻	O 殻	……

(2) 偏角 θ に依存する部分に関しての周期性を表わすのに整数 l を用い、これを方位量子数という。l は $0 \leq l \leq (n-1)$ の整数値をとる。l は角運動量すなわち電子軌道の形を決定するが水素原子のように 1 電子のみが存在する場合は、l の値はエネルギーに影響を与えない。この状態を縮退しているという。与えられた軌道にある電子の軌道角運動量 P_φ は次式で与えられる。[2]

$$P_\varphi = l \frac{h}{2\pi} = l\hbar \tag{1.3.3}$$

方位量子数は電子殻内の**副殻**を表わしており、$l = 0, 1, 2, \cdots$ に対応して各々 **s 軌道**、**p 軌道**、**d 軌道**、…と呼ばれる。

表 1.3.2 に方位量子数 l に対応する各々の副殻電子軌道の名称と電子収容可能数を記す。

表 1.3.2 方位量子数 l の値に対する副殻電子軌道の名称と電子収容可能数

l の値	0	1	2	3	4	……
副殻軌道名	s 軌道	p 軌道	d 軌道	f 軌道	g 軌道	……
電子収容可能数	2	6	10	14	18	……

(3) 偏角 φ に依存する部分に関しての周期性を表わすのに整数 m_l を用い、これを磁気量子数という。m_l は $-|l| \leq m_l \leq |l|$ の整数値をとる。m_l は軌道角運動量ベクトル ($\boldsymbol{P}_\varphi = \boldsymbol{r} \times m\boldsymbol{v}$) の磁界方向の成分の大きさ $P_{\varphi H}$ が次式で与えられることを意味する。

$$P_{\varphi H} = m_l \frac{h}{2\pi} = m_l \hbar \tag{1.3.4}$$

図 1.3.2 に $l = 2$ のときの $\boldsymbol{P}_\varphi$ の方向と、磁界 H が印加されたときの $\boldsymbol{P}_{\varphi H}$ および m_l の値を示

---

[1] 球座標系で表わしたシュレーディンガーの波動方程式の解き方は、例えば『これからスタート！光エレクトロニクス』(電気書院、2008) を参照。

[2] 軌道角運動量 P_φ は厳密な計算では $\sqrt{l(l+1)}\hbar$ で与えられる。(1.3.3) 式は近似式である。

す。この図では$-2 \leq m_l \leq 2$の計5つの値をとる。一般にm_lは$(2l+1)$個の値をとる。m_lの値は、電場や磁場がない状態では電子エネルギーに影響を与えない。すなわち通常の状態では$(2l+1)$重に縮退している。

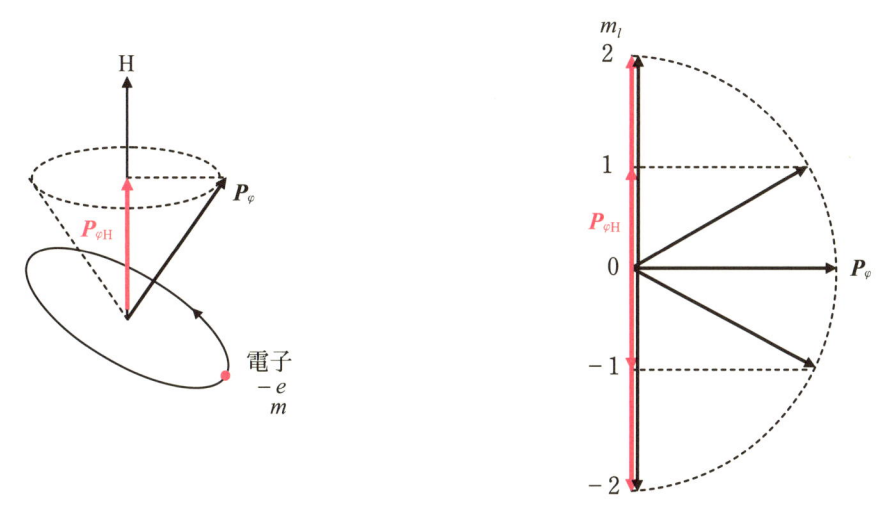

図1.3.2 磁界を加えたときの電子の角運動量（$l=2$）

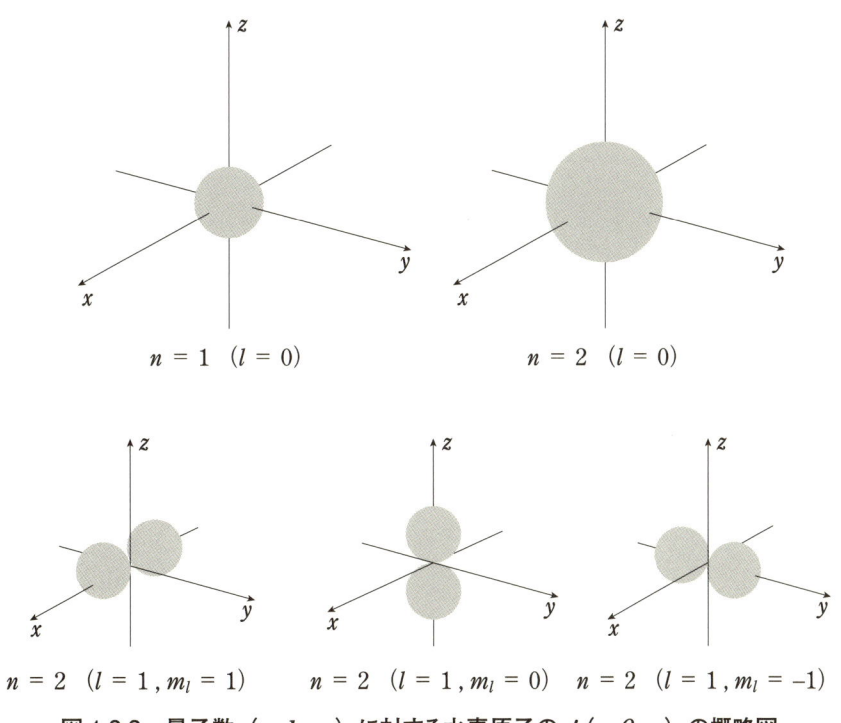

$n=1$ （$l=0$）

$n=2$ （$l=0$）

$n=2$ （$l=1, m_l=1$）

$n=2$ （$l=1, m_l=0$）

$n=2$ （$l=1, m_l=-1$）

図1.3.3 量子数（n, l, m_l）に対する水素原子の$\psi(r, \theta, \varphi)$の概略図

図1.3.3に求められた $\psi(r,\theta,\varphi)$ を、$n=1$（$l=0$）と $n=2$（$l=0,1$）の場合について概念的に示す。r が一定である面とは、図1.3.1で原点を中心とする球面を表わす。また φ が一定である面とは z 軸を含む平面を表わし、θ が一定の面とは原点を頂点とした z 軸を軸とする円錐面を表わす。

なお電子の存在確率（電子密度）は関数 $\psi(r,\theta,\varphi)$ ではなく、$\psi(r,\theta,\varphi)$ の2乗より求められる。図1.3.4に水素原子の電子密度の角度分布を示す。

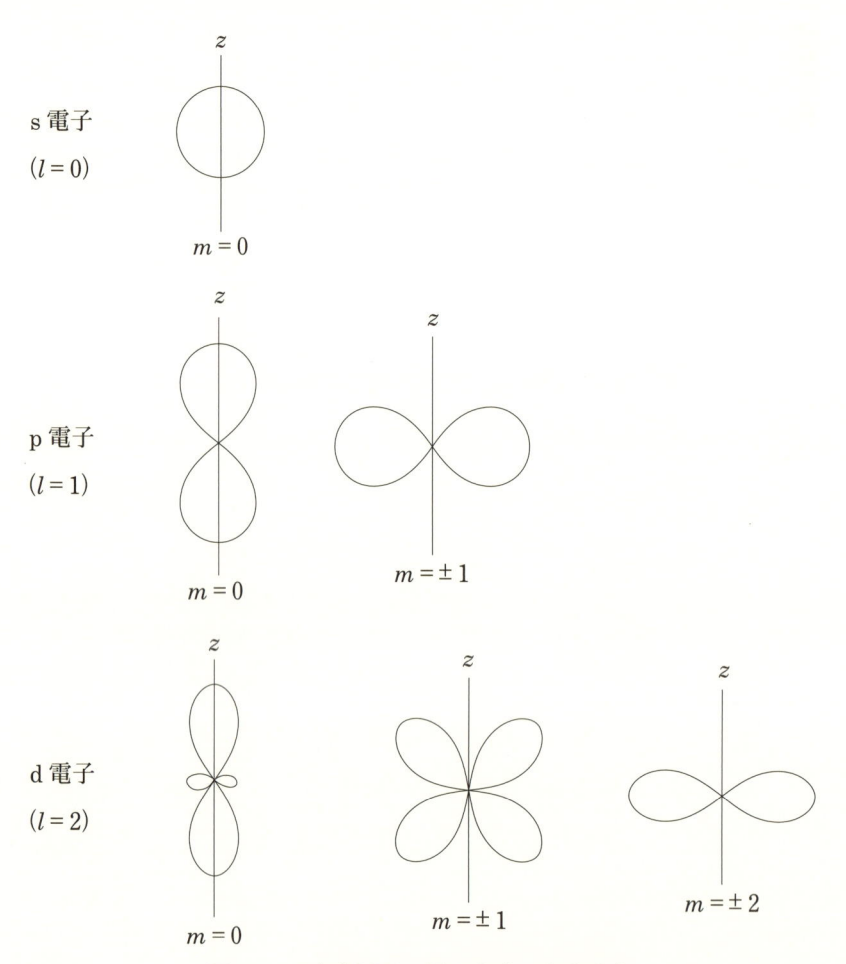

図1.3.4　水素原子の電子密度の角度分布

1.4　電子のスピン

電子は不均一な磁界中を通過すると、常に2方向に分かれる。これは図1.4.1に示すように電子がスピン（自転）することによってできる磁気モーメントが磁石の磁場と影響しあうためで

ある。常に2方向に分かれることにより量子化し、それらを スピン量子数 s とし、実験事実と一致させるために s の値は

$$s = \pm \frac{1}{2} \tag{1.4.1}$$

の2種類とする。

電子のスピンによるスピン角運動量 $P_{\varphi s}$ は次式で与えられる。

$$P_{\varphi s} = \pm \frac{1}{2} \times \frac{h}{2\pi} = \pm \frac{1}{2}\hbar \tag{1.4.2}$$

また、電子のスピンによる磁気モーメント μ_{ms} とスピン角運動量 $P_{\varphi s}$ との間には

$$\mu_{ms} = -\frac{e}{m} P_{\varphi s} \tag{1.4.3}$$

の関係が成立する。

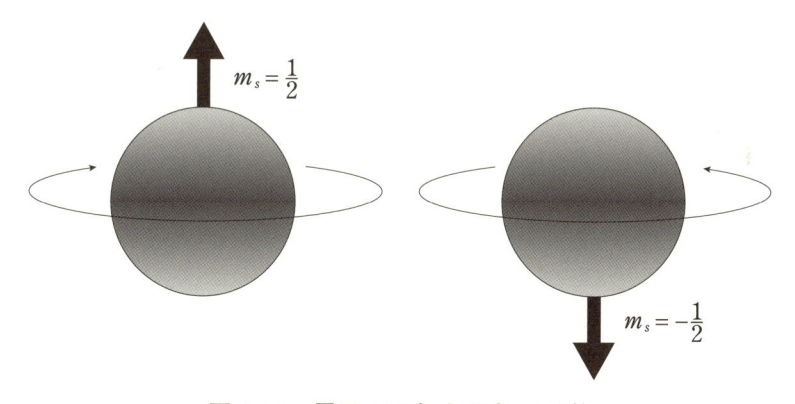

図 1.4.1 電子のスピンとスピン量子数

1.5 パウリの排他原理

以上は1個の電子がとりうる状態について述べてきたが、多数の電子を持つ原子においては、**電子の配置を規制する**パウリ（Pauli）の排他原理が守られなくてはいけない。パウリの排他原理は以下のように述べられる。

「1つの原子内では4つの量子数（n, l, m_l, s）によって規定される1つの量子状態に電子は1個しか入りえない。」

このことから、(n, l, m_l) が決まったある軌道には $s = \pm \frac{1}{2}$ の2個の電子しか入りえない。

この原理に従うと $n=1$ の K 殻では $l = m_l = 0$ しかとりえず、したがって $s = \pm\frac{1}{2}$ の2つの電子しか入りえない。また、$n=2$ の L 殻には、$l=0$、$m_l=0$ の状態に2つの電子、$l=1$、$m_l=0$ の状態に2つの電子、$l=1$、$m_l=\pm1$ の状態に4つの電子が入ることができ、計8個の電子を収容できる。すなわち 2s 電子が2個、2p 電子が6個の計8個が収容可能である。一般に主量子数 n の電子殻に入ることができる最大電子数が $2n^2$ であることは、**1.3 (1)** で述べた通りである。

演習問題 1.6

主量子数 $n=3$ のとき、方位量子数 l、磁気量子数 m_l およびスピン量子数 s のとりうる値を用いて、可能な全ての量子状態を与える表を作成せよ。

演習問題 1.7

炭素（C）、マグネシウム（Mg）、珪素（Si）、硫黄（S）の各元素につき、その電子配置を述べよ。

第2章

固体における化学結合

2.1 原子間力と化学結合

多数の原子からなる固体が安定な形で存在できるのは、固体の原子間あるいはイオン間に**引力と斥力が同時に働いて、両者の間に平衡が保たれている**ためである。いま一対の原子AとBが安定な化合物を形成しているとすると、原子Aが存在することによる原子Bのポテンシャルエネルギーは、次式で与えられる。

$$E(r) = -\frac{\alpha}{r^n} + \frac{\beta}{r^m} \tag{2.1.1}$$

ここに r は2原子間の距離で、α、β、m、n はAとBの化合物に特有な定数である。ここに $E(\infty) = 0$ とすると、第1項は引力によるエネルギー、第2項は斥力によるエネルギーに対応する。イオン結合においては、$n = 1$、$m = 8$ と考えてよい。

一方、2原子間に働く力は次式で与えられる。

$$F(r) = -\frac{dE(r)}{dr} = -\frac{n\alpha}{r^{n+1}} + \frac{m\beta}{r^{m+1}} \tag{2.1.2}$$

系の安定な位置は $E(r)$ 曲線の極小値に対応する。このときの r を r_0 とすると、この r_0 が原子間距離となる。$-E(r_0)$ は分子の結合エネルギーまたは解離エネルギーと呼ばれる。原子間力は構成原子の外殻電子の空間的分布によって決定される。固体はその結合形式により、以下のように分類される。

(1) **イオン結晶**（NaCl、KFなど）
(2) **共有結合結晶**（Si、GaAs、ダイアモンドなど）
(3) **金属結晶**（Au、Ag、Cuなど）
(4) **ファンデルワールス（van der Waals）結晶**（Ar、有機結晶など）
(5) **水素結合結晶**（氷など）

以下、(1)〜(5)の結晶についてその結合形式の特徴を述べる。

2.2 イオン結晶

NaClのようなハロゲン化アルカリ結晶が典型的なイオン結晶として知られている。NaClではNaでは最外殻であるM殻には3s電子が1個だけあり、一方Clには最外殻であるM殻には3s電子が2個、3p電子が5個ある。そこでNaの3s電子がClに移ってClの3p軌道の空席を埋めて、両者とも閉殻構造を持つイオンNa^+、Cl^-となる。このイオン間にはクーロン引力が働くが、両イオンが接近してその外殻電子の波動関数が重なり始めると、ボルン（Born）の斥力と呼ばれる強い反発力が働き、この2つの力のつりあいの位置で平衡が保たれる。図2.2.1にイオン間距離rの関数として、クーロン引力によるエネルギーと斥力のエネルギーの概略が描かれている。その合成エネルギーはr_0で極小値を示し、このr_0が安定なイオン間距離を与える。

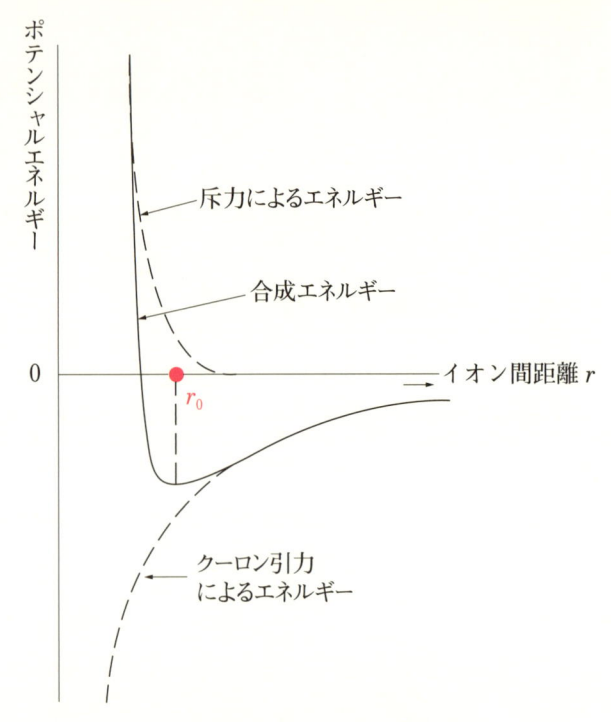

図 2.2.1　イオン結合でのイオン間距離とポテンシャルエネルギー

一般にイオン半径の大きい負イオンが稠密構造を形成し、その隙間にイオン半径の小さい正イオンが入り込んでいる。したがって、1個の陽イオンのまわりには6個の陰イオンが、1個の陰イオンのまわりには6個の陽イオンが規則正しく並んでおり、お互いにクーロン引力で結合している。

閉殻を形成する電子は原子核に強く束縛されているため、一般にイオン結晶では電子による導電率は小さい。高温ではイオンの運動に基づくイオン導電性を示す。

演習問題 2.1

イオン結晶での系のエネルギー $E(r)$ は、異なる極性を持つイオン間の距離を r として次式で表わされる。ただし α、β は定数である。

$$E(r) = -\left(\frac{\alpha}{r}\right) + \left(\frac{\beta}{r^8}\right) \tag{2.2.1}$$

① 2つのイオンは $r = r_0 = \left(\dfrac{8\beta}{\alpha}\right)^{\frac{1}{7}}$ で安定な化合物をつくることを示せ。

② 安定状態では、引力のエネルギーが斥力のエネルギーの8倍であることを示せ。

③ 安定状態での全エネルギー $E(r)$ が、次式で与えられることを示せ。

$$E(r_0) = -\left(\frac{7}{8}\right)\left(\frac{\alpha^8}{8\beta}\right)^{\frac{1}{7}} = -\left(\frac{7}{8}\right)\left(\frac{\alpha}{r_0}\right)$$

④ 2つのイオンを引き離すとき、$r = \left(\dfrac{36\beta}{\alpha}\right)^{\frac{1}{7}} = r_0 (4.5)^{\frac{1}{7}}$ になれば分子が分解することを示せ。

2.3 共有結合結晶

共有結合は中性原子間での結合であり、上述のイオン結合のように単純なイオン間のクーロン引力による結合とは異なる。中性原子間に働く力は**電子の波動性に基づく力**であり、例えば水素分子に見られる2原子間の結合力は2個の原子に属する2個の電子が互いにその位置を交換することによって生じると考えられている。この力を交換力、そのエネルギーを交換エネルギーと呼ぶ。

まず、水素原子2個から水素分子1個が形成される過程を通して、共有結合力を考えてみる。孤立原子状態で、ψ_1、ψ_2 の波動関数を持つ2つの水素原子が互いが影響しあわない十分離れた距離から接近して、両者の間に相互作用が生じ始めると、2つの原子を一体としてながめた系の波動関数は $\psi_S = \psi_1 + \psi_2$ および $\psi_A = \psi_1 - \psi_2$ で近似できる。ψ_S および ψ_A の波動関数の分布を図 2.3.1 (a) に示す。ψ_S においては**2つの電子のスピンが反平行**になっており、その結果2つの原子核の**中間における電子の存在確率の割合が高く**、その負電荷と2つの核の正電荷との間のクーロン引力が結合エネルギーとして働くため、系全体のエネルギーが低くなる。これに対して ψ_A においては2つの電子のスピンが平行になっており、原子核の中間で電子密度が小さくなり、その結果クーロン引力が弱くなって不安定分子となり、系全体のエネルギーが高くなってしまう。ψ_S と ψ_A に対応するエネルギー E_S、E_A は原子間隔の変化とともに

図 2.3.1 (b)のように変化し、E_S は E_A よりも小さく原子間隔 r_0 において極小を持ち、この点で安定な H_2 分子が形成されるのである。このように電子の交換は2個の原子が2個の電子を共有することを意味するので、共有結合と呼ばれ、それによってできた結晶を共有結合結晶と呼ぶ。

次にダイアモンドやグラファイトにおける炭素（C）原子の共有結合を考える。C原子の4つの価電子は $(2s)^2(2p)^2$ の配置を持っている。p状態では 1.3 で述べたように $m_l = -1$、0、+1 の3つの状態があり、これに対応した3つの波動関数がある。この3つの波動関数 $2p_x$、$2p_y$、$2p_z$ は図 2.3.2 に示すように x、y、z 方向に伸びた紡錘状の波動関数である。C原子では低エネルギーで安定な共有結合を行うために、2s 軌道と $2p_x$、$2p_y$、$2p_z$ 軌道の4軌道が混合して新しく混成波動関数を形成する。この混成波動関数には図 2.3.3 に示す2つがある。

その1つは、同図(a)に示すように、2s、$2p_x$、$2p_y$、$2p_z$ の4軌道が全て混合して、全く新しい正四面体配置の4つの混成波動関数をつくる場合である。これを sp³ 混成波動関数という。この場合、結合角は各々 109°28′ となる。ダイアモンドはこの構造である。

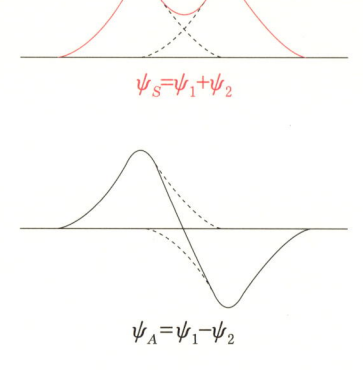

(a) 接近した2個の水素原子の波動関数分布

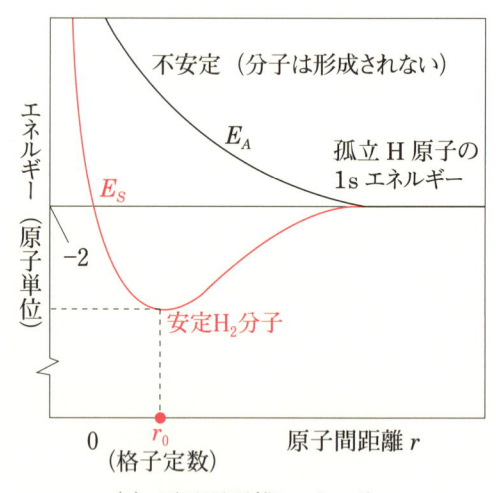

(b) 原子間距離とエネルギー

図 2.3.1　2個のH原子によるH_2分子形成過程

もう1つは、同図(b)に示したように、2s、$2p_x$、$2p_y$ の3軌道が混合して xy 平面内で正三角

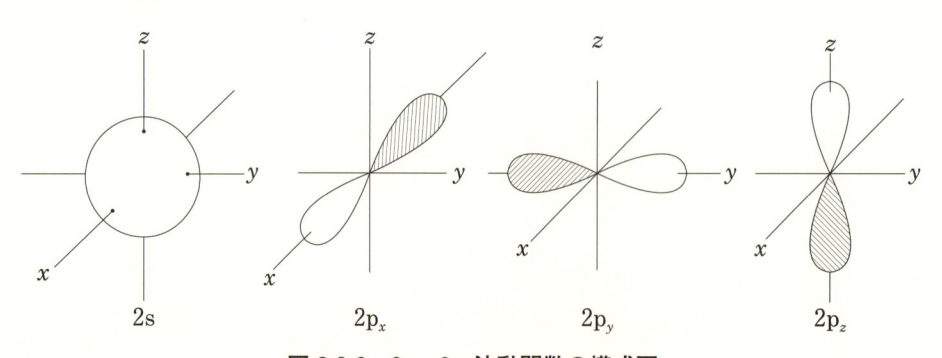

図 2.3.2　2s、2p 波動関数の模式図

(a) sp³

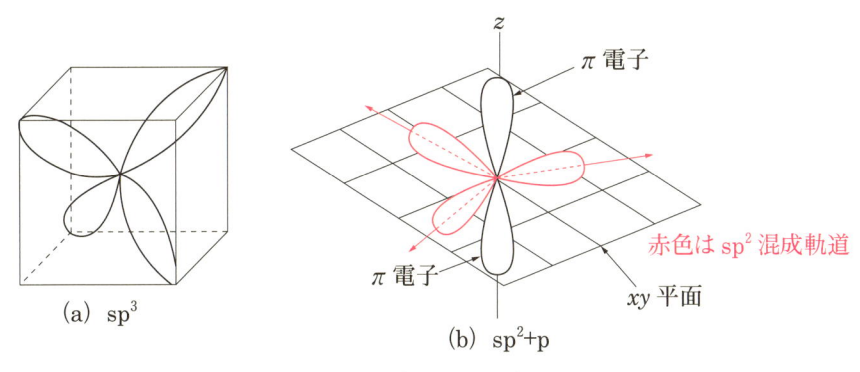

(b) sp²+p

赤色は sp² 混成軌道

図 2.3.3　sp³ 配置と sp²+p 配置

形配置の 3 つの混成波動関数をつくり、混成しない $2p_z$ がこの xy 平面に垂直な方向に波動関数をつくる場合である。これを sp²+p 混成波動関数という。グラファイトはこの構造である。前者の sp³ 電子、および後者の sp² 電子のように s 軌道成分を含む混成軌道電子は σ 電子と呼ばれ、後者の混成しないで残された $2p_z$ の波動関数を持つ電子は π 電子と呼ばれる。また σ 電子同士のつくる共有結合を σ 結合、π 電子同士のつくる共有結合を π 結合と呼ぶ。π 結合も共有結合ではあるが、σ 結合に比べると結合電子の広がりが大きく、結合エネルギーも一般に弱い。

2.4　金属結晶

　金属における価電子は、**結晶を構成する全ての原子によって共有されている**のが特徴である。したがって金属は、図 2.4.1 のモデル図に示すように、負の価電子の海（集合体）に埋もれた正イオンの集団と見ることができる。正イオンは閉殻構造を持ち、原子芯を形成する。結合力は、この正イオンと価電子に対応する負の電荷分布との間のクーロン引力に基づく。価電子は全ての正イオンに共有される結果、電子は動きやすく、したがって金属は電気および熱の良導体である。

　アルカリ金属（リチウム、ナトリウム、カリウムなど）は金属結合を持つ代表的なものであるが、多価金属や遷移金属（鉄、コバルト、ニッケルなど）では金属結合だけでなく、共有結合も含まれている。

　ある金属 A に他の種類の金属 B を加

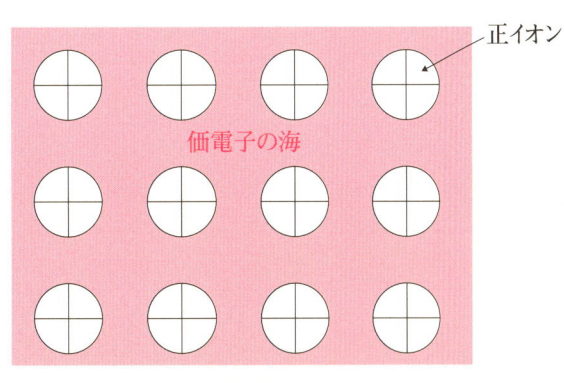

図 2.4.1　金属結合のモデル図
（電子の海の中に正イオンがある）

えて金属の固溶体をつくる場合、その格子定数は図2.4.2に示すように加えた金属のモル百分率 x に比例して変化するのがほとんどである。これをベガード(Vegard)の法則という。この法則は金属だけでなく、2種の半導体の混合（これを混晶半導体と呼ぶ）においても一般に成り立つ。

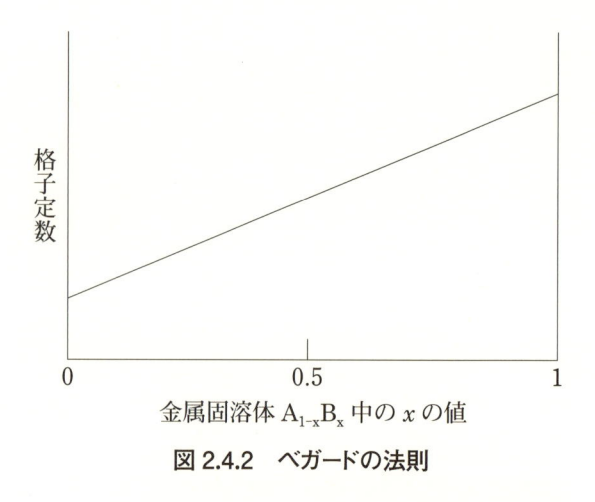

図 2.4.2　ベガードの法則

2.5　ファンデルワールス結晶

Ar、Ne などの希ガス原子や、N_2、O_2 などの無機分子、およびメタン(CH_4)、ベンゼン(C_6H_6) などの有機化合物の結晶は、ファンデルワールス力で結合している。この力は原子間距離の6乗に反比例するので、ごく近傍に近づかないと効果が現れない。

ファンデルワールス力の発生源には以下のようなものがある。

(1) 原子核のまわりを回転する電子によって回転双極子が生じるが、この双極子が隣接する原子に双極子を誘導する。この動的に形成される双極子同士の引力を**分散力**という。He、Ar、Ne などの希ガスや、N_2 や CO_2 などの無極性分子の場合はこの分散力が唯一の結合力である。

(2) 永久双極子モーメントを持つ分子では、その双極子間に配向効果による力が働く。HCl、NH_3、H_2O などは永久双極子を持つ極性分子であり、分散力以外にこの配向効果による力もかなり働いている。

(3) 一方の分子の永久双極子が作る電界によって、他方の分子が分極し誘導双極子が生じて2つの双極子間に引力が働く。

ファンデルワールス力に基づく結合エネルギーは、他の種類の化学結合のエネルギーに比べるとかなり小さい。

2.6　水素結合結晶

水素結合はファンデルワールス力に基づく結合の一種である。H_2O、HF、NH_3 などのHを含む分子は永久双極子を持っており、これらの間に配向をおこさせる大きな相互作用が働き、その相互作用の結果、結合がおこる。

図 2.6.1 に H_2O、HF、NH_3 の水素結合の模式図を示す。例えば H_2O での O－H 結合は、酸素の電気陰性度が大きいために電子が酸素の方に偏っており、水素原子はやや正($H^{(+)}$)に帯電し、一方、酸素原子はやや負($O^{(-)}$)に帯電して永久双極子モーメントが生じている。この水素原子が他の H_2O 分子の酸素原子を静電的にひきつけ、$O^{(-)}\cdots H^{(+)}-O^{(-)}$ の結合が生じる。ここに実線は H_2O の分子内の結合を表わしており、点線が分子間の水素結合を表わしている。水の誘電率が高いこと、蒸発の潜熱が大きいことなどは水素結合のためである。

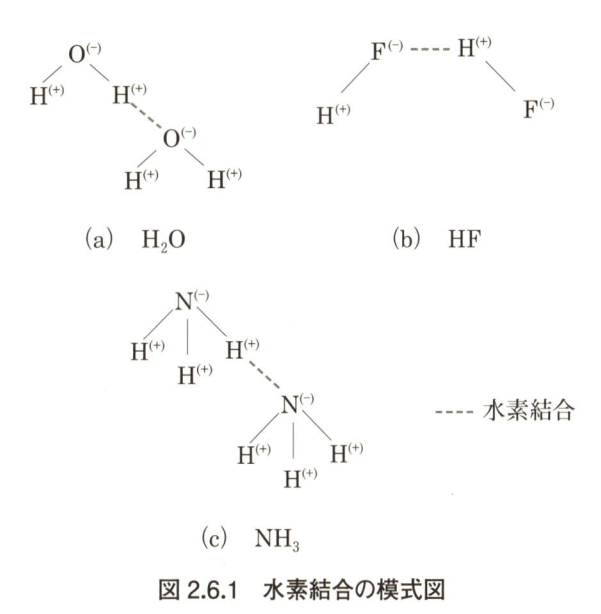

(a) H_2O　　(b) HF

(c) NH_3

---- 水素結合

図 2.6.1　水素結合の模式図

なお最近話題になっている **DNA** は、2本の鎖がからみあった2重らせん構造をしているが、DNA の鎖には A(アデニン)、T(チミン)、G(グアニン)、C(シトシン) という4つの塩基が並んでおり、このうち「A と T」および「G と C」が水素結合して2本鎖を形成していることが分かっている（図 2.6.2 参照）。

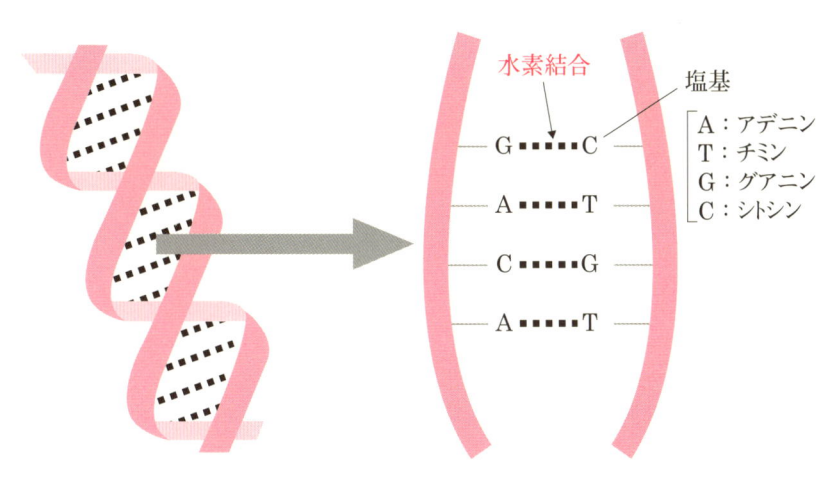

図 2.6.2　DNAにおける鎖間の水素結合モデル

第3章

結晶構造

3.1 単位細胞とミラー指数

原子やイオンが周期性を持って3次元的に規則正しく並び、その規則性が結晶全体にわたっているものを単結晶、微細な単結晶粒の不規則な集合体を多結晶と呼ぶ。また結晶粒の大きさが原子間隔の程度にまで小さくなった集合体を非結晶（アモルファス）と呼ぶ。

結晶中における原子は図3.1.1に示す空間格子の格子点を占め、各格子点の座標は

$$\mathbf{r} = n_1\mathbf{a} + n_2\mathbf{b} + n_3\mathbf{c} \quad (3.1.1)$$

で与えられる。ここに $\mathbf{a}$、$\mathbf{b}$、$\mathbf{c}$ は基本並進ベクトルで、n_1、n_2、n_3 は任意の整数である。

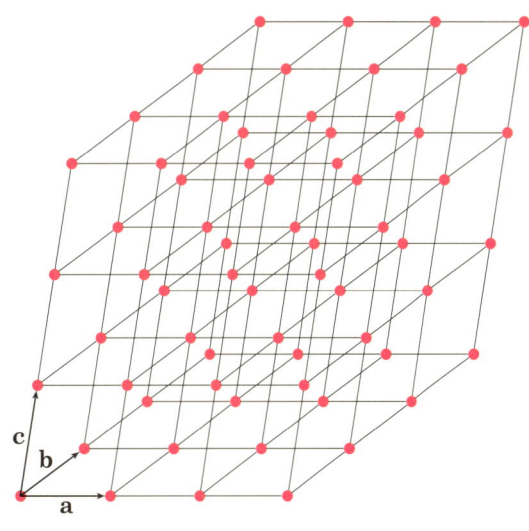

図3.1.1 空間格子

空間格子の選び方はいくつもあるが、一般に少数の格子点を有し、対称性に関し最も便利なものを選んで、これを単位細胞と呼ぶ。単位細胞には図3.1.2に示す、**単純格子、底心格子、面心格子、体心格子**がある。単純格子は同図(a)に示すように、平行六面体の各隅にのみ格子点を有する。底心格子は同図(b)のように、各隅のほかに相対する2面の中心に格子点を、面心格子は同図(c)のように、全ての面の中心にも格子点を、そして体心格子は同図(d)のように、六面体の中心にも格子点を有する単位細胞のことである。

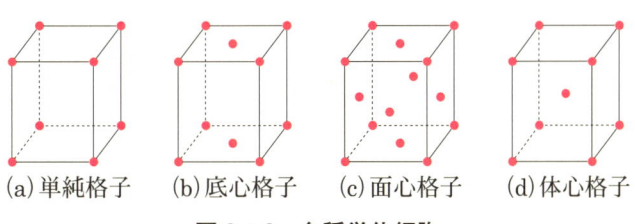

(a) 単純格子　(b) 底心格子　(c) 面心格子　(d) 体心格子

図3.1.2 各種単位細胞

単位細胞中の格子点の数は以下のようになる。

単純格子：1/8×8＝1個

底心格子：1/8×8＋1/2×2＝2個

面心格子：1/8×8＋1/2×6＝4個

体心格子：1/8×8＋1＝2個

単位細胞の大きさと形は**図3.1.3**に示す3つの**軸の長さ**a、b、cと3つの**軸角** α、β、γとで決まり、これらの**長さや角**を格子定数と呼ぶ。**単位格子が立方体のときは1つの軸の長さ**a**だけを格子定数と呼ぶ**。空間格子には**ブラベー（Bravais）格子**と呼ばれる14種類の異なる型がある。[3]

結晶中の原子面の方位を**基本並進ベクトル（主軸）**に関連付けて規定するために、ミラー指数が用いられる。主軸をそれぞれ$m_1\mathbf{a}$、$m_2\mathbf{b}$、$m_3\mathbf{c}$の点で切る面のミラー指数は、互いに素数である以下の式を満たす整数h、k、lで表わされる。

$$h:k:l = 1/m_1 : 1/m_2 : 1/m_3 \tag{3.1.2}$$

特定の面の組を表わすときは、（hkl）の記号を用いる。面と軸の交点が負のときは、これに対応する指数を負にとって、（$\bar{h}kl$）のように表わす。またミラー指数は異なっても、結晶中で同等である面全部を表わすときには、{hkl}の記号を用いる。例えば立方晶系において、{100}は（100）、（010）、（001）、（$\bar{1}$00）、（0$\bar{1}$0）、（00$\bar{1}$）の全ての面を代表する。図3.1.4にはミラー指数による原子面の表示例を示す。

単純立方格子における互いに隣り合った**原子面間隔**はミラー指数を用いて

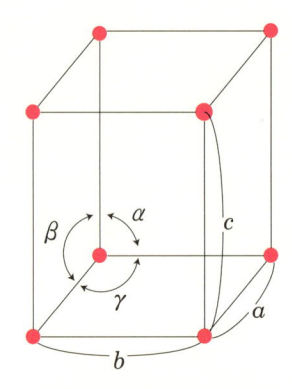

図3.1.3　単位細胞を決定するパラメーター

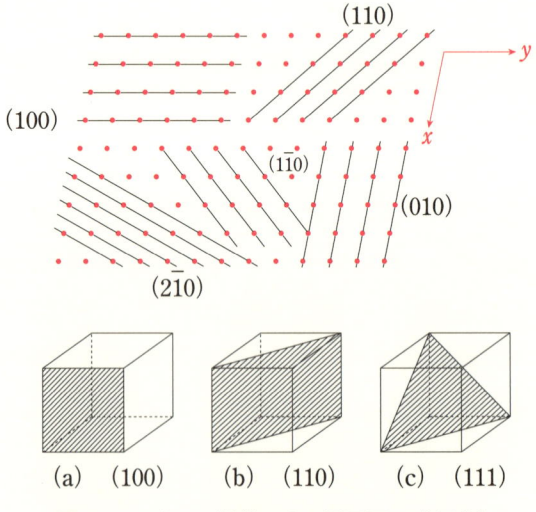

図3.1.4　ミラー指数による原子面の表示例

---

[3] 単位細胞で示した14種のブラベー格子は**付録1**を参照。

$$d_{hkl} = \frac{a}{(h^2+k^2+l^2)^{\frac{1}{2}}} \qquad (3.1.3)$$

で与えられる。

　図 3.1.5 に示す構造を**ダイアモンド構造**と呼ぶ。この構造は**面心立方格子**に属し、その各格子点に 2 個ずつの同種原子がある構造である。すなわちその 1 つ（白円）は格子点にあり、**他の 1 つ（赤円）はこれから格子定数の 1/4、1/4、1/4 だけ移動したところにある**。この構造は図 3.1.6 に示すように、1 つの面心立方格子 f_1 の対角線上で、その長さの 1/4 だけずれて、もう 1 つの面心立方格子 f_2 が入り組んだ構造とも見ることができる。**ダイアモンド、シリコン、ゲルマニウム**などがこの構造に属する。ダイアモンド構造の単位細胞中の原子数は $1/8 \times 8 + 1/2 \times 6 + 4 = 8$ 個である。

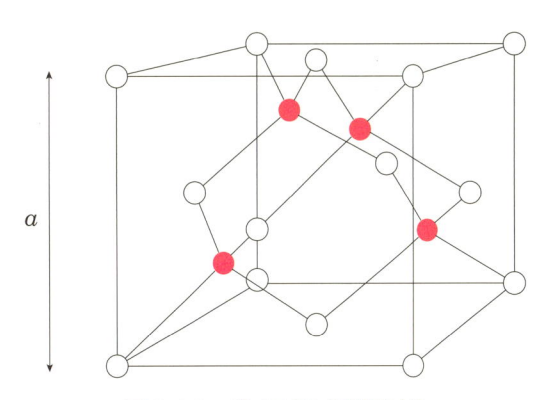

図 3.1.5　ダイアモンド構造(1)

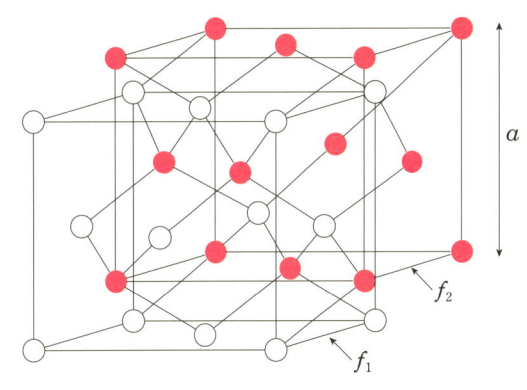

図 3.1.6　ダイアモンド構造(2)

　ダイアモンド構造の半導体、例えばシリコン結晶はⅣ族の原子から成り立っているので**価電子（最外殻の電子数）は 4 つ**であり、各原子が 4 つずつの電子を出し合っており、1 つの結合には 2 個の価電子が使われて結合する**共有結合**で結びついている。

　ダイアモンド構造によく似た構造として**閃亜鉛鉱構造**というのがある。その構造は図 3.1.5 と同じで白円と赤円の原子が異種であるものである。例えば **GaAs** 結晶においては白円の原子が **Ga** で、赤円の原子が **As** となり、**Ⅲ族の Ga 原子は価電子が 3 個、Ⅴ族の As 原子は価電子が 5 個**で、各々が出し合った電子数は計 8 個となり、4 方向の結合にはシリコンの場合と同じく 2 個の価電子が使われて結合している。Ⅲ-Ⅴ族化合物のほとんどが閃亜鉛鉱構造をしている。閃亜鉛鉱構造の単位細胞中の原子数は 2 種の異なる原子が各々 4 個ずつあり、全体で 8 個である。

第3章 結晶構造

演習問題3.1
単純立方格子および体心立方格子を有する格子定数が 0.4[nm] の金属単結晶の、単位体積当りの原子数を計算せよ。

演習問題3.2
銅（Cu）は面心立方格子を有し、その格子定数は 0.3608[nm] である。その単位体積当りの原子数を計算せよ。

演習問題3.3
単純立方格子の格子定数を a として、(100)、(110)、(111) 各面の面間隔を求めよ。

演習問題3.4
面心立方格子の格子定数を a として、(100)、(110)、(111) 各面の面間隔を求めよ。

演習問題3.5
体心立方格子の格子定数を a として、(100)、(110)、(111) 各面の面間隔を求めよ。

演習問題3.6
ダイアモンド構造を有する Si および Ge の格子定数がそれぞれ 0.543[nm] および 0.562[nm] として、単位体積当りの原子数を計算せよ。

3.2 原子半径と結晶の充填率

結晶を構成する原子を剛球と仮定し、その剛球が規則正しく空間に稠密充填されていると考え、その構造を論じることが多い。この際、剛球の半径を**原子半径**と考えると、結晶の格子定数 a と原子半径 r_0 との間には以下のような簡単な関係が成り立つ。

単純立方格子においては、全ての原子が距離 a で互いに接触しているから $a = 2r_0$ である。

3.2 原子半径と結晶の充填率

図3.2.1(a)に示した**体心立方格子**を＜100＞方向から眺めると、図3.2.2(a)のように第1層の原子は白円の位置に、第2層の原子は黒円の上に、そして第3層の原子は第1層の原子の上にくる。この場合は体心の原子と各隅の原子が接触する。立方体の対角線の長さは$\sqrt{3}a$となるので、$\sqrt{3}a = 4r_0$が成り立ち、$a = 4r_0/\sqrt{3}$となる。ナトリウムや鉄などの金属結晶はこの構造である。

図3.2.1(b)に示した構造は**稠密六方格子**と呼ばれるもので、六角形の上面から眺めると、図3.2.2(b)のように第1層の原子は白円の位置に、第2層の原子は黒円の位置に、そして第3層の原子は第1層の真上にくる。この構造では六角形の1つの辺の長さを格子定数aとすると、$a = 2r_0$の関係が成り立つ。マグネシウムや亜鉛の金属結晶はこの構造である。

図3.2.1(c)に示した構造は**面心立方構造**であり、この構造を＜111＞方向から眺めると図3.2.2(c)のようになり、第1層と第2層の原子配置は図3.2.2(b)の稠密六方構造と同じであるが、第3層の原子は第1層の原子の真上でなく、第2層の原子によって占められていない⊕の位置にくる。この構造では面の対角線方向に並んだ原子が互いに接触するので、$\sqrt{2}a = 4r_0$が成り立ち、$a = 4r_0/\sqrt{2}$となる。アルミニウムや銅などはこの構造である。

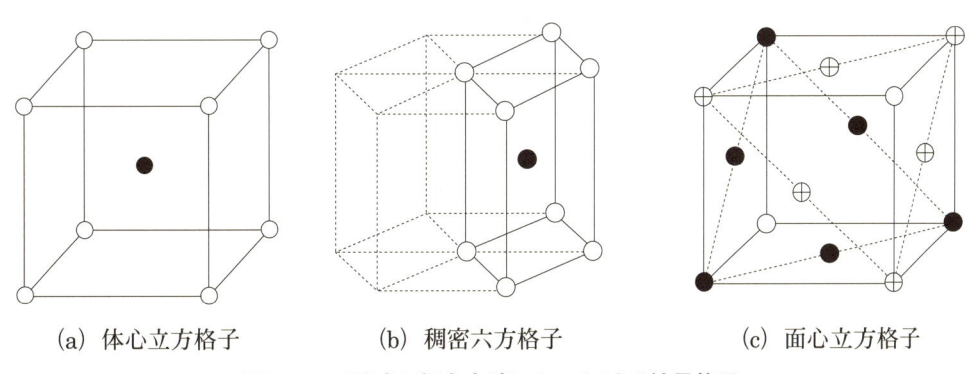

(a) 体心立方格子　　(b) 稠密六方格子　　(c) 面心立方格子

図 3.2.1 剛球の稠密充填によってできる結晶格子

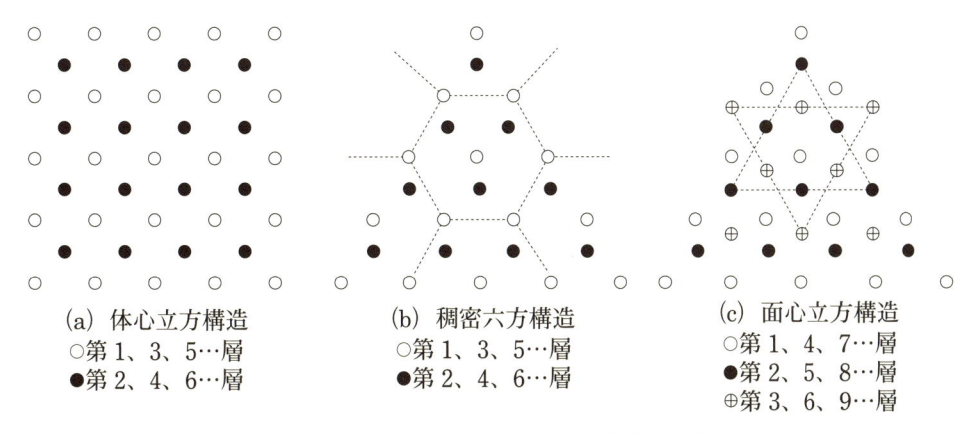

(a) 体心立方構造
〇 第1、3、5…層
● 第2、4、6…層

(b) 稠密六方構造
〇 第1、3、5…層
● 第2、4、6…層

(c) 面心立方構造
〇 第1、4、7…層
● 第2、5、8…層
⊕ 第3、6、9…層

図 3.2.2 剛球の稠密充填と結晶構造の関係

以上の関係から空間において**原子が実際に占める体積の割合**，すなわち**充填率**が求められる（［演習問題 3.7］参照）。

なお，結晶において 1 つの原子を囲んでいる最近接原子の数を**配位数**という。配位数は体心立方格子では 8，面心立方格子では 12，稠密六方格子では 12 である。

演習問題 3.7

原子を剛球とみなし，結晶が同一原子の稠密充填によって形成されていると仮定して，単純立方格子，体心立方格子および面心立方格子を持つ各結晶の充填率を求め，密度の大小を比較せよ。

3.3 結晶によるX線回折

3.1 で述べたことから分かるように，結晶中には多数の原子を含む，互いに平行で等間隔を持つ原子面がいくつも考えられる。これらの原子面の 1 つに，原子間隔と同じ程度の波長を有する**単色X線**を照射すると，入射X線と同じ周波数を持つ 2 次X線が原子面から出て，**ホイヘンス（Huygens）の原理**[4]により，この原子面を反射面とする正反射の方向に進む。この原子面を通過したX線は図 3.3.1 に示すように距離 d を隔てた次の原子面で反射し，さらに通過したX線も第 3，第 4，…の面で反射がおこる。隣り合った原子面からの反射波の位相が一致するとき，最も強い反射がおこる。すなわちX線の行路差がその波長 λ の整数倍に等しいとき，同位相干渉がおこる。同図より明らかなように，入射角が θ_n の場合の行路差は $2d\sin\theta_n$ に等しいので，この条件は次式で表わされる。

$$2d\sin\theta_n = n\lambda \qquad (n = 0, 1, 2, \cdots) \tag{3.3.1}$$

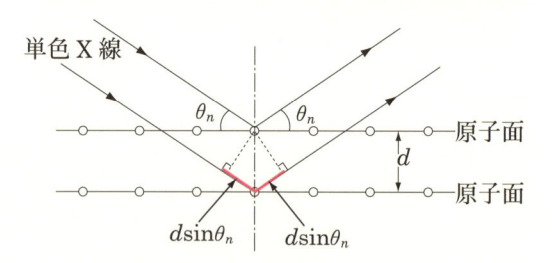

図 3.3.1　X線のブラッグ反射

これを**ブラッグ（Bragg）の法則**（または**反射条件**）という。n は反射の次数である。この式より強い反射のおこる入射角 θ_n を求めると格子面間隔が求まって，その値を用いて格子定数を導くことができる。

---

[4] 伝播する波面の次の瞬間の波面の形状を考えるとき，現在の波面上の各点から球面波（素源波）が出るものとし，それらの包絡面が次の瞬間の新たな波面となるという原理をホイヘンスの原理という。この原理により反射，屈折，回折現象が説明できる。

演習問題 3.8

Cu(銅)は面心立方格子を有し、その格子定数は 0.3608[nm] である。Cu 単結晶の (100) 面に 0.1658[nm] の波長を有する単色 X 線を投射したとき、この面に平行な原子面についてブラッグの反射条件を満足する入射角 θ_n を $n=1$ および $n=2$ について求めよ。

第 4 章

金属の電気伝導

4.1 平均ドリフト速度と移動度

　金属は 2.4 で述べたように、負の価電子の海（集合体）に埋もれた正イオンの集団と見ることができる。いま金属中に単位体積当り n 個の自由電子があるとする。金属の x 方向に電界 E を印加すると電子は加速されるが、電子の x 方向の平均ドリフト速度を $<v_x>$ としたとき

$$m\left(\frac{\partial <v_x>}{\partial t}\right)_{\text{field}} = -eE \tag{4.1.1}$$

が成り立つ。ここに m は電子の質量、e は電子の電荷量である。

　一方、電子は結晶格子との相互作用で速度を失うが、この衝突による $<v_x>$ の変化率は

$$\left(\frac{\partial <v_x>}{\partial t}\right)_{\text{collision}} = -\frac{<v_x>}{\tau} \tag{4.1.2}$$

となる。ここに τ は電子の緩和時間である。この緩和時間は、結晶格子と電子の間の衝突間の平均自由時間に等しい。

　定常状態では平均ドリフト速度は時間的に変化しないので、(4.1.1) 式と (4.1.2) 式より

$$\frac{\partial <v_x>}{\partial t} = \left(\frac{\partial <v_x>}{\partial t}\right)_{\text{field}} + \left(\frac{\partial <v_x>}{\partial t}\right)_{\text{collision}} = -\frac{eE_x}{m} - \frac{<v_x>}{\tau} = 0 \tag{4.1.3}$$

が成り立ち、これより電界方向の平均ドリフト速度 $<v_x>$ は

$$<v_x> = -\frac{e\tau}{m}E_x = -\mu E_x \tag{4.1.4}$$

で与えられる。ここに

$$\mu = \frac{e\tau}{m} \tag{4.1.5}$$

は電子の移動度と呼ばれる。

　一方、x 方向に流れる電流密度 J_x は

$$J_x = -ne<v_x> = \sigma E_x \tag{4.1.6}$$

で与えられる。ここに σ は導電率である。(4.1.6) 式の関係をオーム（Ohm）の法則という。

(4.1.6) 式に (4.1.4) 式を適用すると、

$$\sigma = ne\mu = \frac{ne^2\tau}{m} \tag{4.1.7}$$

の関係が得られる。

演習問題4.1

室温で $1.54 \times 10^{-8}[\Omega\mathrm{m}]$ の抵抗率を持つ銀（Ag）線に $1[\mathrm{V/cm}]$ の電界を印加した。Ag 中の伝導電子の密度を $5.8 \times 10^{28}[\mathrm{m}^{-3}]$ として、①電子の移動度、②電子の緩和時間、③電子の平均ドリフト速度を求めよ。

4.2 フェルミ速度と平均自由行程

4.1 で平均ドリフト速度の概念を導入したが、実際の電子の伝導度に寄与しているのはフェルミ（Fermi）準位[5]にある電子の速度（フェルミ速度）と緩和時間であることが分かっている。フェルミ準位にある電子の緩和時間を τ_f とし、フェルミ速度を v_f とすると、フェルミ準位の電子に対しては衝突の平均自由行程 λ_f は次式で与えられる。

$$\lambda_f = v_f \tau_f \tag{4.2.1}$$

ここに v_f は、フェルミエネルギー E_f を用いて次式より求められる。

$$\frac{1}{2}mv_f^2 = E_f \tag{4.2.2}$$

(4.1.7) 式で τ を τ_f とおき、(4.2.1) 式を用いると導電率 σ は

$$\sigma = ne^2\lambda_f / mv_f \tag{4.2.3}$$

と表わすことができる。したがって σ の実測値と E_f の値から λ_f を計算できる。

---

[5] パウリの排他原理により、金属や半導体の電子がエネルギー E を持つ確率、すなわち占有確率は

$$f(E) = \left[1 + \exp\{(E - E_f)/kT\}\right]^{-1}$$

で与えられる。ここに k はボルツマン（Boltzmann）定数、T は絶対温度であり、E_f をフェルミ準位のエネルギー（フェルミエネルギー）と呼ぶ。詳しくは 5.1 参照。

演習問題 4.2

銀（Ag）のフェルミエネルギーを 5.5[eV] と仮定して、このエネルギーを持つ電子の速度を求めよ。また、このフェルミ速度と［演習問題 4.1］で求めた緩和時間を用いて、散乱に対する平均自由行程を計算せよ。

4.3 金属中の電子の散乱と電気抵抗

この節では、金属中の電子の散乱機構について考える。［演習問題 4.2］でも示したように、一般に 1 価金属（Li、Na、K、Cu、Ag）の室温付近の平均自由行程 λ_f は 10～60 [nm] もあり、その格子定数（1[nm] 以下）に比べると非常に大きい。このことは、電子が結晶を構成する格子そのものによって散乱されているのではないことを示している。

量子理論によると、周期的な格子中を運動する電子は少しも散乱されないことが分かっており、**散乱の原因となるものは結晶格子の周期性の乱れ**であると解釈されている。

結晶固体中での**電子に対する散乱の中心**としては、1) 格子振動、2) 空格子点（vacancy）、格子間原子（interstitial）、転位（dislocation）などのような格子欠陥、3) 不純物原子、4) 結晶粒界などが存在する。以下、1)～4) に関して簡単に説明する。なお 1) に関しては**付録 2** にさらに詳しく述べてある。

結晶中の原子は、通常の温度ではその熱エネルギーをもらって、平衡位置の付近で振動している。これを**格子振動**と呼ぶ。格子中の特定の原子に着目して平衡位置から x だけ変化したとすると、この原子には**フックの法則**に従って x に比例した復元力である $-fx$ の力が働く。この結果、その運動方程式は、原子の質量を M として

$$M\frac{d^2x}{dt^2} = -fx \tag{4.3.1}$$

となる。(4.3.1) 式の解は

$$x = A\cos\omega t, \quad \omega^2 = f/M \tag{4.3.2}$$

で与えられる。すなわち原子は平衡点のまわりで調和振動をおこしており、温度が高くなるに従って変位振幅 A は大きくなり、電子の移動を妨げる効果も大きくなるのである。

次に**図 4.3.1 (a)** に示すように、理想結晶においては原子が当然あるべき位置に原子が存在しないとき、この欠陥を**空格子点**と呼ぶ。また**図 4.3.1 (b)** に示すように、当然存在しないはずのところに原子が位置を占めているとき、この原子は**格子間原子**と呼ばれる。空格子点のみが単独で存在するとき、この欠陥は**ショトキー（Schottky）型欠陥**と呼ばれ、格子点に存在する原子が格子間位置に入って空格子点と格子間原子の対ができるとき、この欠陥は**フレンケル**

第4章　金属の電気伝導

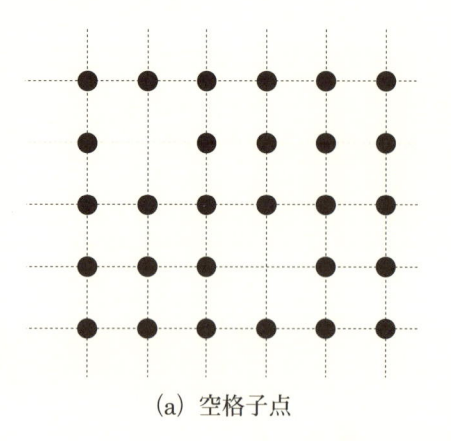

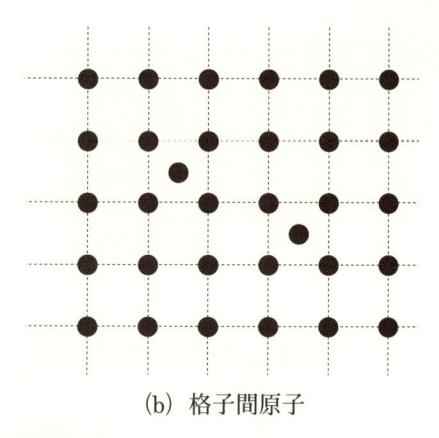

(a) 空格子点　　　　(b) 格子間原子

図4.3.1　空格子点と格子間原子

(Frenkel) 型欠陥と呼ばれる。イオン結晶において電気伝導（イオン伝導）がおこるのは主として空格子点の存在に基づいている。

　転位は、結晶の積み重ねにおける断層と考えられる欠陥であり、図4.3.2 に示す2種類のものがある。**同図(a)は刃状転位**と呼ばれるもので、外部応力などで結晶内部のある原子面が途中で不連続になったものである。3次元結晶ではこの原子面は紙面に垂直な z 方向に伸びているが、この半原子面の先端を**転位線**と呼ぶ。転位線は応力に応じて x 軸の正および負の方向に移動することができる。刃状転位は転位線とすべりの方向とは垂直である。一方、**同図(b)**は転位線とすべりの方向が平行であり、これを**らせん転位**という。

　図4.3.3 に示すように、本来あるべき原子の位置に全く異なった原子が混入し、結晶格子点を占有することがあるが、これを**不純物原子**という。不純物原子は結晶の種々の物理的性質に影響を及ぼすが、後述するように特に半導体ではこの効果が顕著である。

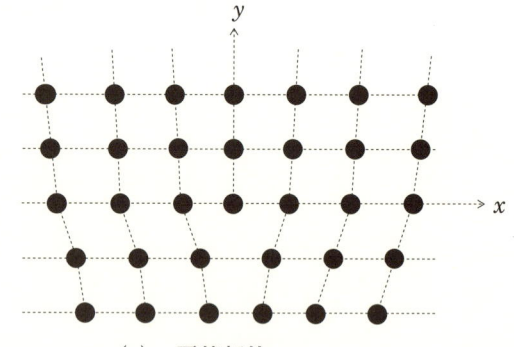

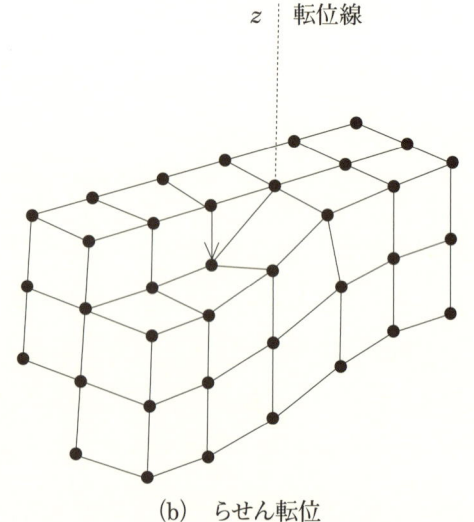

(a) 刃状転位

z 　転位線

(b) らせん転位

図4.3.2　転位の種類

　2つの結晶粒の境界では、その結晶軸の方向に食い違いがおこりやすいが、これを**粒界**とい

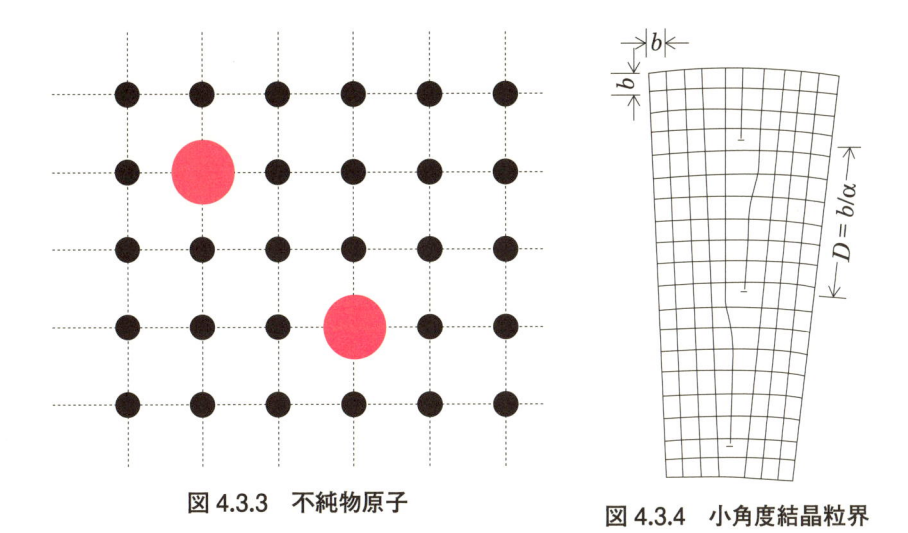

図 4.3.3　不純物原子　　　図 4.3.4　小角度結晶粒界

う。図 4.3.4 はその1例で、**小角度結晶粒界**と呼ばれる。この粒界は一連の刃状転位が線上に配列したものと見ることができる。この場合、転位線間の平均距離を D とすると、その角度 α は $\tan\alpha \cong \alpha = b/D$ で与えられる。ここに b は格子間距離である。この粒界は電子のトラップとしても働き、結晶の特性に悪影響を及ぼす。

以上述べた散乱中心は、それぞれ独立にある決まった緩和時間 τ_j を生じるが、ある種の散乱中心によって単位時間に散乱がおこる確率は $1/\tau_j$ に等しく、合成された緩和時間 τ_f はそれらの和として次式で与えられる。

$$\frac{1}{\tau_f} = \sum_j \frac{1}{\tau_j} \tag{4.3.3}$$

いま、格子の熱振動に付随する緩和時間を τ_L とし、それ以外の格子不整の散乱に対する緩和時間を τ_i で表わすと、

$$\frac{1}{\tau_f} = \frac{1}{\tau_i} + \frac{1}{\tau_L} \tag{4.3.4}$$

と書ける。したがって金属の抵抗率 ρ は (4.2.3) 式を用いて次式で表わされる。

$$\rho = \frac{1}{\sigma} = \frac{m}{ne^2}\frac{1}{\tau_f} = \frac{m}{ne^2}\left(\frac{1}{\tau_i} + \frac{1}{\tau_L}\right) = \rho_i + \rho_L \tag{4.3.5}$$

(4.3.5) 式の右辺**第1項は格子不整に基づく抵抗率**で、**第2項は格子振動に基づく抵抗率**である。格子不整の密度は温度に依存しないので、これに対する電子の平均自由行程も温度に依存しない。また金属の E_f は温度に依存しないので、(4.2.2) 式より v_f も温度に依存しない。したがって τ_i は温度に依存しないことがわかる。すなわち、格子不整に基づく抵抗率 ρ_i は温度に依存しないことが分かる。一方、格子振動の振幅は温度とともに増大し、平均自由行程を減少させるので、τ_f も減少する。デバイ (Debye) 温度[6] 以上では、格子振動の散乱に対する

平均自由行程は絶対温度に反比例するので、τ_L も反比例し、これに基づく**抵抗率 ρ_L は絶対温度に比例する**。したがって、金属の抵抗率は次式で表わすことができる。

$$\rho = \rho_i + \alpha T \tag{4.3.6}$$

ここに α と ρ_i は、材料によって決まる定数である。

　(4.3.6) 式に示されるように、金属の電気抵抗率が温度に無関係な項と絶対温度に比例する項とから成り立っていることは**マティーセン（Matthiessen）の法則**として知られている。(4.3.6) 式より、非常に低温では抵抗は本質的に格子欠陥や不純物などによって決定されることが分かる。

演習問題 4.3

　ニクロム（Ni-Cr 合金）の抵抗率が、室温（300 K）で 1.0×10^{-6} [Ωm]、700℃で 1.07×10^{-6} [Ωm] であった。マティーセンの法則が成り立つとして、格子不整に基づく抵抗率を計算せよ。

演習問題 4.4

　純粋な Cu の室温（300 K）における抵抗率は 1.7×10^{-8} [Ωm] である。これに少量の Ni または Ag を加えると、その原子百分率当りそれぞれ 1.25×10^{-8} [Ωm] および 0.14×10^{-8} [Ωm] の抵抗率の増加がおこる。Ni を 0.2%、Ag を 0.4% ともに加えた合金の室温における抵抗率は理論上いくらになるか。

4.4　金属の熱伝導率

　金属をはじめとして固体における熱伝導の機構は、①伝導電子によるもの、②格子振動によるもの、③分子によるもの、の3つがある。金属では主として伝導電子が熱を運び、格子振動がいくらか伝導に寄与する。共有結合結晶やイオン結晶では主として格子振動によって熱伝導が行われ、非晶質固体や分子性結晶では主として分子によって運ばれる。①の伝導電子によって運ばれる熱流は、②や③によって運ばれるそれよりもはるかに大きい。したがって金属の熱伝導率が高いのである。

---

6) デバイ温度とは、格子振動の最大振動数 ν_D としたとき $\Theta_D = h\nu_D/k$ から求めた Θ_D のことであり、最大振動数を温度に置き換えたものである。この値は各物質に固有のものである。詳しくは**付録 2** を参照。

4.4 金属の熱伝導率

等方性物質中に温度勾配があると、その勾配と反対方向に熱の流れが生じる。このとき**熱伝導率 K** は次の (4.4.1) 式によって定義される。

$$Q_x = -K \left(\frac{dT}{dx} \right) \tag{4.4.1}$$

ここに x は物質中の一方向を、Q_x はその方向への熱流密度を、T は絶対温度を、K は熱伝導率を表わす。したがって dT/dx は x 方向の温度勾配を示す。K の単位は [W/m·K] である。

金属のように自由電子密度が高い物質では、熱と電気の両方が電子のみによって運ばれると仮定してもよい。伝導電子の熱伝導のみを考えたときには、次の関係式が成立する。

$$\frac{K}{\sigma T} = \frac{\pi^2}{3} \frac{k^2}{e^2} \equiv L \qquad (T > \Theta_D) \tag{4.4.2}$$

ここに σ は金属の導電率、k はボルツマン定数で、Θ_D はデバイ温度である。

この式からわかるように、K と σT の比は普遍定数 L に等しい。この関係は**ヴィーデマン・フランツ (Wiedemann-Franz) の法則**として知られているものである。(4.4.2) 式において

$$L = \frac{\pi^2}{3} \frac{k^2}{e^2} = 2.45 \times 10^{-8} \quad [\text{W}\Omega\,\text{deg}^{-2}] \tag{4.4.3}$$

は**ローレンツ (Lorentz) 数**と呼ばれる。

なお伝導電子に対応する**熱抵抗率**は、電気抵抗の場合と同様、格子振動による散乱に基づく熱抵抗率 $1/K_L$ と、格子欠陥による散乱に基づく熱抵抗率 $1/K_i$ の2つの部分から成り立つ。すなわち

$$\frac{1}{K} = \frac{1}{K_L} + \frac{1}{K_i} = \frac{1}{K_L} + \frac{1}{L\sigma_i T} \tag{4.4.4}$$

と書くことができる。ここに $1/\sigma_i$ は格子欠陥に基づく電気抵抗率である。

第 5 章

帯域理論

5.1 フェルミ・ディラックの統計

ここでは金属や半導体のように自由電子密度が高く、それらの相互作用が強い場合に用いられるフェルミ・ディラック（Fermi-Dirac）の統計と呼ばれる量子統計を考える。

金属や半導体中の電子は、パウリの排他原理のために絶対零度 $T=0$ K においても全ての電子が最もエネルギーの低い状態になることができず、電子の分布は図 5.1.1 に示すようになり、電子の全エネルギーは 0 にはならない。$T=0$ K におけるエネルギーを零点エネルギーという。パウリの排他原理により、エネルギー E を持つ準位が占められる確率、すなわち占有確率は次式で与えられる。

$$f(E) = \left[1+\exp\{(E-E_f)/kT\}\right]^{-1} \quad (5.1.1)$$

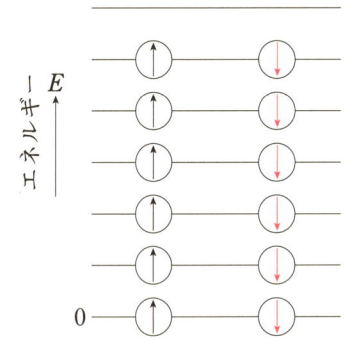

図 5.1.1 $T=0$ K での電子の分布
（矢印はスピンの方向を示す）

ここに k はボルツマン定数（$k=1.38\times10^{-23}$ [J/K]）、T は絶対温度であり、E_f はフェルミエネルギーと呼ばれる定数である。(5.1.1) 式の分布をフェルミ分布と呼ぶ。[7] (5.1.1) 式の分布を T の関数として描いたものが図 5.1.2 である。図より $T=0$ K においては、$E<E_f$ では電子の存在確率は 1 であり、$E>E_f$ では電子は全く存在せず存在確率は 0 である。すなわち

図 5.1.2 フェルミ分布

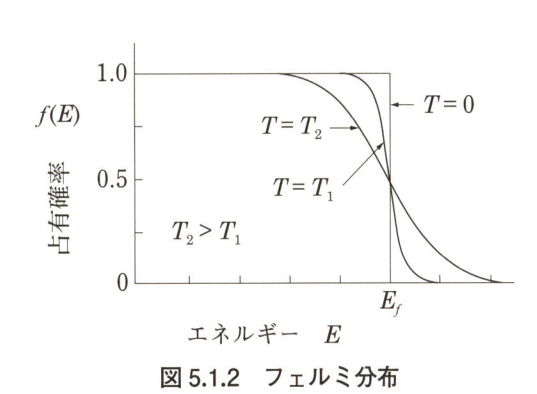

[7] フォトン（光子）、フォノン（音子）などパウリの排他原理に従わないものは、フェルミ・ディラックの統計には従わず、ボース・アインシュタイン（Bose-Einstein）の法則に従う。この場合は (5.1.1) 式に対応する占有確率関数は $\alpha(E)=\left[e^{h\nu/kT}-1\right]^{-1}$ となる。

第5章 帯域理論

$T=0$ K では、フェルミエネルギー E_f より低いエネルギー状態に電子が詰まり、E_f より高いエネルギーの状態は空である。$T>0$ K では E_f より少し低いエネルギー状態に空きが生じ、E_f より高いエネルギー状態にも電子が入る。T が大きくなるほど、E_f より低いエネルギー状態の空きが多くなる。すなわち E_f 近傍での「ぼやけ」が大きくなる。**E_f のエネルギー状態の電子の占有確率は 1/2** となる。

後で述べるように、**フェルミエネルギーは全体の電子数で決まり**、E_f より低いエネルギーの定常状態の数が全体の電子数に等しいという条件で決まる。

ここで E_f の大きさを**自由電子の場合**に求めてみよう。いま金属が各辺の長さが L の立方体であるとする。この金属の左端（$x=0$）と右端（$x=L$）では、電子の波動関数 ψ は等しいと考えてよい。すなわち

$$\psi(x, y, z) = \psi(x+L, y, z) \tag{5.1.2}$$

となる。これを**周期的境界条件**という。定常状態のシュレーディンガーの波動方程式[8]は

$$\left[-\frac{\hbar^2}{2m}\left(\frac{\partial^2}{\partial x^2}+\frac{\partial^2}{\partial y^2}+\frac{\partial^2}{\partial z^2}\right)\right]\psi(x,y,z) = E\psi(x,y,z) \tag{5.1.3}$$

であり、この解は

$$\psi(x,y,z) = A\exp\left[i(k_x x + k_y y + k_z z)\right] \tag{5.1.4}$$

$$E = \frac{\hbar^2}{2m}(k_x^2 + k_y^2 + k_z^2) \tag{5.1.5}$$

となる。この解が (5.1.2) 式の周期的境界条件を満たすためには

$$\begin{aligned}k_x &= \pm\frac{2\pi}{L}n_x \\ k_y &= \pm\frac{2\pi}{L}n_y \\ k_z &= \pm\frac{2\pi}{L}n_z\end{aligned} \tag{5.1.6}$$

を満たす必要がある。ここに n_x、n_y、n_z は整数である。このように周期的境界条件のもとでは、波数は x、y、z 成分ともに $\frac{2\pi}{L}$ の整数倍となる。

すなわち3次元 k 空間において定常状態の

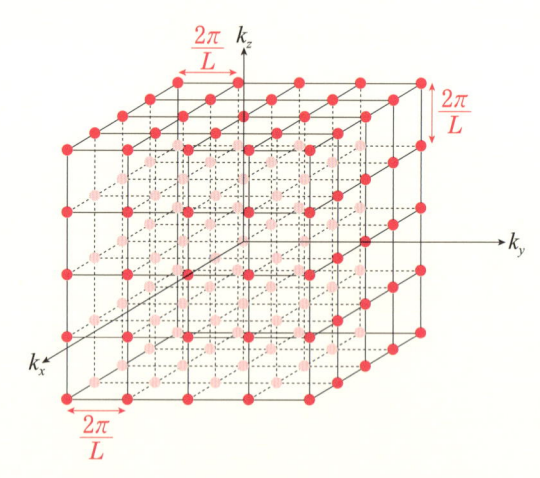

図 5.1.3 3次元空間における定常状態の波数の格子点

---

[8] 定常状態のシュレーディンガーの波動方程式に関しては**付録5**を参照。

波数をプロットすると、図 5.1.3 に示すように、1 辺が $\frac{2\pi}{L}$ の立方体の頂点に規則正しく格子点がくる。言い換えれば、$\left(\frac{2\pi}{L}\right)^3$ の体積中に 1 個の k 格子点が存在する。

ここでは $T=0$ K（**絶対零度**）で考える。$T=0$ K では、自由電子のフェルミエネルギー E_{f0} は、図 5.1.4 に示すように**波数空間では球状**になる。すなわち半径 k_f の球の内部は電子で完全に満たされ、その外側では電子は全く存在しない。いま電子の総数が N 個とすると、電子のスピン状態が 2 個あることを考慮して次式が成立する。

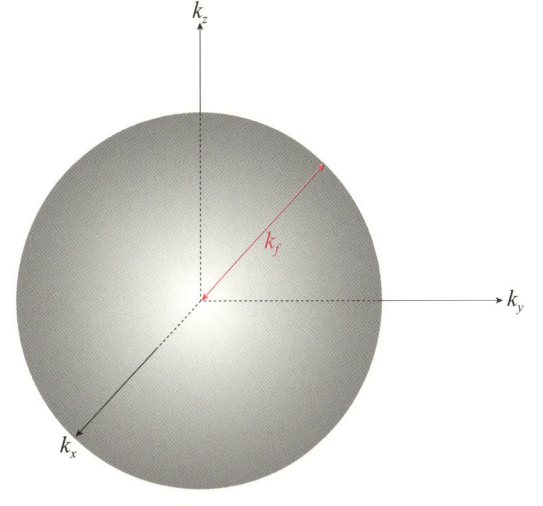

図 5.1.4　**$T=0$ K** での自由電子のフェルミエネルギー球

$$N = 2 \times \frac{\left(\dfrac{4\pi k_f^3}{3}\right)}{\left(\dfrac{2\pi}{L}\right)^3} \tag{5.1.7}$$

また (5.1.5) 式より

$$E_{f0} = \frac{\hbar^2 k_f^2}{2m} \tag{5.1.8}$$

となり、これより

$$k_f = \frac{\sqrt{2mE_{f0}}}{\hbar} \tag{5.1.9}$$

が導かれ、(5.1.9) 式を (5.1.7) 式に代入して整理すると

$$E_{f0} = \frac{\hbar^2}{2m}\left(\frac{3\pi^2 N}{L^3}\right)^{\frac{2}{3}} \tag{5.1.10}$$

となる。

(5.1.10) 式で $\frac{N}{L^3}$ は単位体積当りの自由電子の数、すなわち自由電子密度 n_e であり、$\hbar = \frac{h}{2\pi}$ を入れて式を整理すると

$$E_{f0} = \left(\frac{h^2}{2m}\right)\left(\frac{3n_e}{8\pi}\right)^{\frac{2}{3}} \tag{5.1.11}$$

となり、フェルミエネルギー E_f は自由電子密度 n_e の $\frac{2}{3}$ 乗に比例することがわかる。

なお $T>0\,\mathrm{K}$ のときの E_f は、近似的に次式で与えられる。

$$E_f = E_{f0}\left[1-\frac{\pi^2}{12}\left(\frac{kT}{E_{f0}}\right)^2\right] \tag{5.1.12}$$

金属の E_{f0} は数 [eV] の値を持ち、一方 300 K の温度での kT は 0.026[eV] しかないので、通常の温度では $\frac{kT}{E_{f0}} \ll 1$ となる。したがって非常に高温でない限り、金属の E_f は E_{f0} に極めて近い値をとる。

5.2 状態密度と電子密度分布

単位体積、単位エネルギー当りに許された状態の数をエネルギー状態密度または単に状態密度と呼ぶが、以下にこれを求めてみる。

エネルギー E と波数 k との間には (5.1.5) 式の関係があるが、これは k 空間において

$$k_x^2 + k_y^2 + k_z^2 = k^2 \tag{5.2.1}$$

を満たす半径 k の球を表わしている。したがって、エネルギーが E から $E+dE$ の間にあるエネルギー状態数 $N(E)dE$ は、図5.2.1 における球殻の体積 $4\pi k^2 dk$ の中にある状態数に等しい。1個の k 格子点の体積は $\left(\frac{2\pi}{L}\right)^3$ であり、したがって電子のスピン状態が 2 個あることを考慮して

$$N(E)dE = 2 \times \frac{4\pi k^2 dk}{\left(\frac{2\pi}{L}\right)^3} \tag{5.2.2}$$

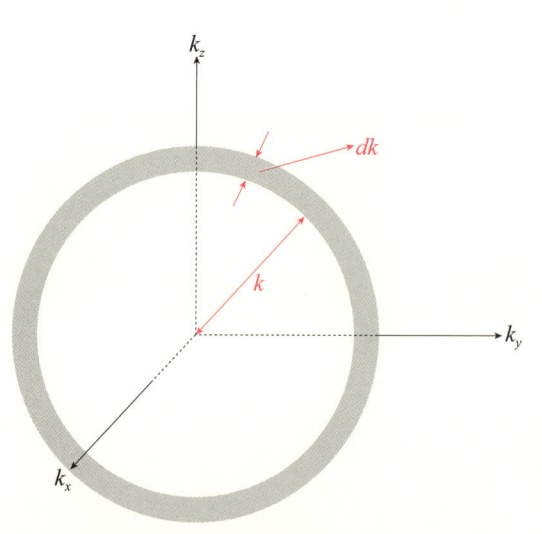

図 5.2.1 エネルギー状態数 $N(E)dE$ 計算のための球殻

となる。

一方、(5.1.5) 式、(5.2.1) 式を用いて k を求めると

$$k = \sqrt{\frac{2mE}{\hbar^2}} \tag{5.2.3}$$

となり、この微分をとると

$$dk = \sqrt{\frac{m}{2\hbar^2 E}} dE \tag{5.2.4}$$

となり、これを（5.2.2）式に入れて整理すると、

$$N(E)dE = 8\pi\sqrt{2}L^3\left(\frac{m^{\frac{3}{2}}}{h^3}\right)\sqrt{E}dE \tag{5.2.5}$$

が得られる。L^3 は物体の体積であるので、結局エネルギー状態密度

$$D(E) = \frac{N(E)}{L^3} \tag{5.2.6}$$

を計算すると

$$D(E) = 8\pi\sqrt{2}\left(\frac{m^{\frac{3}{2}}}{h^3}\right)\sqrt{E} \tag{5.2.7}$$

が得られる。すなわち状態密度 $D(E)$ は $\sqrt{E}$ に比例することが分かる。これを描いたものが図 5.2.2 である。

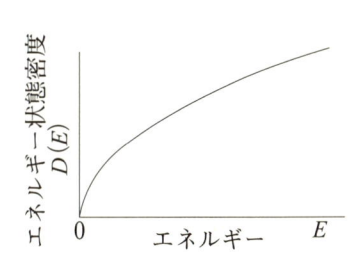

図 5.2.2 エネルギー状態密度

したがって ΔE のエネルギー範囲に存在する電子密度 ΔN は、（5.1.1）および（5.2.7）式を掛け合わせることによって得られ

$$\Delta N = D(E)f(E)\Delta E = \frac{8\pi\sqrt{2}\left(\dfrac{m^{\frac{3}{2}}}{h^3}\right)\sqrt{E}}{1+\exp\left(\dfrac{E-E_f}{kT}\right)}\Delta E \tag{5.2.8}$$

となる。これを図示したのが図 5.2.3 である。[9]

（5.2.3）式を用いて $T = 0$ K におけるエネルギー平均値を求めてみる。$T = 0$ K では E_{f0} 以下の

---

[9] フォトン（光子）、フォノン（音子）などパウリの排他原理に従わないものは、角周波数が ω と $\omega + \Delta\omega$ の間にある単位体積当りに許された状態数は

$$\Delta N_\omega = \frac{\omega^2 \Delta\omega}{\pi^2 c^3}$$

となり、占有確率はボース・アインシュタイン（Bose-Einstein）関数になるので、結局、（5.2.8）式に対応する単位体積当りの分布式は

$$\Delta N = \frac{\omega^2}{\pi^2 c^3}\frac{1}{e^{\hbar\omega/kT}-1}\Delta\omega$$

となる。

第5章 帯域理論

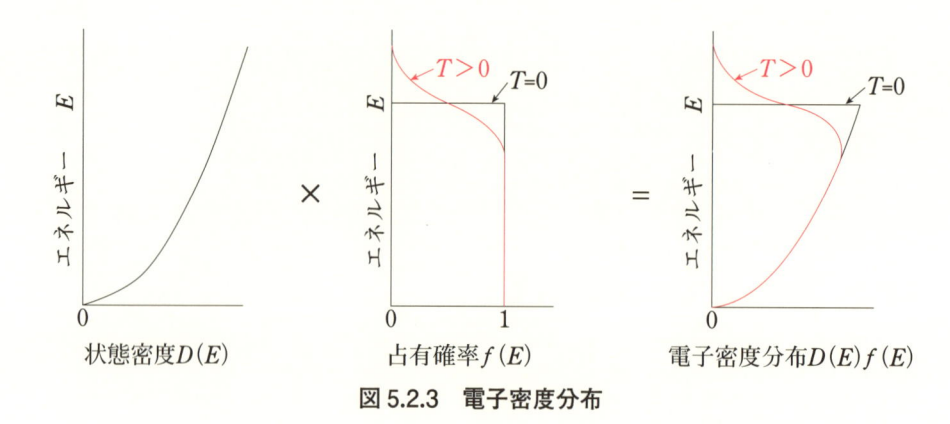

図5.2.3 電子密度分布

エネルギー状態は全て満たされており、それ以上には電子は存在しない。したがってエネルギー分布関数を $g(E)$ とすると、平均エネルギー $<E_0>$ は次式で求められる。

$$<E_0> = \frac{\int_0^{E_{f0}} E g(E) dE}{\int_0^{E_{f0}} g(E) dE} = \frac{\int_0^{E_{f0}} 8\pi\sqrt{2}\left(\frac{m^{\frac{3}{2}}}{h^3}\right) E \sqrt{E} dE}{\int_0^{E_{f0}} 8\pi\sqrt{2}\left(\frac{m^{\frac{3}{2}}}{h^3}\right) \sqrt{E} dE} = \frac{\frac{2}{5} E_{f0}^{\frac{5}{2}}}{\frac{2}{3} E_{f0}^{\frac{3}{2}}} = \frac{3}{5} E_{f0} \tag{5.2.9}$$

なお、$T>0$ K のときの平均エネルギー $<E>$ は、次式で与えられる。

$$<E> \simeq <E_0>\left[1 + \frac{5\pi^2}{12}\left(\frac{kT}{E_{f0}}\right)^2\right] \tag{5.2.10}$$

演習問題5.1

フェルミエネルギー準位より 0.1[eV] 上および下にある準位が、室温（300 K）において電子で占められる確率を求めよ。

演習問題5.2

Na の自由電子密度を 2.51×10^{28} [m^{-3}] として、$T=0$ K におけるフェルミエネルギー E_{f0} を求め、次に伝導電子の平均速度を求めよ。

5.3 エネルギーバンド構造

ダイアモンド（C）、シリコン（Si）、ゲルマニウム（Ge）などの結晶においてはエネルギー準位はどのようになっているのであろうか。このような固体物質では $10^{23}[\text{cm}^{-3}]$ 程度の原子が並んでいるので、孤立原子のエネルギー準位とは様子が異なる。ここでは固体中のエネルギー準位について考える。

水素原子のような孤立原子中の電子は、第 1 章で述べたように離散的な特定のエネルギー準位しかとり得ないが、原子の集合体である固体においても、これと同様の状態がおこる。N 個の孤立原子が、互いに接近し相互作用を及ぼし始めると、孤立原子状態のときの各電子のエネルギー準位は、互いの電子軌道が重なることができないために、**N 個の準位**に分かれ互いに少しずつエネルギーの異なる **N 個の準位群**をつくることになる。電子はこのわずかずつエネルギーの異なる準位群に分かれて入るが、これらの**準位群は接近した状態で帯のように重なっていて、連続的状態**であるとみなすことができる。したがって、この準位群のことを**エネルギーバンド**といい、**電子の入ることが許されるエネルギーバンドを許容帯**（allowed band）と呼ぶ。

2.3 において図 2.3.1 を用いて説明したように、2 個の水素（H）原子が結合して H_2 分子を形成する場合、H の孤立原子のエネルギー準位は、2 つの原子の接近により 2 つの準位に分裂する。次に原子 6 個が近づいてくる場合のエネルギー準位の分離を考える。簡単のため 1s 軌道と 2s 軌道のみを考える。そのときのエネルギーレベルの分離を図 5.3.1 に示す。図からも分かるように、各原子が近づくに従って、まず 2s 軌道が影響を受け始める。これは 1s 軌道にくらべ 2s 軌道が外側に位置し、先に接触するためである。

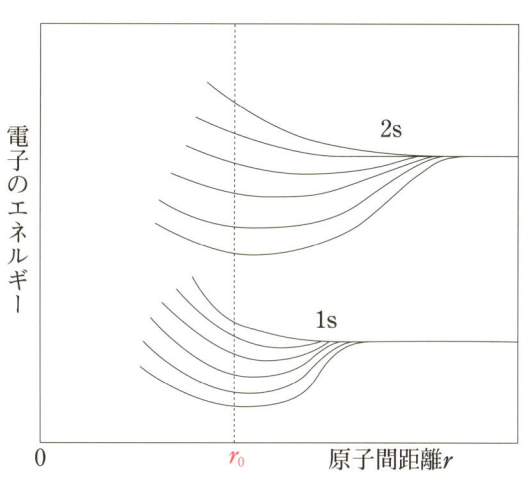

図 5.3.1　6 個の原子によるエネルギーレベルの分離

そして、徐々に 1s 軌道も枝分かれしていき、最終的に各軌道のエネルギーレベルは 6 本に分かれる。

同様に **N 個の孤立原子が互いに接近して相互作用を及ぼし始める**と、孤立原子状態のときの各準位は N 本の準位に分かれ、互いに少しずつエネルギーの異なった **N 個の準位群**をつくるのである。この概念図を原子間距離を変数として図 5.3.2 に示す。図より分かるように、許容帯は電子が存在できない**禁制帯**（forbidden band）によって隔てられている。**許容帯の幅は**

相互作用が強いほど広くなる。結晶状態では一般に外側電子ほど相互作用が強いので、これに対応する帯幅が広くなる。一方、結晶を構成する原子の数は許容帯の幅には影響せず、許容帯を構成するエネルギー準位の数を決定する。すなわち、**N 個の原子からなる結晶における 1 つのエネルギー帯**は、N 本の準位からなり、パウリの排他原理を考慮すると、1 つのエネルギー帯には 2N 個の電子を収容できる。

結晶格子のつくる周期的ポテンシャル中の 1 電子の運動を論じて、結晶中での電子のとりうるエネルギー準位を求めていく方法（ブロッホ (Bloch) 近似法）を用いて計算する[10] と、エネルギー E と波数 k との間には図 5.3.3(a)に示すような関係が導かれ、$k = \pm\dfrac{\pi}{a}$ でエネルギーが分離する。ここで $k = \dfrac{2\pi}{\lambda}$ であり λ は電子波の波長である。また a は格子間隔である。同図より E の波数 k 依存性は周期的であり、$-\dfrac{\pi}{a} < k < \dfrac{\pi}{a}$ の領域を第 1 ブリルアン (Brillouin) 領域と呼ぶ。[11] この領域内での各バンドの電子の分布状態を図 5.3.3(b)に示す。

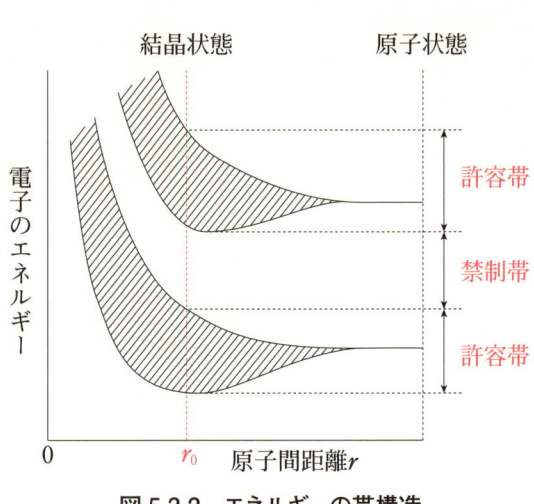

図 5.3.2 エネルギーの帯構造

(a) 第 1 ブリルアン領域　　(b) 図(a)の各バンドの電子分布状態

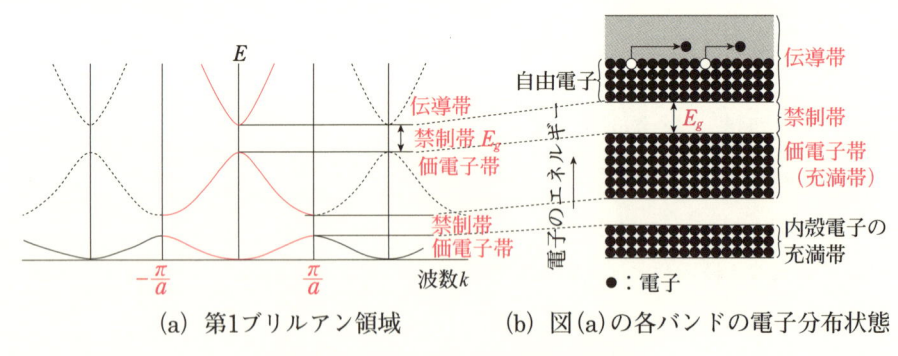

図 5.3.3 エネルギーと波数との関係

3 次元の場合、**単純立方格子**では 3 次元的に 1 辺 a の立方体の頂点に原子が規則正しく並ん

---

10) ブロッホ近似法に関しては**付録 3** を参照。
11) ブリルアン領域に関しては**付録 3** を参照。

でいるので、第1ブリルアン領域は図5.3.4に示すように1辺が$\frac{2\pi}{a}$の大きさの立方体になる。

ところで物質の電気的挙動に関しては、許容帯の中で電子が完全に充満していないバンドもしくは空のバンドと、その直下の電子が完全に充満しているバンドが重要になる。図5.3.3(b)で例えば絶対零度で、下の2つのバンドが定常状態で全て電子で埋まっていた場合、この充満帯のことを**価電子帯（valence band）**と呼ぶ。また同図において一番上の

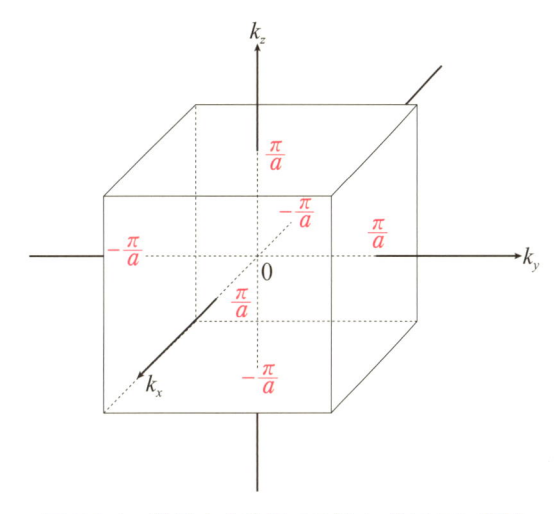

図5.3.4　単純立方格子での第1ブリルアン領域

バンドは、絶対零度で電子が完全に充満していないとすると、このバンドのことを**伝導帯（conduction band）**という。伝導帯と価電子帯の間の電子が存在できない部分は、**禁制帯（forbidden band）**である。伝導帯と価電子帯の間のエネルギー差E_gを**禁制帯幅**または**エネルギーギャップ（energy gap）**という。**伝導帯にある電子は自由電子になり、電気伝導に寄与する。**

図5.3.5にシリコンのエネルギーバンドの様子を原子間距離rの関数として示す。**E_cは伝導帯の最下位のエネルギー準位**であり、**E_vは価電子帯の最上位のエネルギー準位**である。孤立原子の状態では3s準位に2個、3p準位に2個の電子が入っているが、原子間距離が近づくと次第に帯構造になっていき、3sの許容帯と3pの許容帯がいったん重なり合い、その後再び分

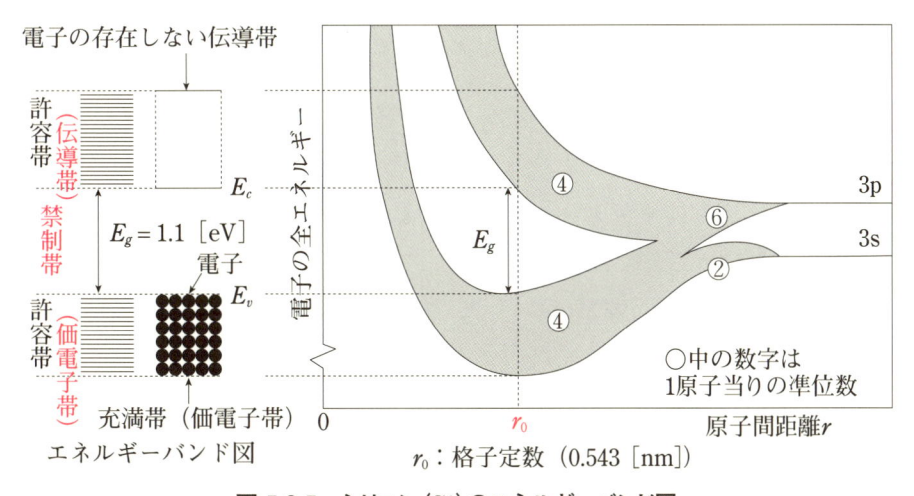

図5.3.5　シリコン（Si）のエネルギーバンド図

離して中間に禁制帯を生じる。分離後では下側のバンド（価電子帯）での1原子当りの準位数は2個から4個に増加し、一方、上側のバンド（伝導帯）の準位数は6個から4個に減少する。したがって、もともと孤立原子が持っていた4個の価電子は全て価電子帯に収容され、伝導帯には電子が存在しなくなる。言い換えれば、**シリコンはもともと伝導帯に電子を持たない絶縁体**である。しかし何らかの方法で外部からエネルギーを与えることによって、価電子帯から伝導帯へと電子が移動（励起）できれば、自由電子を持つことになる。ダイアモンドでも同様のことがおこるが、一般に**比較的少ないエネルギーで価電子帯から伝導帯へ電子が励起できる物質**を半導体と呼ぶ。便宜的に E_g が 3.9[eV] 以下であれば半導体、それ以上であれば絶縁体と区別することもある。

5.4　有効質量

5.1、**5.2** では自由電子の場合について、フェルミエネルギー、状態密度、電子密度分布を求めたが、実際の半導体内においては電子は周期 a の周期的ポテンシャルの影響を受けるため、波動関数 $\psi_k(x)$ は**付録3**で述べたように

$$\psi_k(x) = u_k(x)\exp(ikx) \tag{5.4.1}$$

の形をとる。ここで $u_k(x)$ は

$$u_k(x) = u_k(x+a) \tag{5.4.2}$$

を満たす周期関数である。すなわち $\psi_k(x)$ は、平面波 $\exp(ikx)$ が格子の周期を持つ周期関数 $u_k(x)$ で変調されたもので、ブロッホ（Bloch）関数と呼ばれる。

このような状態でのエネルギー E は、例えば伝導帯の底が $k=0$ にあり、その点のエネルギーを0とすれば

$$E = \frac{\hbar^2}{2m^*}k^2 \tag{5.4.3}$$

として自由電子の質量 m を m^* に置き換えるだけで求められる。この m^* のことを有効質量という。この有効質量を用いることにより 5.1、5.2 で述べた状態密度などの関係は全て成り立つ。すなわち理想的な周期的ポテンシャルの中では、**電子はまるで有効質量 m^* を持った自由電子のように見える**ということである。

なお**図 5.3.3**のような $E-k$ 曲線が分かっているときには、伝導帯の底や価電子帯のトップにおける有効質量は

$$\frac{1}{m^*} = \frac{1}{\hbar^2}\frac{d^2E}{dk^2} \tag{5.4.4}$$

から求めることができる。

5.4 有効質量

図 5.3.3(a)の第1ブリルアン領域の $k = 0$ 近傍で (5.4.4) 式を用いて m^* を計算すると、伝導体の底では m^* は正となり電子として振舞うが、価電子帯の頂上では m^* は負となり、電子は正の電荷を持った粒子として振舞うことが分かる。このように有効質量が負の粒子、すなわち正電荷を持った粒子を正孔またはホール（hole）という。図 5.4.1 にその概念図を示す。**価電子帯における正孔とは電子の抜け穴のことであり、この抜け穴はあたかも正の電荷を持った粒子として振舞うのである。**

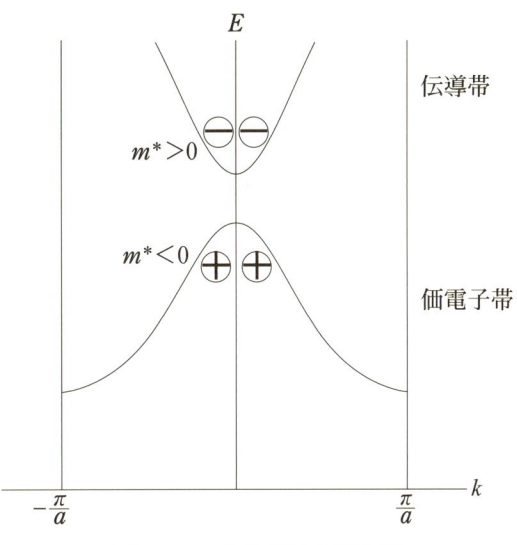

図 5.4.1 有効質量の概念図

なお有効質量は (5.4.4) 式で与えられ、一般に伝導帯と価電子帯の $\dfrac{d^2 E}{dk^2}$ は異なるので、それぞれの有効質量を m_e および m_h とすると、一般に $m_e \neq m_h$ である。

第6章

半導体の導電率

6.1 真性半導体の導電率

図 6.1.1 にシリコン (Si) 結晶の模式図を示す。この結晶は、2.3 で述べたように共有結合をしている。すなわちIV族の原子であるため、価電子（最外殻の電子）は4つあり、各原子が4つずつの電子を出し合っており、1つの結合には2個の価電子が使われて結合している。

図 6.1.1 に示したように、**不純物を含まない純粋の半導体を**真性半導体**という。自由電子や正孔などの電流の担い手を**キャリアと呼ぶが、ここでは真性半導体のフェルミレベルおよびキャリア濃度を求め、それらをもとに真性半導体の導電率の温度依存性を求めてみる。

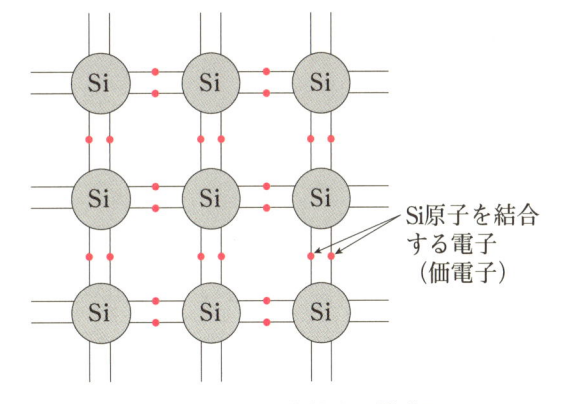

図 6.1.1　Si 共有結合の模式図

伝導帯と価電子帯の状態密度は、(5.2.7) 式を用いて

$$D_c(E) = 8\pi\sqrt{2}\left(\frac{m_e^{\frac{3}{2}}}{h^3}\right)\sqrt{E-E_c} \quad (6.1.1)$$

$$D_v(E) = 8\pi\sqrt{2}\left(\frac{m_h^{\frac{3}{2}}}{h^3}\right)\sqrt{E_v-E} \quad (6.1.2)$$

で与えられる。ここに E_c、E_v は図 6.1.2 に示すように各々伝導帯の底、および価電子帯の頂上のエネルギーである。

電子のフェルミ分布関数は (5.1.1) 式で与えられるので、伝導帯中の電子密度

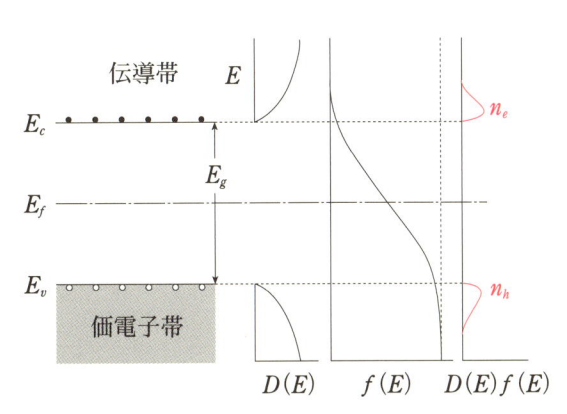

図 6.1.2　真性半導体のエネルギー準位とキャリア密度のエネルギー分布

第6章 半導体の導電率

n_e は (5.2.8) 式を使って

$$n_e = 8\pi\sqrt{2}\left(\frac{m_e^{\frac{3}{2}}}{h^3}\right)\int_{E_c}^{\infty}\frac{\sqrt{E-E_c}}{1+\exp\left(\frac{E-E_f}{kT}\right)}dE \tag{6.1.3}$$

となる。後で分かるように、E_f は E_c と E_v のほぼ中間になるので、

$$E - E_f \cong \frac{E_g}{2} \gg kT \quad (kT\text{ の値は室温で約 }0.026[\text{eV}]\text{ 程度しかない})$$

が成り立つ。したがって (6.1.3) 式は

$$n_e = 8\pi\sqrt{2}\left(\frac{m_e^{\frac{3}{2}}}{h^3}\right)\int_{E_c}^{\infty}\sqrt{E-E_c}\exp\left(-\frac{E-E_f}{kT}\right)dE \tag{6.1.4}$$

となる。いま $\dfrac{E-E_c}{kT} = x$ とおくと、$\sqrt{E-E_c} = \sqrt{kT}x^{\frac{1}{2}}$、$dE = kTdx$ となるので

$$n_e = 8\pi\sqrt{2}\left(\frac{m_e^{\frac{3}{2}}}{h^3}\right)\exp\left(-\frac{E_c-E_f}{kT}\right)\int_{E_c}^{\infty}\sqrt{E-E_c}\exp\left(-\frac{E-E_c}{kT}\right)dE$$

$$= 8\pi\sqrt{2}\left(\frac{m_e^{\frac{3}{2}}}{h^3}\right)\exp\left(-\frac{E_c-E_f}{kT}\right)kT\sqrt{kT}\int_0^{\infty}\sqrt{x}\exp(-x)dx \tag{6.1.5}$$

となる。ここで積分公式

$$\int_0^{\infty}e^{-x}x^{\frac{1}{2}}dx = \frac{\sqrt{\pi}}{2} \tag{6.1.6}$$

を用いると (6.1.5) 式は次のようになる。

$$n_e = 2\left(\frac{2\pi m_e kT}{h^2}\right)^{\frac{3}{2}}\exp\left(\frac{E_f-E_c}{kT}\right) \tag{6.1.7}$$

次に価電子帯の正孔密度 n_h を求める。電子の存在しないところが正孔であるので、正孔のフェルミ分布関数 $f_h(E)$ は

$$f_h(E) = 1 - f_e(E) = 1 - \frac{1}{1+\exp\left(\frac{E-E_f}{kT}\right)} = \frac{\exp\left(\frac{E-E_f}{kT}\right)}{1+\exp\left(\frac{E-E_f}{kT}\right)}$$

$$= \frac{1}{1+\exp\left(-\frac{E-E_f}{kT}\right)} = \frac{1}{1+\exp\left(\frac{E_f-E}{kT}\right)} \tag{6.1.8}$$

となる。電子密度を求めた場合と同じく $E_f - E \cong \frac{E_g}{2} \gg kT$ なので

$$f_h(E) = \exp\left(-\frac{E_f - E}{kT}\right) \tag{6.1.9}$$

とできる。したがって正孔密度は（6.1.3）式と同様にして

$$n_h = 8\pi\sqrt{2}\left(\frac{m_h^{\frac{3}{2}}}{h^3}\right)\int_{-\infty}^{E_v}\sqrt{E_v - E}\exp\left(-\frac{E_f - E}{kT}\right)dE$$

$$= 8\pi\sqrt{2}\left(\frac{m_h^{\frac{3}{2}}}{h^3}\right)\exp\left(-\frac{E_f - E_v}{kT}\right)\int_{-\infty}^{E_v}\sqrt{E_v - E}\exp\left(-\frac{E_v - E}{kT}\right)dE \tag{6.1.10}$$

となる。いま $\frac{E_v - E}{kT} = y$ とおくと

$$n_h = 8\pi\sqrt{2}\left(\frac{m_h^{\frac{3}{2}}}{h^3}\right)\exp\left(-\frac{E_f - E_v}{kT}\right)kT\sqrt{kT}\int_0^\infty \sqrt{y}\exp(-y)dE$$

$$= 8\pi\sqrt{2}\left(\frac{m_h^{\frac{3}{2}}}{h^3}\right)\exp\left(-\frac{E_f - E_v}{kT}\right)kT\sqrt{kT}\frac{\sqrt{\pi}}{2}$$

$$= 2\left(\frac{2\pi m_h kT}{h^2}\right)^{\frac{3}{2}}\exp\left(\frac{E_v - E_f}{kT}\right) \tag{6.1.11}$$

となる。（6.1.7）式および（6.1.11）式が、真性半導体中の電子および正孔の密度である。

真性半導体では $n_e = n_h$ であるので、（6.1.7）式および（6.1.11）式を等しいとおいて E_f を求めると

$$E_f = \frac{E_c + E_v}{2} + \frac{3}{4}kT\ln\left(\frac{m_h}{m_e}\right) \tag{6.1.12}$$

となり、$m_e \approx m_h$ のとき、E_f は E_c と E_v のほぼ中間、すなわち禁制帯のほぼ中間にくることが分かる。**図 6.1.2** には、真性半導体中のエネルギー準位とキャリア密度のエネルギー分布を示してある。

第6章 半導体の導電率

ところで (6.1.7) 式と (6.1.11) 式の積をとると

$$n_e n_h = 4\left(\frac{2\pi mk}{h^2}\right)^3 \left(\frac{m_e m_h}{m^2}\right)^{\frac{3}{2}} T^3 \exp\left(-\frac{E_g}{kT}\right) = n_i^2 \tag{6.1.13}$$

となり、半導体材料が決まればキャリア密度の積は温度だけの関数になる。すなわち温度が決まれば n_e と n_h は反比例の関係になり、**電子の数がふえれば正孔の数は減り、その逆も成り立つ**という興味深い関係が導き出される。(6.1.13) 式の関係は次に述べる不純物半導体においても成り立つ重要な関係式である。真性半導体では

$$n_i = n_e = n_h = 2\left(\frac{2\pi mk}{h^2}\right)^{\frac{3}{2}} \left(\frac{m_e m_h}{m^2}\right)^{\frac{3}{4}} T^{\frac{3}{2}} \exp\left(-\frac{E_g}{2kT}\right) \tag{6.1.14}$$

が成立する。もし $m_e = m_h = m$ であれば次式が成り立つ。

$$n \cong 5 \times 10^{21} T^{\frac{3}{2}} \exp(-E_g/2kT) \quad [\mathrm{m}^{-3}] \tag{6.1.15}$$

一般に半導体の導電率 σ は、電子および正孔の移動度をそれぞれ μ_e および μ_h とすると

$$\sigma = n_e e \mu_e + n_h e \mu_h \tag{6.1.16}$$

で与えられ、真性半導体では $n_e = n_h = n$ であるから

$$\sigma = ne(\mu_e + \mu_h) \tag{6.1.17}$$

で与えられる。ここに電子および正孔の緩和時間を τ_e および τ_h とすると、(4.1.5) 式と同様

$$\mu_e = e\tau_e/m_e \quad, \quad \mu_h = e\tau_h/m_h \tag{6.1.18}$$

の関係がある。

真性半導体では、キャリアは主として格子振動によって散乱され、その散乱の確率は金属の場合と同様、温度 T に比例する。さらに散乱の確率は単位時間にキャリアと作用する格子点の数に比例し、これはキャリアの速度 v に比例することになる。したがって、等方散乱がおこるとした場合、緩和時間 τ の逆数が散乱の確率に比例するので、

$$1/\tau \propto T \cdot v \tag{6.1.19}$$

が成り立つ。古典統計を用いると、半導体中の電子の有効質量を m_e とすると、その運動エネルギーと温度との間には

$$\frac{1}{2} m_e v^2 = \frac{3}{2} kT \tag{6.1.20}$$

が成り立つことが証明される。したがって $v \propto \sqrt{T}$ となり、(6.1.19) 式を用いると

$$1/\tau \propto T^{\frac{3}{2}} \tag{6.1.21}$$

となって (6.1.18) 式より μ_e、μ_h ともに $T^{-\frac{3}{2}}$ に比例することが分かる。この関係と (6.1.15) 式を (6.1.17) 式に適用すると、

$$\sigma \propto n(\mu_e + \mu_h) \propto T^{\frac{3}{2}} \exp(-E_g/2kT) \cdot T^{-\frac{3}{2}} = \exp(-E_g/2kT) \tag{6.1.22}$$

となり、結局、**真性半導体の導電率**は次式で表わすことができる。

$$\sigma = \text{const.} \times \exp(-E_g/2kT) \tag{6.1.23}$$

この関係より $\ln\sigma$ と $1/T$ は直線関係になり、その傾きより E_g の値を求めることができる。

6.2 不純物半導体の導電率

室温においては、金属の中には約 $10^{22}[\text{cm}^{-3}]$ 個の自由電子が存在するが、真性半導体 Si（シリコン）はダイアモンド構造を持つ共有結合型であり、自由電子は熱励起でしか存在せず、その数は $1.5\times10^5[\text{cm}^{-3}]$ 個程度と著しく少ない。したがって、真性半導体 Si は絶縁体と考えてもよい。

この Si の伝導性を上げるためには、不純物（他の元素）を添加して Si 中のキャリアを増加させる方法が一般に用いられる。このように、**不純物を微量添加して伝導性を上げた半導体を不純物半導体**と呼び、真性半導体とは区別される。そのうち**自由電子キャリアを増加させたものを n 型半導体**、**自由正孔キャリアを増加させたものを p 型半導体**と呼ぶ。

図 6.2.1 (a) に示すように、純粋な Si 半導体にリン (P) などの 5 価（価電子が 5 個）の**添加元素**（**ドーパント**と呼ぶ）を加えると、シリコンは $3s^23p^2$、リンは $3s^23p^3$ の価電子を持っており、リンの 5 つの価電子のうち 4 つは共有結合に取り入れられるが、残りの 1 つの電子は過剰になってしまう。この過剰電子は、水素原子の原子核に束縛された電子のように、不純物のリンに束縛されていると見られるが、水素原子の場合と異なり、シリコンの比誘電率 ε_r は 12 もある。誘電体の存在は電界を弱め、束縛エネルギーを減少させる働きをする。したがって、水素原子モデルから誘導した (1.1.5) 式および (1.1.9) 式で $n=1$ の基底状態を考え、ε_0 のかわりに $\varepsilon_0\varepsilon_r$ を入れて考えると、軌道半径は水素原子の場合の ε_r 倍（約 12 倍）になり、イオン化エネルギーは $\dfrac{1}{\varepsilon_r^2}$（約 $\dfrac{1}{144}$）になる。水素原子のイオン化エネルギーは約 13.6 [eV] であるので、過剰電子のイオン化エネルギーはおよそ 0.1 [eV] と見積もられる。実際のイオン化エネルギーはこの半分程度であるが、ともかく比較的わずかなエネルギーで不純物原子の束縛を離れて自由電子になることが分かる。リンのような不純物は**伝導帯中に電子を供給することができるので**ドナー (donor) と呼び、ドナー自身は電子を放り出すとプラス電荷を持った陽イ

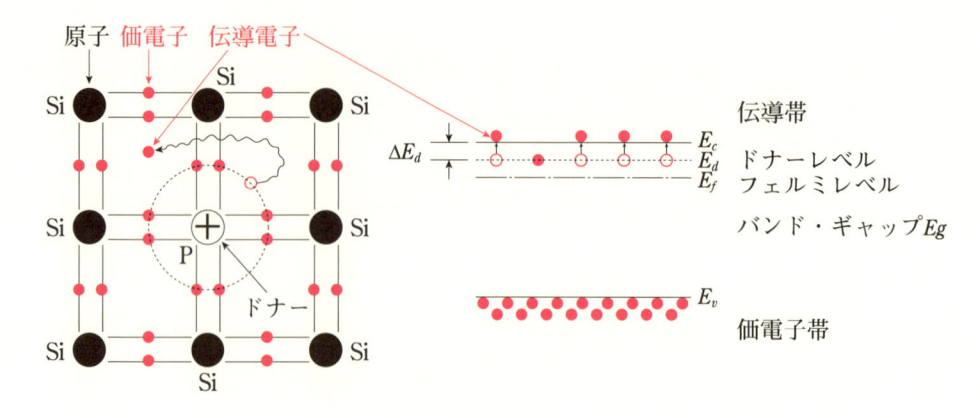

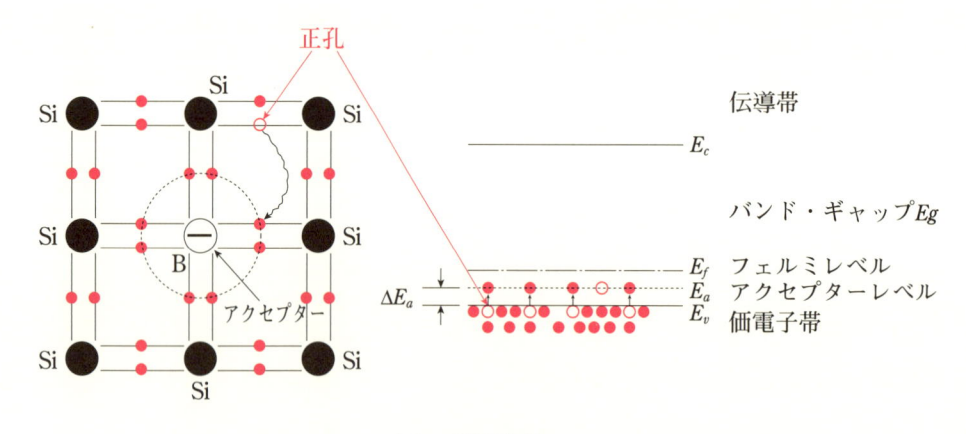

第6章 半導体の導電率

図 6.2.1　n 型および p 型半導体の模式図とエネルギーバンド図

オンとなる。エネルギー図でドナーの状態を表わすと、**図 6.2.1（a）** の右図のように、伝導帯に近い禁制帯の中に、ドナー準位 E_d(donor level) と呼ばれる不純物準位が添加元素量だけ形成される。ドナー準位にある過剰電子は、熱励起などで容易に伝導帯に移ることができ、**自由電子キャリア**となる。このような**ドナー不純物を含む半導体を** n 型半導体と呼ぶ。

一方、真性半導体にボロン（B）などの 3 価のドーパントを添加すると、ボロンは $2s^2 2p$ の 3 個の価電子しか持っておらず、**図 6.2.1（b）** に示すように、シリコンとボロンの間には、共有結合をするとき電子が 1 個不足する。これが**正孔**であり、図に示したように、その孔に他の共有結合の価電子が容易に入り込むことができる。この電子の移動は、正の電荷を有した正孔が電子と逆方向に移動しているのと等価である。シリコン中のボロンのような不純物原子は、**電子を受け入れるので**アクセプター (acceptor) と呼ばれ、アクセプター自身は電子を受け取るとマイナス電荷を持った負イオンとなる。エネルギー図でアクセプターの状態を表わすと、**図 6.2.1（b）** の右図のように、価電子帯に近い禁制帯の中に、アクセプター準位 E_a(acceptor level) と呼ばれる不純物準位が添加量だけ存在するようになる。この場所は、近隣シリコン原子に所属する価電子をエネルギーが高いものから順に確率的に吸収しやすいので、シリコンには正孔が形成される。こうして形成された**自由正孔キャリア**が、半導体の伝導度を上げることとなる。このような**アクセプター不純物を含む半導体を** p型半導体と呼ぶ。

まずn型半導体のフェルミレベルと電子濃度を求めてみよう。

(6.1.13) 式から分かるように、電子濃度と正孔濃度の積は一定であり、n型半導体では電子濃度が高く、そのため正孔はほとんど存在しないと考えてよい。したがって、キャリアは自由電子のみと考えて計算する。

いま、$E_c - E_f \gg kT$ および $E_f - E_d \gg kT$ が成り立つ**低温**で考える。そのときのエネルギー準位は**図 6.2.2** のようになる。伝導帯中の電子濃度 n_e は (6.1.7) 式と全く同じ式

$$n_e = 2\left(\frac{2\pi m_e kT}{h^2}\right)^{\frac{3}{2}} \exp\left(\frac{E_f - E_c}{kT}\right) \quad (6.2.1)$$

で表わされる。ドナー準位にはイオン化していない中性のドナーも残っており、その濃度を N_0 とすると、全ドナー濃度を N_d として

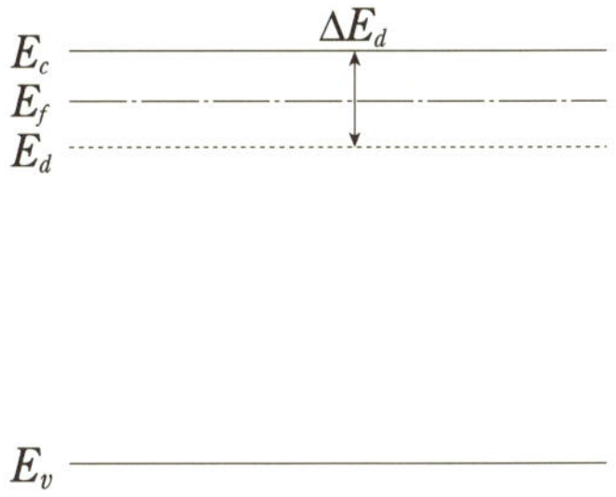

図 6.2.2 低温での n 型半導体のエネルギー準位

$$N_0 = \frac{N_d}{1 + \exp\{(E_d - E_f)/kT\}} = N_d\left[1 + \exp\{-(E_f - E_d)/kT\}\right]^{-1}$$

$$\cong N_d\left[1 - \exp\left(-\frac{E_f - E_d}{kT}\right)\right] \quad (6.2.2)$$

したがって、イオン化したドナー濃度 N_d^+ は

$$N_d^+ = N_d - N_0 = N_d \exp\left(-\frac{E_f - E_d}{kT}\right) \quad (6.2.3)$$

イオン化したドナーの数と伝導帯中の電子の数は等しいから、(6.2.1) 式と (6.2.3) 式を等しいとおくと

$$2\left(\frac{2\pi m_e kT}{h^2}\right)^{\frac{3}{2}} \exp\left(\frac{E_f - E_c}{kT}\right) = N_d \exp\left(-\frac{E_f - E_d}{kT}\right) \quad (6.2.4)$$

となり、これよりフェルミ準位 E_f を求めると

$$E_f = \frac{1}{2}(E_d + E_c) - \frac{kT}{2}\ln\left[\frac{2\left(\frac{2\pi m_e kT}{h^2}\right)^{\frac{3}{2}}}{N_d}\right] \quad (6.2.5)$$

が得られる。また (6.2.1) 式と (6.2.3) 式の積を求め、その平方根をとると

$$n_e = (2N_d)^{\frac{1}{2}} \left(\frac{2\pi m_e kT}{h^2} \right)^{\frac{3}{4}} \exp\left(\frac{-\Delta E_d}{2kT} \right) \tag{6.2.6}$$

となる。

(6.2.6) 式を (6.1.14) 式と比較すると、指数項で $\exp\left(\dfrac{-\Delta E_d}{2kT}\right) \gg \exp\left(\dfrac{-E_g}{2kT}\right)$ が成り立つので、n 型半導体の電子濃度は、真性半導体の電子濃度に比べて格段に大きくなり、その結果、電気抵抗が大幅に小さくなる。

(6.2.6) 式より低温では n_e は本質的に $N_d^{\frac{1}{2}}$ で決まり、$\ln n_e$ を $1/T$ に対して描いた直線の傾きは $\Delta E_d / 2k$ に対応する。温度を上げるに従って、ドナーのイオン化が加速されるため n_e は次第に N_d に近づく。さらに高温にすると、価電子帯からの励起がきいてくるため、(6.1.15) 式から分かるように直線の傾きは $E_g / 2k$ となる。ΔE_d が E_g に比べ極端に小さくないときは、$\ln n_e$ と $1/T$ の関係の曲線は図 6.2.3 (a) のように 2 本の折れ曲がった直線となる。もし ΔE_d が E_g に比べて非常に小さい場合は、2 つの領域の間に $n_e \simeq N_d = $ const. のかなり広い温度領域（ドナー電子の出払い領域）が存在することになり、同図 (b) のような曲線になる。

不純物半導体の導電率 σ も (6.1.16) 式で与えられるが、n 型半導体では $n_e \gg n_h$ となるので σ は次式で与えられる。

$$\sigma = n_e e \mu_e \tag{6.2.7}$$

n_e の温度変化のほうが μ_e の温度変化に対して十分大きいので、σ の温度特性も傾向としては n_e の温度特性にほぼ近い。しかし図 6.2.3 (b) のように出払い領域がある場合は $n_e \simeq N_d$ であり、一方、μ_e は温度とともに小さくなるので、その導電率の温度特性は図 6.2.4 のように傾斜が逆になる。

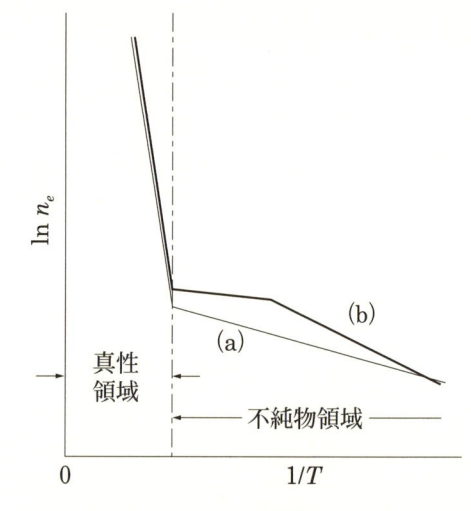

(a) ΔE_d が E_g に比べ極端に小さくない場合
(b) ΔE_d が E_g に比べ非常に小さい場合

図 6.2.3　不純物半導体のキャリア密度の温度依存性

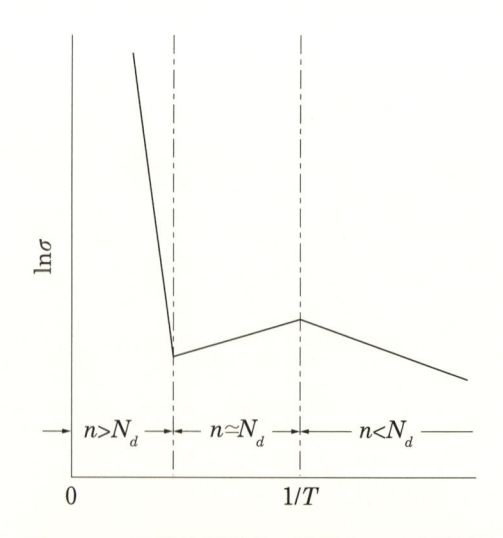

図 6.2.4　不純物半導体の導電率の温度特性

p 型半導体においても同様の結果が得られる。E_f、n_h に関する結果をまとめると以下のようになる。

$$E_f = \frac{1}{2}(E_a + E_v) + \frac{kT}{2}\ln\left[\frac{2\left(\frac{2\pi m_h kT}{h^2}\right)^{\frac{3}{2}}}{N_a}\right] \tag{6.2.8}$$

$$n_h = (2N_a)^{\frac{1}{2}}\left(\frac{2\pi m_h kT}{h^2}\right)^{\frac{3}{4}}\exp\left(\frac{-\Delta E_a}{2kT}\right) \tag{6.2.9}$$

p 型半導体では正孔が伝導の中心となるが、導電率の温度依存性に関しては上に述べた関係がそのまま成り立つ。

(6.2.5) 式および (6.2.8) 式よりフェルミ準位は、非常に低温では n 型では伝導帯とドナー準位の間に、p 型では価電子帯とアクセプター準位の間にあるが、温度を上げて、ドナーおよびアクセプターのイオン化が進むにつれて、禁制帯の中心に向かって移動していく。温度を上げ続けると価電子帯からの励起もきいてきて、キャリアは温度とともに急激に増大し、真性半導体の導電性を示す。したがって、フェルミ準位は伝導帯と価電子帯の中央に近づく。これを図示したのが図 6.2.5 (a) である。また温度を一定とした場合、フェルミ準位はドナー濃度 N_d およびアクセプター濃度 N_a によって変わり、これらの濃度を増加するにつれて n 型では伝導帯に近づき、p 型では価電子帯に近づく。これを図示したのが図 6.2.5 (b) である。

(a) 温度依存性　　(b) 不純物濃度依存性

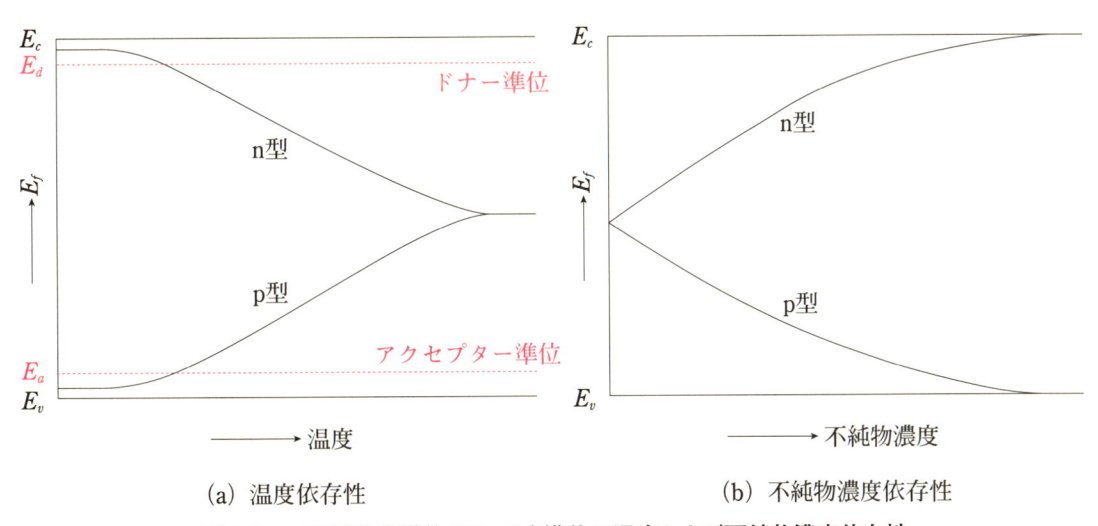

図 6.2.5　不純物半導体のフェルミ準位の温度および不純物濃度依存性

第6章 半導体の導電率

演習問題 6.1

真性 Si の室温での抵抗率は $3[\mathrm{k\Omega m}]$ である。電子と正孔の移動度をそれぞれ 0.18 および $0.04[\mathrm{m^2V^{-1}sec^{-1}}]$ として室温のキャリア濃度を求めよ。

演習問題 6.2

GaAs 中の電子および正孔の移動度は $\mu_e = 0.3[\mathrm{m^2V^{-1}sec^{-1}}]$、および $\mu_h = 0.1[\mathrm{m^2V^{-1}sec^{-1}}]$ である。真性 GaAs の室温の抵抗率を $2\times10^{-3}[\Omega\mathrm{m}]$ として室温のキャリア濃度を計算せよ。

演習問題 6.3

$E_g = 1[\mathrm{eV}]$ の真性半導体において、$m_h = 5m_e$ と仮定して、$T = 300\,\mathrm{K}$ および $T = 600\,\mathrm{K}$ におけるフェルミ準位 E_f の位置を求めよ。

演習問題 6.4

Ge の単位体積当りの原子数は $4.5\times10^{28}[\mathrm{m^{-3}}]$ である（［演習問題 3.6］参照）。いま $10^{-4}\,\mathrm{atomic\%}$ の As を含む Ge の結晶がある。このドナーがすべてイオン化していると仮定して、室温における抵抗率を計算せよ。ただし電子の移動度 $\mu_e = 0.38[\mathrm{m^2V^{-1}sec^{-1}}]$ とする。

第 7 章

半導体と金属の接触による電子現象

7.1 仕事関数

結晶中の自由電子がとりうる最低のエネルギーは伝導帯の底に相当する。通常は図 7.1.1 に示すように、これをエネルギーの基準である $E=0$ にとる。金属では $T=0$ K において電子が占める最高エネルギー準位がフェルミ準位である。また結晶外で結晶から無限に隔たった点において、静止している電子のエネルギー準位を真空準位といい、これとフェルミ準位との差を仕事関数 ϕ と呼ぶ。すなわち仕事関数は、フェルミ準位にある電子を真空準位に運ぶのに必要なエネルギーを表わしており、金属では $T=0$ K で結晶から電子を取り出すのに必要な最小エネルギーを表わしている。

図 7.1.2 には金属と n 型半導体とのエネルギー準位図を、横軸を位置として描いてある。半導体の場合も伝導帯の底のエネルギーを $E=0$ としている。しかし半導体では、$T=0$ K において結晶から電子を取り出すのに必要な最小エネルギーは、金属の場合と異なり、仕事関数 ϕ よりも大きくなる。半導体の場合、真空準位と伝導帯の底とのエネルギー差 χ は、電子親和力または外部仕事関数と呼ばれる。また伝導帯の底とフェルミ準位とのエネルギー差は、内部仕事関数と呼ばれる。ϕ は内部仕事関数と外部仕事関数の和に等しい。

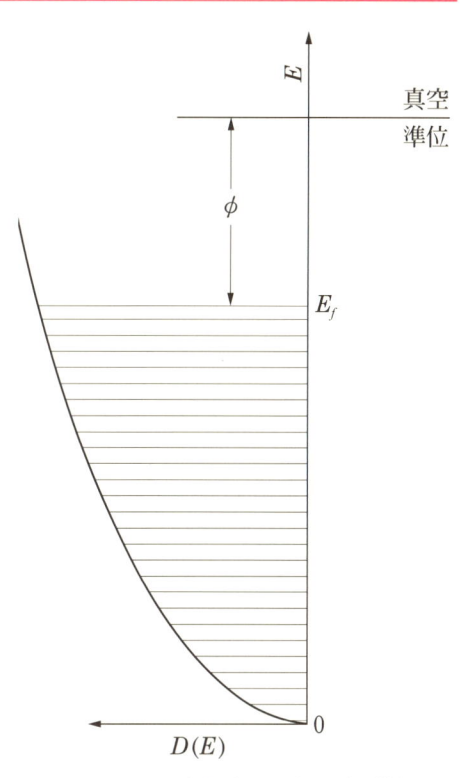

いま図 7.1.3 (a) に示す、フェルミ準位と仕事関数が E_{f1}、ϕ_1 である金属 1 と、E_{f2}、ϕ_2 である金属 2 とを同図 (b) に示すように面 B で接触させたとき、金属 2 のフェルミ準位 E_{f2} が金属 1 のフェルミ準位 E_{f1} より高い場合には、接触と同時に金属 2 から金属 1 に向かって電子が

図 7.1.1 金属中のエネルギー準位

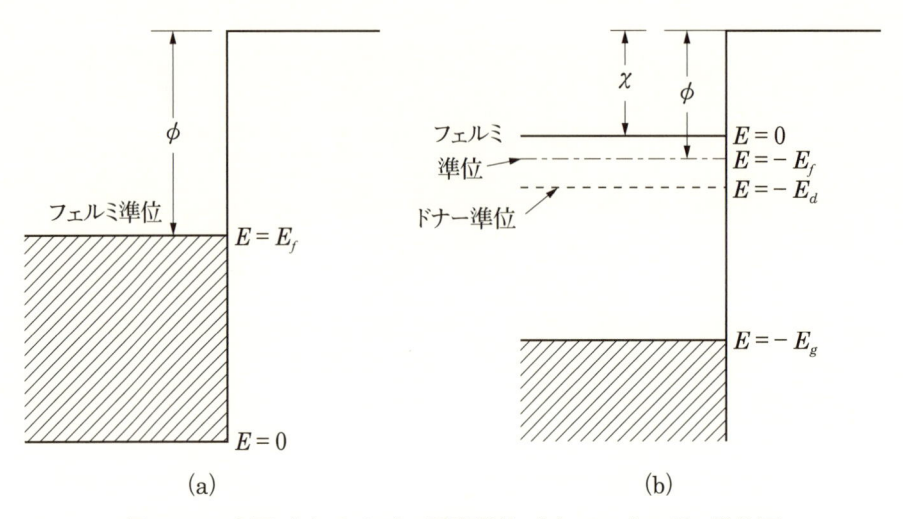

図 7.1.2　金属（a）および n 型半導体（b）のエネルギー準位図

流れ込み、両者のフェルミ準位が同じになって平衡に達する。この平衡条件は**ポテンシャルエネルギー最小の条件**に対応するものであり、金属内電子のポテンシャルエネルギーを φ としたとき、同図（c）に示すように

$$\varphi + E_f = \mathrm{const.}$$

$$\varphi_1 + E_{f1} = \varphi_2 + E_{f2} \tag{7.1.1}$$

となって平衡に達する。したがって接触面 B の電位差は次式で与えられる。

$$V_{B1} - V_{B2} = (E_{f1} - E_{f2})/e = -(\varphi_1 - \varphi_2)/e \tag{7.1.2}$$

この電位差は**ガルバーニ（Galvani）の電位差**と呼ばれ、熱電効果などで重要な役割を果たす。

なお金属と半導体を接触させた場合も、両者のフェルミ準位が一致するまで電子の移動が生じる。

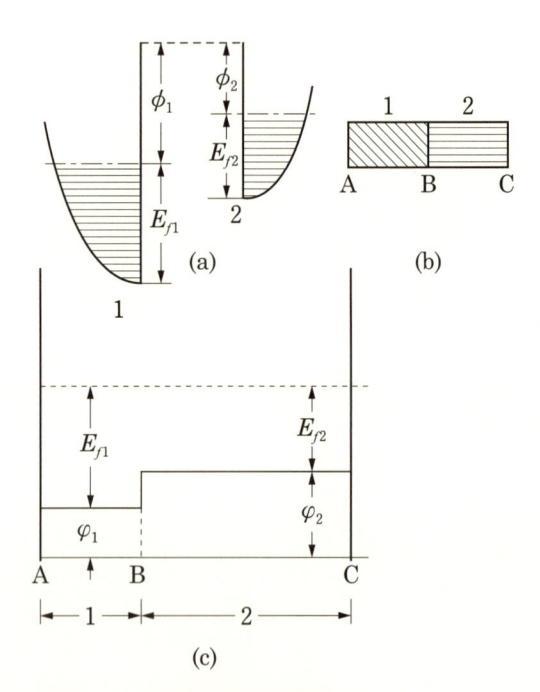

図 7.1.3　2 種の金属の接触
(a) 金属 1、2 の E_f、ϕ
(b) B 面での接触
(c) ポテンシャルエネルギーの変化

7.2 半導体と金属の接触

半導体と金属を接触させたとき、接触界面で整流性を示す場合と非整流性を示す場合があり、これは両者の仕事関数の大小による。

図7.2.1に示した金属とn型半導体との接触を考える。金属の仕事関数をϕ_m、半導体の仕事関数をϕ_sとして、$\phi_m > \phi_s$とする。両者を接触させた平衡状態では、7.1でも述べたように両者のフェルミ準位が一致するように金属中に電子が流れ込む。そのため、半導体の表面層には正にイオン化されたドナーが残り、金属の表面は負に帯電する。結果として半導体内部のエネルギー準位は図7.2.2(a)に示すように$\phi_m - \phi_s$だけ下がり、半導体の表面には**電位の障壁**ができる。これを**ショットキー型障壁**という。金属側からみた障壁の高さは、半導体の電子親和力をχ_sとすると、図のように$\phi_m - \chi_s$となる。

半導体側からみた障壁の高さをeV_dとしたとき、

$$eV_d = \phi_m - \phi_s \tag{7.2.1}$$

となるが、このV_dを**拡散電位**と呼ぶ。電子の存在しない半導体の表面層を**空乏層**または**空間電荷層**、**障壁層**と呼ぶ。接触部に電界を加えると整流性が現れるので、この種の接触は**整流性接触**と呼ぶ。

一方$\phi_m < \phi_s$の場合には、半導体のフェルミ準位は金属のそれより$\phi_s - \phi_m$だけ下にあるから、両者を接触させると今度は金属から半導体に電子が流れ込み、半導体の電位が上がる。そして図7.2.2(b)に示す状態で平衡に達する。この場合は半導体の表面に障壁ができないので接触部に電界を加えても整流性は現れない。この接触を**オーム接触**という。

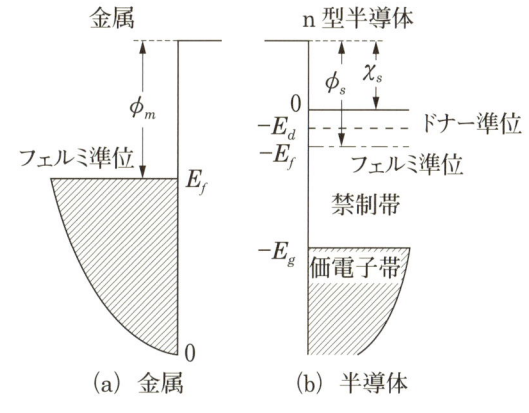

図7.2.1 金属および半導体のエネルギー準位

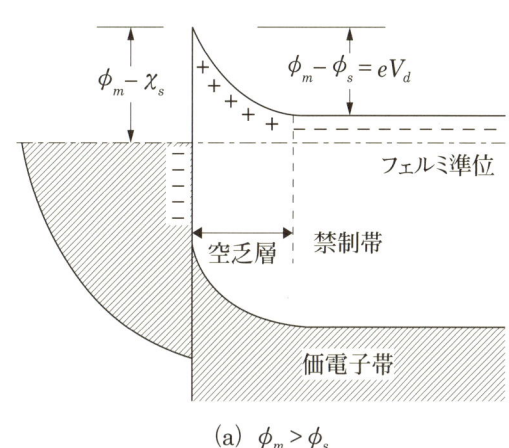

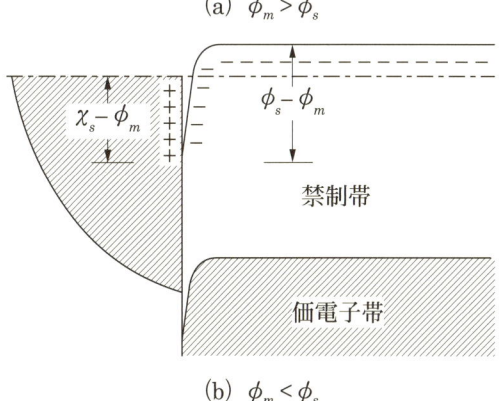

図7.2.2 n型半導体と金属の接触

第7章 半導体と金属の接触による電子現象

次に整流性接触における障壁の厚さ、電位分布および障壁容量を求めてみる。接触界面を $x=0$ として、障壁層の厚さを d、障壁層中の電位を $V(x)$、空間電荷密度を ρ とすると、次のポアソン（Poisson）の方程式が成り立つ。

$$\frac{d^2V(x)}{dx^2} = -\frac{\rho}{\varepsilon} \qquad (7.2.2)$$

ここに $\varepsilon = \varepsilon_0 \varepsilon_r$ は誘電率で、ε_0 は真空の誘電率、ε_r は比誘電率である。ドナー濃度を N_d とすると、障壁内の空間電荷密度は図7.2.3 (a) に示すように eN_d にほぼ等しいので、

$$\frac{d^2V(x)}{dx^2} = -\frac{eN_d}{\varepsilon} \qquad (7.2.3)$$

が成り立つ。これを $x=d$ において $dV(x)/dx=0$ という境界条件を用いて積分すると、

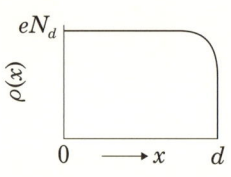

(a) 空間電荷密度分布

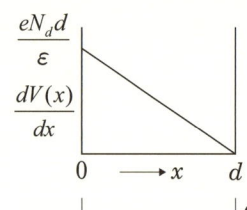

(b) 電界の大きさ（絶対値）の分布

(c) ポテンシャル分布

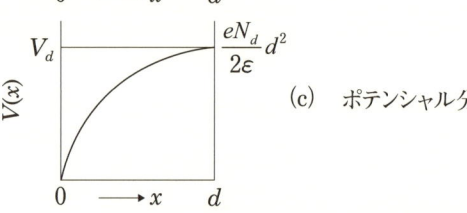

図7.2.3 平衡状態における障壁層内の各分布

$$\frac{dV(x)}{dx} = -\frac{eN_d}{\varepsilon}(x-d) \qquad (0 \leq x \leq d) \qquad (7.2.4)$$

となる。これを図7.2.3 (b) に示す。さらに (7.2.4) 式を $x=0$ で $V(x)=0$ という境界条件で積分すると

$$V(x) = -\frac{eN_d}{\varepsilon}\left(\frac{1}{2}x^2 - xd\right) \qquad (0 \leq x \leq d) \qquad (7.2.5)$$

が得られる。外部電圧を加えないときは図7.2.3 (c) に示すように、$x=d$ で $V(x)=V_d$ であるので、**平衡状態の障壁の厚さ d_0** は

$$d_0 = \left[\frac{2\varepsilon V_d}{eN_d}\right]^{\frac{1}{2}} \qquad (7.2.6)$$

となる。したがって外部電圧 V を加えたときの d の値は、(7.2.6) 式で V_d の代わりに $V_d - V$ を入れた次式で求められる。

$$d = \left[\frac{2\varepsilon(V_d - V)}{eN_d}\right]^{\frac{1}{2}} = \left[\frac{2\varepsilon}{eN_d}\right]^{\frac{1}{2}}(V_d - V)^{\frac{1}{2}} = d_1(V_d - V)^{\frac{1}{2}} \qquad (7.2.7)$$

ここで $d_1 = \left[\dfrac{2\varepsilon}{eN_d}\right]^{\frac{1}{2}}$ を**障壁の厚み定数**という。

電界 E は $E = -dV(x)/dx$ で与えられるので、その大きさの絶対値は**図7.2.3（b）**に示すように、$x=0$ において最大値

$$|E_m| = \dfrac{eN_d d}{\varepsilon} = \left[\dfrac{2eN_d}{\varepsilon}(V_d - V)\right]^{\frac{1}{2}} = \dfrac{2(V_d - V)}{d} \tag{7.2.8}$$

をとり、x の増加とともに減少して $x=d$ で 0 になる。E_m は障壁層内の平均電界 $(V_d - V)/d$ の 2 倍に等しい。

障壁の厚さは（7.2.7）式より印加電圧とともに変わり、空間電荷量 Q は

$$Q = eN_d d = [2e\varepsilon N_d(V_d - V)]^{\frac{1}{2}} \quad [\mathrm{C/m^2}] \tag{7.2.9}$$

で与えられるから、Q も印加電圧とともに変わり、障壁は次式の容量 C を持つことになる。

$$C = \dfrac{dQ}{dV} = \left[\dfrac{e\varepsilon N_d}{2(V_d - V)}\right]^{\frac{1}{2}} = \dfrac{\varepsilon}{d} \quad [\mathrm{F/m^2}] \tag{7.2.10}$$

すなわち**障壁容量**は、誘電率 $\varepsilon = \varepsilon_0 \varepsilon_r$ の誘電体を満たした間隔 d を持つ平行平面板コンデンサの容量に等しくなる。（7.2.10）式より C^2 と $V_d - V$ は反比例するので、**図7.2.4**のように $1/C^2$ を V に対して描くと直線になり、したがって、逆バイアス（$V<0$）の範囲内で求めたこの直線を $1/C^2 = 0$ まで外挿することにより、V_d が求められる。

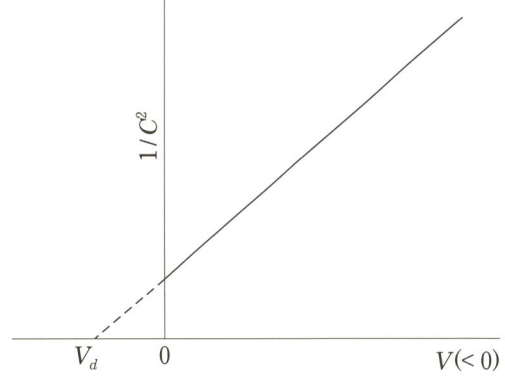

図 7.2.4 障壁容量のバイアス依存性

7.3　半導体と金属の接触による整流特性

図 7.2.2（a）に示すような整流性接触における電圧－電流特性を考える。外部電圧が加わらない状態では、半導体から金属に向かう電流と、金属から半導体に向かう電流はその大きさが等しく、両者間には平衡が保たれている。この平衡電流密度を J_0 とする。半導体から金属に向かう電子に対する電位障壁の高さは拡散電位 eV_d であるから、電子がこの障壁を越える確

率は $\exp(-eV_d/kT)$ で与えられ、したがって J_0 も $\exp(-eV_d/kT)$ に比例する。バイアス電圧を印加したときの障壁の高さは $e(V_d - V)$ になり、電子がこれを越える確率は $\exp(-e(V_d - V)/kT)$ となるから、半導体から金属に向かう電子の流れによる電流密度は、$J_0 \exp(eV/kT)$ で表わされる。一方、金属から半導体に向かう電子の流れによる電流密度は、バイアス電圧に依存せず、方向を考えると $-J_0$ のままであるから、全電流密度 J は両方向電流密度の和として、

$$J = J_0 \exp\left(\frac{eV}{kT}\right) - J_0 = J_0 \left[\exp\left(\frac{eV}{kT}\right) - 1\right] \tag{7.3.1}$$

で表わされる。図 7.3.1 に (7.3.1) 式で表わされる特性曲線を描く。$V > 0$ では電流は V とともに、指数関数的に増大していく。この電流を**順方向電流**という。一方、$V < 0$ では電流は逆方向に流れていき、この**逆方向電流**が次第に、$J = -J_0$ に漸近していき、ついには $-J_0$ で飽和する。この $-J_0$ のことを**飽和電流密度**という。このように整流性接触においては、電圧－電流特性に整流性が現れる。

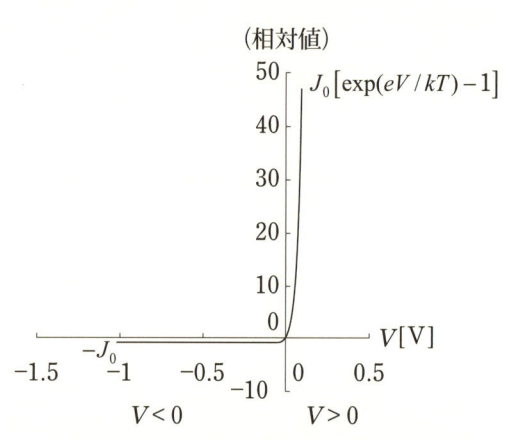

図 7.3.1 半導体―金属間の整流特性

演習問題 7.1

面積が $0.1[\text{cm}^2]$ のショットキー型整流性接触がある。半導体中のドナー濃度を $1 \times 10^{22} [\text{m}^{-3}]$、比誘電率を 8.2、拡散電位を $1[\text{V}]$ としたとき、$10[\text{V}]$ の逆方向電圧を印加したときの (1) 障壁の厚さ、(2) 障壁容量、(3) 障壁内の最大電界強度を求めよ。

第 8 章

p-n 接合における電子現象

8.1 p-n 接合における障壁の厚さと容量

　半導体に電流を流すには2つの方法がある。1つ目はキャリアに電圧を印加することである。この**電界によるキャリア移動を**ドリフトと呼び、これにより生じる電流をドリフト電流という。2つ目は、ある場所と他の場所でキャリアの密度に差をつける方法である。密度の差をつけてやることで、**キャリアは密度の高いほうから低いほうに移動していく**。これは拡散と呼ばれ、これにより生ずる電流を拡散電流という。この2種類の電流についてまず考える。

　半導体に電界を印加するとドリフト電流が流れるが、その電流密度は (6.1.16) 式を用いてキャリアが電子の場合 $J_e = \sigma_e E = n_e e \mu_e E$ となり、キャリアが正孔の場合は $J_h = \sigma_h E = n_h e \mu_h E$ となる。一方キャリアの密度に勾配があると、その拡散による**拡散電流**が流れる。いまキャリアの密度勾配が x 方向に存在するとき、x 軸に垂直な面の単位面積を毎秒通過するキャリア数は、キャリア密度を n として $-dn/dx$ に比例する。この比例定数は拡散定数と呼ばれ、D で表わす。したがって任意の点 x における電流密度は、ドリフト電流と拡散電流の和であるので、キャリアが電子の場合

$$J_e = n_e e \mu_e E + e D_e (dn_e / dx) \tag{8.1.1}$$

キャリアが正孔の場合

$$J_h = n_h e \mu_h E - e D_h (dn_h / dx) \tag{8.1.2}$$

が成り立ち、全電流密度は $J_0 = J_e + J_h$ となる。なお移動度 μ と拡散定数 D の間には、次式で示すアインシュタイン (Einstein) の関係がある。

$$D_e = \left(\frac{kT}{e}\right)\mu_e, \quad D_h = \left(\frac{kT}{e}\right)\mu_h \quad [\mathrm{m^2 sec^{-1}}] \tag{8.1.3}$$

　キャリアは移動する途中に反対符号のキャリアとぶつかり、再結合する。これにより電子・正孔の両キャリアは消滅する。この少数キャリアが再結合して消滅するまでに拡散する平均距離を拡散距離という。少数キャリアが電子の場合、その寿命を τ_e とすると、p 領域中の電子の拡散距離 L_e は次式で与えられる。

$$L_e = \sqrt{D_e \tau_e} \tag{8.1.4}$$

同様に少数キャリアが正孔の場合、その寿命を τ_h とすると、n 領域中の正孔の拡散距離 L_h は次式で与えられる。

$$L_h = \sqrt{D_h \tau_h} \tag{8.1.5}$$

拡散距離の意味するところは、例えば過剰正孔密度は x とともに指数関数的に減少し、$x = L_h$ で $1/e$ になるということである。

演習問題 8.1

Si の μ_e と μ_h の値は、室温（T = 27℃）でそれぞれ 0.17 および 0.035 [$m^2 V^{-1} sec^{-1}$] であるとする。電子および正孔の室温の拡散定数を求めよ。

演習問題 8.2

p 型 Ge 中の電子の寿命を測定して 340[μs] の値を得た。$\mu_e = 0.36 [m^2 V^{-1} sec^{-1}]$ として室温での電子の拡散距離を求めよ。

拡散とドリフトの特性を利用した代表的なものとして、**p–n 接合半導体**があげられる。p–n 接合というのは、p 型半導体と n 型半導体を接触させ結合させたものである。その大きな特徴として、電圧を印加する向きにより電流が流れたり、全く流れなかったりする、すなわち**整流作用**がある。以下、p–n 接合の整流特性を考える。

図 8.1.1 に示すように p 型半導体と n 型半導体を接合すると、接合部近傍では n 型および p 型の多数キャリアである電子と正孔は、各々少数キャリアとなる p 型および n 型半導体の方へ拡散していく。その過程で電子と正孔の再結合がおこることで、接合部付近では n 型で陽イオン、p 型で陰イオンがたまり、**キャリアの存在しない空乏層**（または**空間電荷層、遷移領域**という）が形成され、やがて拡散は止まる。つまり、正・負キャリアの各々が多数存在する場所が分極されることになる。こうして**接合の両側には電位差**が生じることとなり、この電界によって図において電子には右向きの力が働き、正孔には左向きの力が働き、拡散は止まってしまう。この電位差による**ポテンシャルエネルギーの差をエネルギー障壁**と呼ぶ。熱平衡状態での p–n 接合のエネルギー準位図を図 8.1.2 に示す。図のように熱平衡状態では両者のフェルミ準位は一致する。図において V_d は**エネルギー障壁、すなわち拡散電位**である。平衡状態ではこの拡散電位と遷移領域における空間電荷がつりあっている。以下、障壁層の厚さ、電界、容量を求める。

図 8.1.2 に示すように、接合面に垂直に x 軸を選び、接合面の位置を $x = 0$ とする。$x > 0$ の

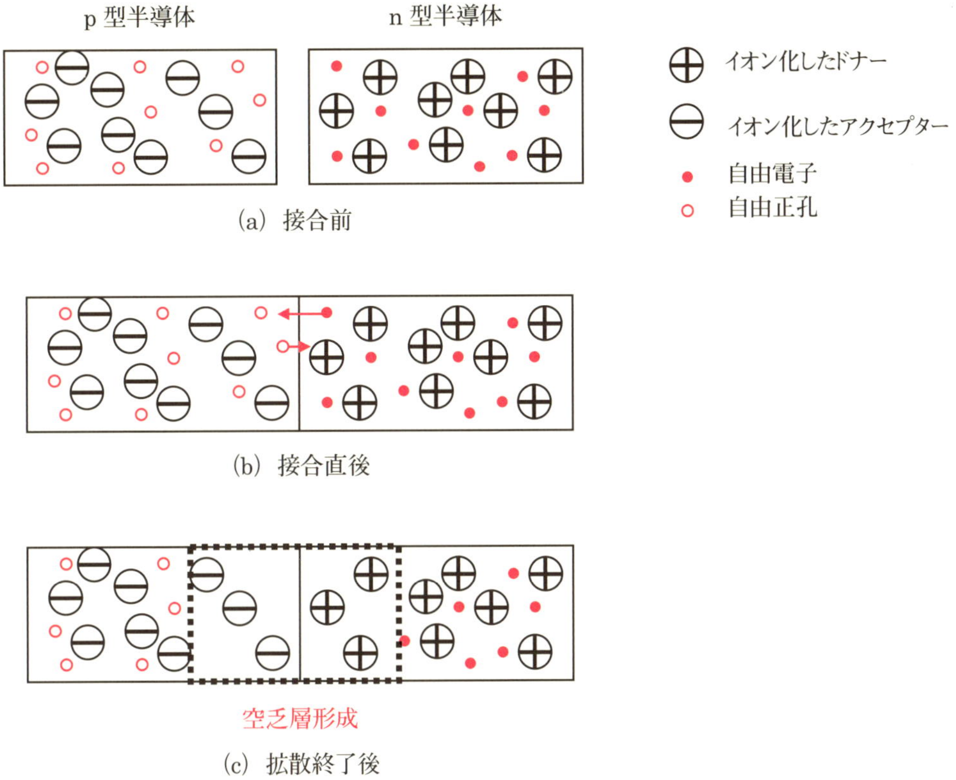

8.1 p-n接合における障壁の厚さと容量

(a) 接合前

⊕ イオン化したドナー
⊖ イオン化したアクセプター
● 自由電子
○ 自由正孔

(b) 接合直後

(c) 拡散終了後

空乏層形成

図 8.1.1 p型半導体とn型半導体の接合による空乏層の形成のモデル図

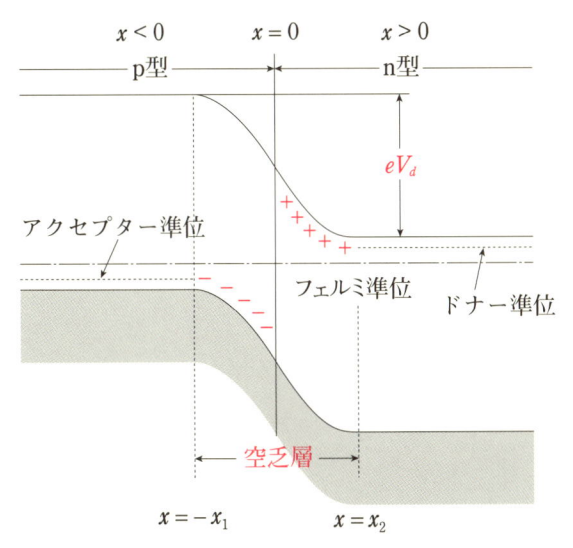

図 8.1.2 熱平衡状態でのp-n接合のエネルギー準位図

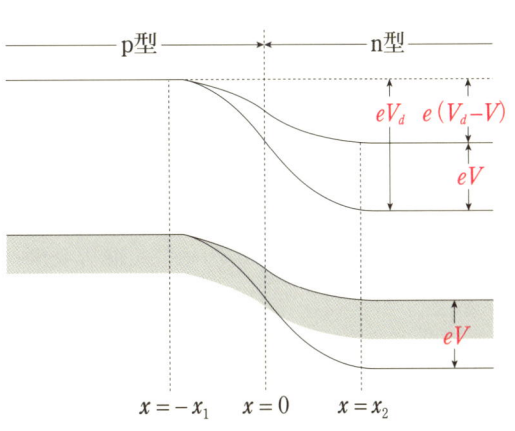

図 8.1.3 バイアスを加えたp-n接合のエネルギー準位図

n領域のドナー濃度を N_d、$x<0$ の p 領域のアクセプター濃度を N_a とし、不純物原子は完全にイオン化しているものとすると、$-x_1 \leq x \leq 0$ の領域の空間電荷密度は $-eN_a$ に等しく、$0 \leq x \leq x_2$ におけるそれは eN_d に等しい。これらの空間電荷に基づく電位分布は、ポアソン (Poisson) の方程式を解くことによって求められる。いま図 8.1.3 に示すように、順方向にバイアス（n 領域が p 領域に対し負になるようにバイアス）した場合を考える。

$-x_1 \leq x \leq 0$ の領域の電位を V_1 とすると、この領域では

$$\frac{d^2V_1}{dx^2} = \frac{eN_a}{\varepsilon} \quad (8.1.6)$$

が成り立ち、$0 \leq x \leq x_2$ の領域の電位を V_2 とすると、この領域では

$$\frac{d^2V_2}{dx^2} = -\frac{eN_d}{\varepsilon} \quad (8.1.7)$$

が成り立つ。ここに $\varepsilon = \varepsilon_r \varepsilon_0$ は誘電率で、ε_r は材料の比誘電率、ε_0 は真空の誘電率である。(8.1.6) 式を積分し、$x=-x_1$ で $dV_1/dx=0$ の境界条件を用いると

$$\frac{dV_1}{dx} = \frac{eN_a}{\varepsilon}(x+x_1) \quad (-x_1 \leq x \leq 0) \quad (8.1.8)$$

が成り立ち、さらに (8.1.8) 式を積分して $x=-x_1$ で $V_1=0$ の境界条件を用いると

$$V_1(x) = \frac{eN_a}{2\varepsilon}(x+x_1)^2 \quad (-x_1 \leq x \leq 0) \quad (8.1.9)$$

が得られる。同様に (8.1.7) 式を積分し、$x=x_2$ で $dV_2/dx=0$、$V_2=V_d-V$ の境界条件を用いると

$$\frac{dV_2}{dx} = \frac{eN_d}{\varepsilon}(x_2-x) \quad (0 \leq x \leq x_2) \quad (8.1.10)$$

$$V_2(x) = V_d - V - \frac{eN_d}{2\varepsilon}(x_2-x)^2 \quad (0 \leq x \leq x_2) \quad (8.1.11)$$

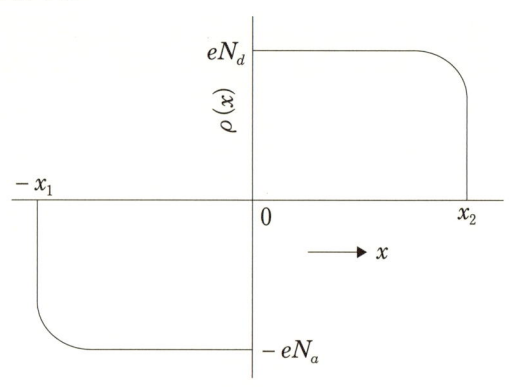

(a) 空間電荷密度分布

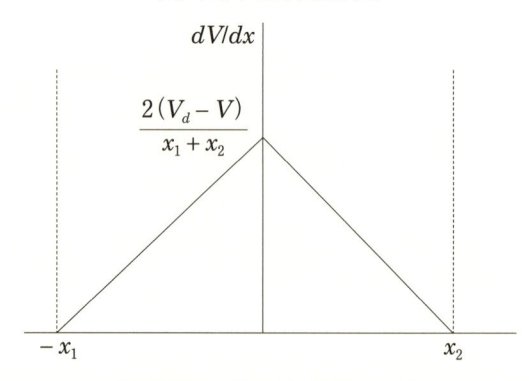

(b) 電界の大きさ（絶対値）の分布

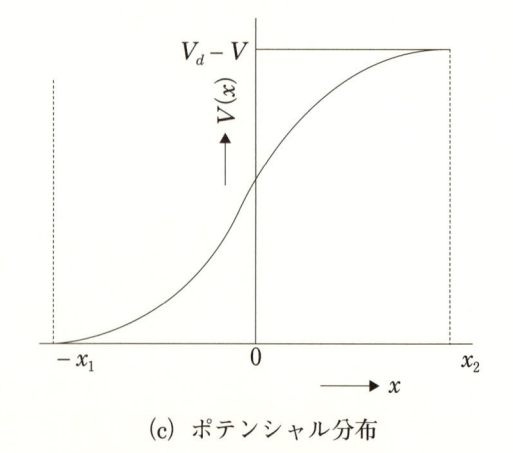

(c) ポテンシャル分布

図8.1.4 p-n接合遷移領域内の分布

が得られる。2つの領域の解は$x=0$において、連続の条件$V_1=V_2$、$dV_1/dx=dV_2/dx$を満足せねばならない。したがって（8.1.8）～（8.1.11）式より、次式が得られる。

$$N_a x_1 = N_d x_2 \tag{8.1.12}$$

$$V_d - V = \frac{e}{2\varepsilon}\left(N_a x_1^2 + N_d x_2^2\right) \tag{8.1.13}$$

これらの結果を図 8.1.4 に示す。

（8.1.12）、（8.1.13）式よりx_1、x_2を求めると次のようになる。

$$x_1 = \left[\frac{2\varepsilon(V_d - V)N_d}{e(N_d + N_a)N_a}\right]^{\frac{1}{2}}, \quad x_2 = \left[\frac{2\varepsilon(V_d - V)N_a}{e(N_d + N_a)N_d}\right]^{\frac{1}{2}} \tag{8.1.14}$$

したがって、遷移領域の厚さdは次のようになる。

$$d = x_1 + x_2 = \left[\frac{2\varepsilon(V_d - V)(N_d + N_a)}{eN_d N_a}\right]^{\frac{1}{2}} = \left[\frac{2\varepsilon(N_d + N_a)}{eN_d N_a}\right]^{\frac{1}{2}}(V_d - V)^{\frac{1}{2}} = d_1(V_d - V)^{\frac{1}{2}} \tag{8.1.15}$$

ここに$d_1 = \left[\dfrac{2\varepsilon(N_d + N_a)}{eN_d N_a}\right]^{\frac{1}{2}}$は接合の厚み定数である。

遷移領域における電界の強さ$E = -dV/dx$は、$x=0$において大きさの最大値を持ち、その値は（8.1.8）式に（8.1.14）式を代入することにより

$$E_m = -\left[\frac{2e(V_d - V)N_d N_a}{\varepsilon(N_d + N_a)}\right]^{\frac{1}{2}} = -\frac{2(V_d - V)}{d} = -\frac{2d}{d_1^2} \tag{8.1.16}$$

となる。

（8.1.15）式より、順方向バイアス（$V>0$）を加えるとdは減少し、逆方向バイアスを加えるとdは増加する。したがって、空間電荷の量もバイアスとともに変化する。図 8.1.4(a)に示すようにp領域の負電荷の総量$Q_- = -eN_a x_1$とn領域の正電荷の総量$Q_+ = eN_d x_2$はその大きさが等しい。このようにp-n接合においては、その境界面を隔てて大きさが等しい正負の空間電荷が存在し、その電荷量はバイアスによって変わるので、障壁層は静電容量を持つことになる。障壁の単位面積当りの容量は、（8.1.14）および（8.1.15）式を用いて次式で表わされる。

$$C = \frac{dQ_+}{dV} = \frac{d}{dV}(eN_d x_2) = \frac{d}{dV}\left(\frac{2e\varepsilon(V_d - V)N_d N_a}{N_d + N_a}\right)^{\frac{1}{2}} = \left[\frac{e\varepsilon N_d N_a}{2(V_d - V)(N_d + N_a)}\right]^{\frac{1}{2}} = \frac{\varepsilon}{d} \quad [\text{F/m}^2] \tag{8.1.17}$$

したがって障壁容量は、誘電率 $\varepsilon = \varepsilon_0 \varepsilon_r$ の誘電体を満たした間隔 d の平行平面板コンデンサーの容量に等しい。

演習問題 8.3

$N_d = N_a = 10^{25} \, [\text{m}^{-3}]$ の不純物濃度を持つ階段接合型 Ge p–n ダイオードの空間電荷層の厚さ d、その層内の平均電界強度 E_{av}、最大電界強度 E_m を求めよ。ただし拡散電位 V_d を 0.72 [V]、比誘電率 $\varepsilon_r = 16$ とする。

演習問題 8.4

Ge p–n 階段接合の p および n 領域の導電率を、それぞれ $10^4 \, [\text{S/m}]$ および $10^2 \, [\text{S/m}]$ とし、V_d を 0.5 [V] とする。接合の断面が半径 0.15 [mm] の円であるとして、接合容量および 3 [V] の逆方向電圧を印加したときの容量を求めよ。ただし、$\mu_e = 0.36 \, [\text{m}^2\text{V}^{-1}\text{sec}^{-1}]$、$\mu_h = 0.18 \, [\text{m}^2\text{V}^{-1}\text{sec}^{-1}]$、$\varepsilon_r = 16$ とする。

演習問題 8.5

Ge p–n 階段接合の室温における n および p 領域の導電率を、それぞれ $10^4 \, [\text{S/m}]$ および $10^2 \, [\text{S/m}]$ とし、下記の数値を用いて n および p 領域におけるキャリア密度を求めよ。次に接合が熱平衡にあるとして、ボルツマン統計を用いて拡散電位を求めよ。さらにこの p–n 接合に 0.25 [V] の順方向バイアスを印加したとき、p 領域の接合に接する点の電子濃度を求めよ。

$$\mu_e = 0.36 \, [\text{m}^2\text{V}^{-1}\text{sec}^{-1}], \quad \mu_h = 0.17 \, [\text{m}^2\text{V}^{-1}\text{sec}^{-1}], \quad n_i = 2.5 \times 10^{19} \, [\text{m}^{-3}]$$

8.2 p–n 接合の整流特性

階段状 p–n 接合の整流特性について考える。p–n 接合においてバイアスをかけない熱平衡状態では、n 型から p 型へ移動する電子の数と、p 型から n 型へ移動する電子の数が等しい。熱平衡状態での p–n 接合のエネルギー準位図を図 8.2.1 (a) に示す。n 型から p 型へ移動する電子は、p 型内で正孔と再結合する**再結合電流**である。一方、p 型から n 型へ移動する電子は、熱によって p 型の伝導帯に発生した**熱生成電流**である。熱平衡状態では、両者の間につりあ

8.2 p-n接合の整流特性

いが保たれている。正孔に関しても同様のことがいえる。いま n 領域が p 領域に対して負になるようにバイアスを加える。この方向の電圧は、順方向バイアス $V(V>0)$ となる。このときのエネルギー準位図は図 8.2.1 (b)のようになる。このときも熱生成電流の大きさは変わらないが、n 型から p 型にいく電子に対しては障壁の高さが減少するので、再結合電流に寄与する電子の数は $\exp(eV/kT)$ 倍に増加する。したがって、バイアス時の再結合電子電流密度 $J_{er}(V)$ は、次式で与えられる。

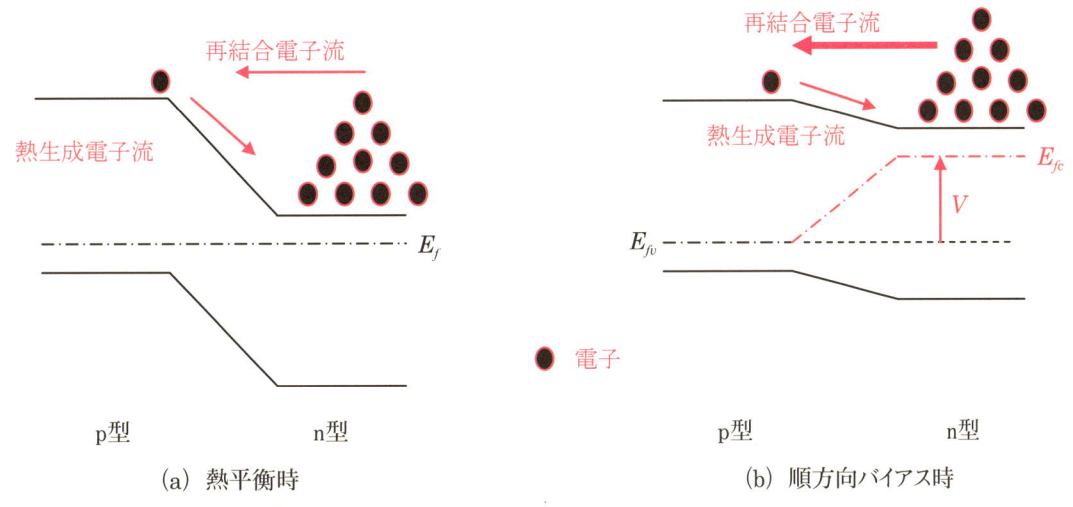

(a) 熱平衡時 (b) 順方向バイアス時

図 8.2.1　p-n 接合に順方向バイアスを印加したときのエネルギー準位図

$$J_{er}(V) = J_{er}(0)\exp\left(\frac{eV}{kT}\right) \tag{8.2.1}$$

一方、熱平衡状態では、再結合電子電流密度 $J_{er}(0)$ と、熱生成電子電流密度 $J_{eg}(0)$ の和は 0 である。

$$J_{er}(0) + J_{eg}(0) = 0 \tag{8.2.2}$$

熱生成電子電流密度はバイアス V に依存しない。すなわち

$$J_{eg}(V) = J_{eg}(0) \tag{8.2.3}$$

バイアス時の全電子電流密度 $J_e(V)$ は、(8.2.1) 式と (8.2.3) 式の和になり、(8.2.2) 式を用いると次式のようになる。

$$J_e(V) = J_{er}(V) + J_{eg}(V) = J_{er}(0)\exp\left(\frac{eV}{kT}\right) + J_{eg}(0) = J_{er}(0)\left[\exp\left(\frac{eV}{kT}\right) - 1\right] \tag{8.2.4}$$

同様にして、全正孔電流密度も

$$J_h(V) = J_{hr}(0)\left[\exp\left(\frac{eV}{kT}\right) - 1\right] \tag{8.2.5}$$

となり、接合部を流れる全電流密度 $J(V)$ は

$$J(V) = J_e(V) + J_h(V) = (J_{er}(0) + J_{hr}(0))\left[\exp\left(\frac{eV}{kT}\right) - 1\right] \tag{8.2.6}$$

で表わされる。この式は逆方向バイアス ($V<0$) に対しても成り立つ。

(8.2.6) 式は **p-n 接合の整流特性**を表わしている。すなわち順方向バイアスを加えると、電流密度 $J(V)$ はバイアス電圧 V とともに指数関数的に増加し、逆方向バイアスを加えると電圧とともに飽和電流密度 $-(J_{er} + J_{hr})$ に近づく。

図 8.2.2 に Ge の p-n 接合に対する上記理論曲線と実験結果を比較してある。図のように、実験結果と非常によく一致しており、整流特性が (8.2.6) 式で正しく説明できることを示している。

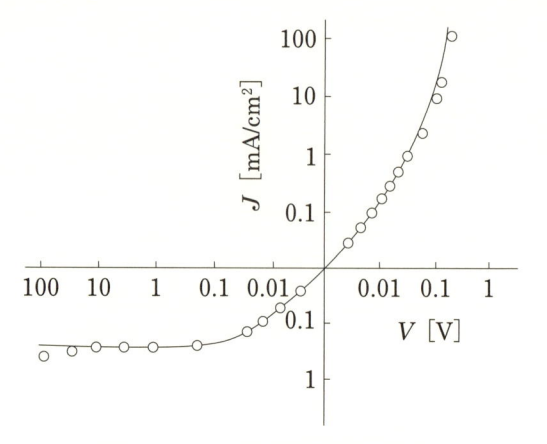

図8.2.2　p-n接合の電圧電流特性

8.3　縮退半導体よりなるp-n接合（トンネルダイオード）

古典力学においては、運動エネルギーが負になることはありえない。しかし量子力学においては (1.3.2) 式中で、$(E-V)$ で表わされる運動エネルギーが負であっても、すなわち乗り越えることができないポテンシャル障壁があっても、粒子の波動性の効果により乗り越えてしまうことが可能となる。これをトンネル効果というが、まずこの現象を考えてみよう。

図 8.3.1 に示すように $x \leq 0$ の領域 I でポテンシャルエネルギー $V=0$、$0 \leq x \leq a$ の領域 II で $V=V$、$a \leq x$ の領域 III で $V=0$ とする。いま $E<V$ の場合を考える。このとき (1.3.2) 式で表わされるシュレーディンガーの波動方程式の 1 次元での解は、領域 I、II、III において次のようになる。

領域 I ： $\psi_1(x) = A_1 e^{ik_1 x} + B_1 e^{-ik_1 x}$,

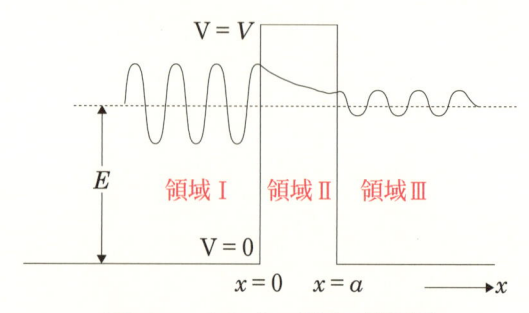

図8.3.1　トンネル効果の説明図

$$k_1 = \sqrt{2mE}/\hbar \tag{8.3.1}$$

領域Ⅱ：$\psi_2(x) = A_2 e^{ik_2 x} + B_2 e^{-ik_2 x} = A_2 e^{-kx} + B_2 e^{kx}$, $k_2 = ik, k = \sqrt{2m(V-E)}/\hbar$ (8.3.2)

領域Ⅲ：$\psi_3(x) = A_3 e^{ik_3 x}$, $k_3 = k_1 = \sqrt{2mE}/\hbar$ (8.3.3)

領域Ⅲで $B_3 e^{-ik_3 x}$ がないのは、ここでは反射波がなく $B_3 = 0$ となるためである。これらの波動関数は以下の境界条件を満足しなければならない。

$\psi_1(0) = \psi_2(0)$, $\psi'_1(0) = \psi'_2(0)$ (8.3.4)

$\psi_2(a) = \psi_3(a)$, $\psi'_2(a) = \psi'_3(a)$ (8.3.5)

(8.3.4) 式および (8.3.5) 式の4つの連立方程式を解くと、以下の解が得られる。

$$\frac{A_3}{A_1} = \frac{2ik_1 k e^{-ik_1 a}}{(k_1^2 - k^2)\sinh ka + 2ik_1 k \cosh ka}$$ (8.3.6)

ここに $\cosh ka = (e^{ka} + e^{-ka})/2$、$\sinh ka = (e^{ka} - e^{-ka})/2$ である。

(8.3.6) 式に複素共役関数を掛けると、障壁の透過率 T が求まる。

$$T = \frac{A_3^* A_3}{A_1^* A_1} = \frac{4k_1^2 k^2}{(k_1^2 - k^2)^2 \sinh^2 ka + 4k_1^2 k^2 \cosh^2 ka}$$

$$= \frac{4k_1^2 k^2}{(k_1^2 - k^2)^2 \sinh^2 ka + 4k_1^2 k^2 (1 + \sinh^2 ka)} = \frac{4k_1^2 k^2}{(k_1^2 + k^2)^2 \sinh^2 ka + 4k_1^2 k^2}$$ (8.3.7)

いま、ka が十分大きいとすると

$\sinh ka = (1/2)(e^{ka} - e^{-ka}) \simeq e^{ka}/2$ (8.3.8)

となり、さらに近似的に $k_1 \approx k$ とすると

$$T \approx \frac{4}{e^{2ka} + 4}$$ (8.3.9)

となる。さらに指数関数の項に比べて4を無視できると仮定すると

$$T \approx 4e^{-2ka} = 4e^{-\frac{2a\sqrt{2m(V-E)}}{\hbar}}$$ (8.3.10)

となる。これらの式は、粒子のエネルギーが障壁の高さより小さい場合でも、障壁を通り抜けることが可能であることを示している。なお**障壁を通り抜けた後の粒子のエネルギーは、元のエネルギーと変わらない**ことに気をつける必要がある。この現象を**トンネル効果**と呼ぶのである。

演習問題8.6

(8.3.10) 式を用いて、$V-E = 5$ [eV] として、障壁層の厚さが 0.1、0.2、0.5 [nm] の各々につき透過率を計算せよ。

次にトンネルダイオードの特性について考える。p-n 接合において p 領域および n 領域の不純物濃度を極端に高くすると、(8.1.15) 式で示した空間電荷層の厚さは非常に薄くなり、かつ各領域でキャリアの縮退がおこる。

n 型半導体中の導電電子密度は、不純物濃度があまり高くないときは、(6.2.1) 式で与えられるが、不純物濃度が非常に高くなると、不純物原子間の相互作用が強くなり、5.3 で述べたように、その相互作用のために不純物準位が広がり、これが伝導帯と重なって縮退した状態にまでなる。そのためフェルミ準位は伝導帯の底よりも上にくる。p 型半導体においても不純物濃度が高くなり縮退すると、フェルミ準位は価電子帯の頂上より下にくる。このように p 型、n 型の両方が縮退した p-n 接合の平衡状態でのエネルギー準位図を図 8.3.2(a)に示す。

高濃度に縮退した n 型半導体においては、フェルミ準位と導電電子密度との関係は、金属中の電子密度とフェルミ準位との関係を示した (5.1.11) 式と類似した次式で近似される。

$$E_f - E_c = \frac{h^2}{2m_e}\left(\frac{3n_e}{8\pi}\right)^{\frac{2}{3}} = 3.65\times 10^{-19} n_e^{\frac{2}{3}} \quad [\text{eV}] \tag{8.3.11}$$

すなわち、E_c を基準としたフェルミ準位の高さは $n_e^{\frac{2}{3}}$ に比例して高くなる。縮退の始まる電子密度は、だいたい $E_f - E_c \simeq kT$ で与えられるので、$T = 300$ K $(kT \simeq 0.026\text{eV})$ では (8.3.11) 式より $n_e \simeq 1.9\times 10^{25}$ [m^{-3}] となり、これ以上の電子密度になると縮退が進んでいく。

一方、空間電荷層の厚さ d は (8.1.15) 式より、不純物濃度とともに減少し、Ge では N_d や N_a が 10^{25} [m^{-3}] にも達すると、d は 15 [nm] の薄さになる。またこのときの空間電荷層に存在する電界は、非常に大きくなり 10^8 [V/m] にも達する ([演習問題 8.3] を参照)。この電界はトンネル効果を生じるに十分な電界である。実際にトンネル効果をおこすためには、その前後でエネルギーと運動量が保存される必要がある。このことはエネルギー準位でいえば、**電子は同じ高さにあるエネルギー準位間にのみトンネル効果により遷移できる**ということになる。このことをエネルギー準位図で表わしたのが図 8.3.2(b)および(c)である。同図(a)で示した縮退した半導体からなる p-n 接合に、順方向バイアスを印加した場合を考える。少しだけバイアスを掛けた状態では同図(b)に示すように、n 領域のエネルギー準位がバイアス電圧に相当するだけ上がり、n 領域の電子から見ると p 領域には同じエネルギーである空の準位（正孔準位）があるので、図の赤矢印で示したように、トンネル効果により n 型から p 型へ向かう電子が増える。

8.3 縮退半導体よりなる p-n 接合（トンネルダイオード）

(a) 平衡状態　　　(b)、(c) 順方向バイアス状態

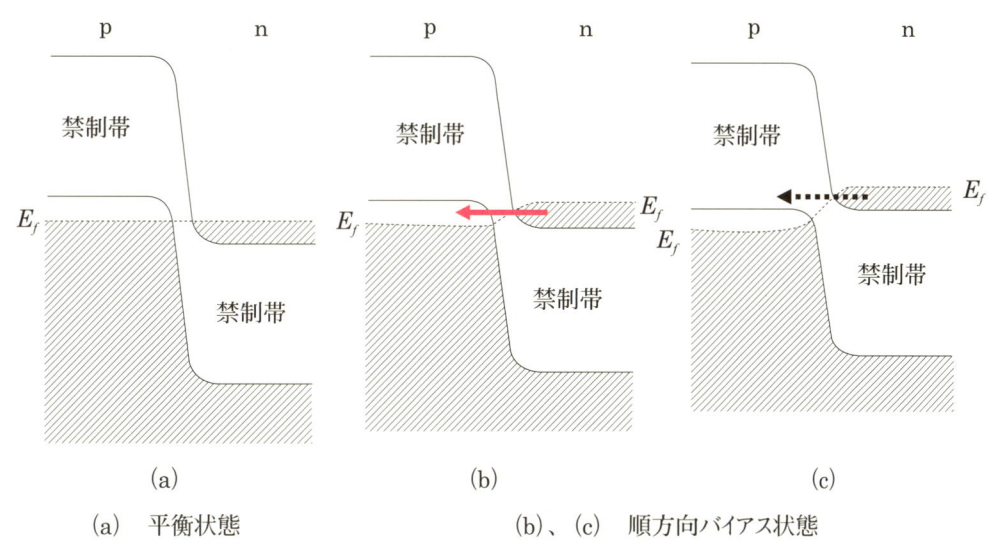

図8.3.2　トンネルダイオードのエネルギー準位

さらにバイアスを増して、同図(c)に示すようにn領域のフェルミ準位がp領域の禁制帯に入ると、n領域の電子にとっては遷移すべき許容される準位がなくなるので、バイアス電圧の増加とともに逆に電流は減少する。このトンネルダイオードの電流電圧特性を示したのが図8.3.3である。図中で(a)、(b)、(c)と書かれた領域は、それぞれ図8.3.2の(a)、(b)、(c)のエネルギー状態領域に対応している。図8.3.2および図8.3.3から分かるように(c)の領域で**負性抵**

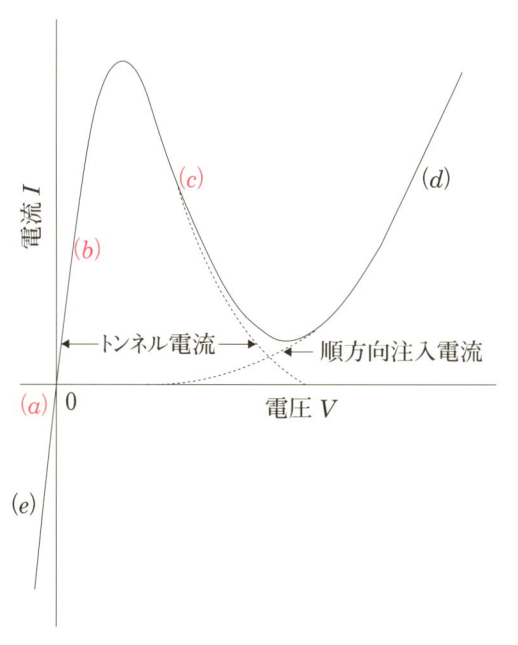

図 8.3.3　トンネルダイオードの電流電圧特性

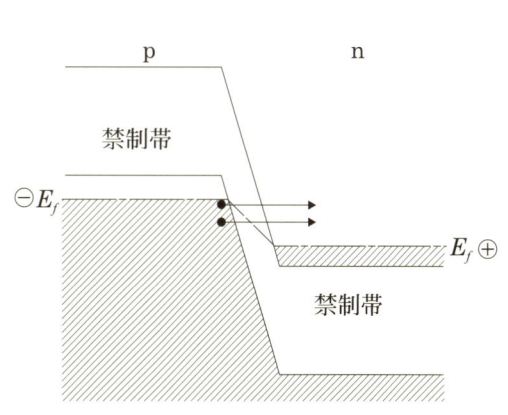

図8.3.4　トンネルダイオードの逆方向バイアス状態でのエネルギー準位図

抗が現れる。さらにバイアス電圧を増していくと、今度は通常のp-n接合における電圧電流特性に相当する電流、すなわちポテンシャルの山を越えて反対側の領域に向かう電子および正孔による電流が増加してくるため、図8.3.3の(d)に示した領域のように再び電流が増加する。逆方向バイアスを印加した場合は図8.3.4のように、pからn領域に向かう電子にとっては、バイアスが大きくなるほど遷移すべき許容された空の準位が増え、同時に空間電荷層の厚みも減少するので、図8.3.3の(e)に示したようにトンネル電流はバイアスとともに増加する。

第 9 章

半導体材料

9.1 半導体材料の種類と構造

5.3 で述べたように、比較的少ないエネルギーで価電子帯から伝導帯へ電子が励起できる物質を半導体と呼び、便宜的にエネルギーギャップ E_g が 3.9[eV] 以下であれば半導体、それ以上であれば絶縁体と区別することがある。図 9.1.1 に絶縁体と真性半導体とのエネルギー帯構造を比較して書く。同図ではⅠのバンドが価電子帯で、Ⅱのバンドが伝導帯を表わし、E_g がエネルギーギャップを表わす。一方、導体（金属）のエネルギー帯構造を図 9.1.2 に示す。同図(a)では完全に電子で満たされたⅠのバンドがその上のバンドⅡと重畳しており、結局Ⅱのバンドは不完全に満たされている。同図(b)、(c)ではⅠのバンド自体が不完全に満たされている。これらの場合は温度に関係なく自由電子が存在し、良好な電気伝導が生じる。抵抗率に関しては、半導体は一般に負の温度係数を持ち、導

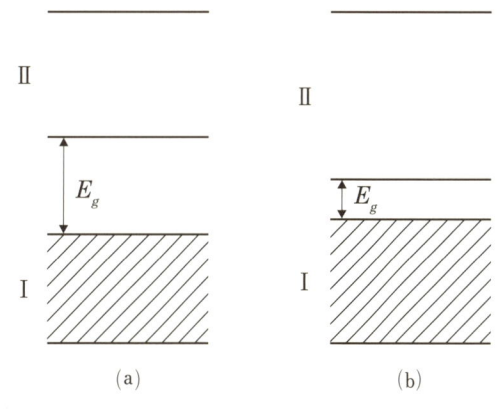

図 9.1.1 絶縁体および真性半導体のエネルギー帯構造

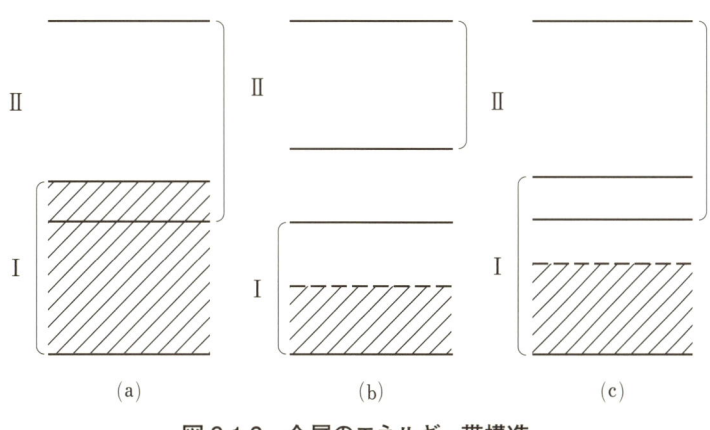

図 9.1.2 金属のエネルギー帯構造

第9章 半導体材料

体は正の温度係数を持つ。

半導体には<u>無機半導体</u>と**有機半導体**があるが、ここでは無機半導体を中心に考える。無機半導体をその構造から分類すると、<u>元素半導体</u>と<u>化合物半導体</u>に分けられる。

元素半導体とは1つの元素から成り立つ半導体であり、代表的なものとしてはSi（シリコン）、Ge（ゲルマニウム）、C（グラファイト）がある。これらは図9.1.3に示す<u>ダイアモンド構造</u>をとる（図3.1.5の再掲）。ダイアモンド結晶の共有結合の状態を模式的に表したのが図9.1.4である。

化合物半導体とは2つ以上の異なった元素から構成された半導体であり、GaAsのような2元系化合物、$Ga_{1-x}Al_xAs$のような3元系化合物、あるいは$(Al_xGa_{1-x})_yIn_{1-y}P$や$In_xGa_{1-x}As_{1-y}P_y$のような4元系化合物からなる半導体がある。これらの例はⅢ族元素とⅤ族元素の化合物から成り立っているⅢ-Ⅴ族化合物半導体であるが、それ以外にもⅡ族元素とⅥ族元素からなるⅡ-Ⅵ族化合物半導体（例えば$ZnTe$、CdS）や、Ⅰ-Ⅲ-Ⅵ族化合物半導体（例えば$CuGaS_2$、$CuInSe_2$）など様々な組み合わせの半導体がある。元素半導体の結合は共有結合であるが、Ⅲ-Ⅴ族半導体では共有結合にいくらか**イオン結合**が加わり、Ⅱ-Ⅵ族半導体ではイオン結合の傾向が著しくなる。Ⅲ-Ⅴ族化合物のほとんどが<u>閃亜鉛鉱構造</u>をしている。この構造は3.1で述べたように図9.1.3と同じで白円と赤円の原子が異種であるものである。GaAs結晶の結合状態を模式的に図9.1.5に示す。GaおよびAs原子をCで置き換えれば、図9.1.4と同じ結合状態になる。

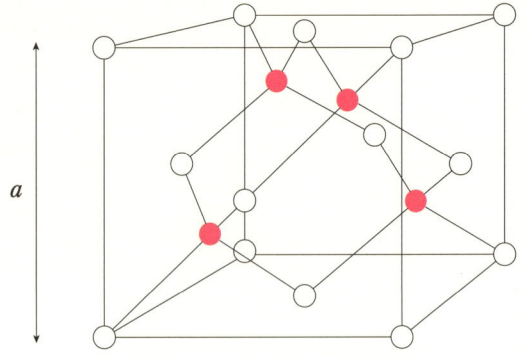

図9.1.3　ダイアモンド構造

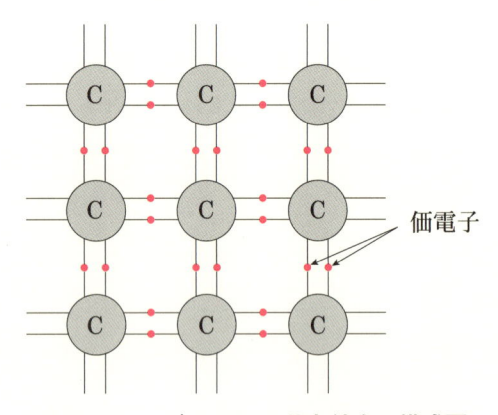

図9.1.4　ダイアモンド共有結合の模式図

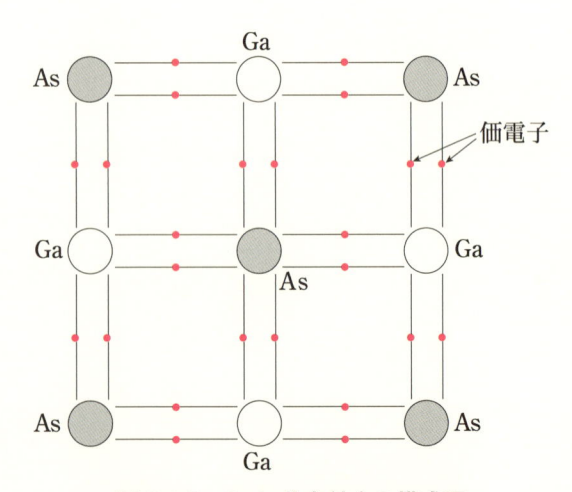

図9.1.5　GaAs共有結合の模式図

Ⅲ-Ⅴ族化合物半導体でも、現在青色 LED やレーザに用いられている GaN は閃亜鉛鉱構造ではなく、一般にはウルツァイト構造をしている。この構造は 3.2 で述べた稠密六方構造を基本としている。稠密六方構造を立体的に見た図を図 9.1.6 に示す。原子は格子点に存在するだけでなく、六方柱の中間位置にも存在する。ウルツァイト構造とは図 9.1.7 に示すように AX 型化合物で、**A と X がそれぞれ稠密六方構造**をとって、これらが混ざった構造である。この構造においても閃亜鉛鉱構造と同じく、各原子は 4 つの異種原子によって囲まれている。GaN における格子定数は、$a = 3.189$Å、$c = 5.185$Å であり、図 9.1.7 の右側の図で、Ga（図の白丸）は $(0,0,0)$ と $(2a/3, a/3, c/2)$ の位置にあり、一方、N（図の黒丸）は、およそ $(0, 0, 3c/8)$ と $(2a/3, a/3, 7c/8)$ の位置にある。

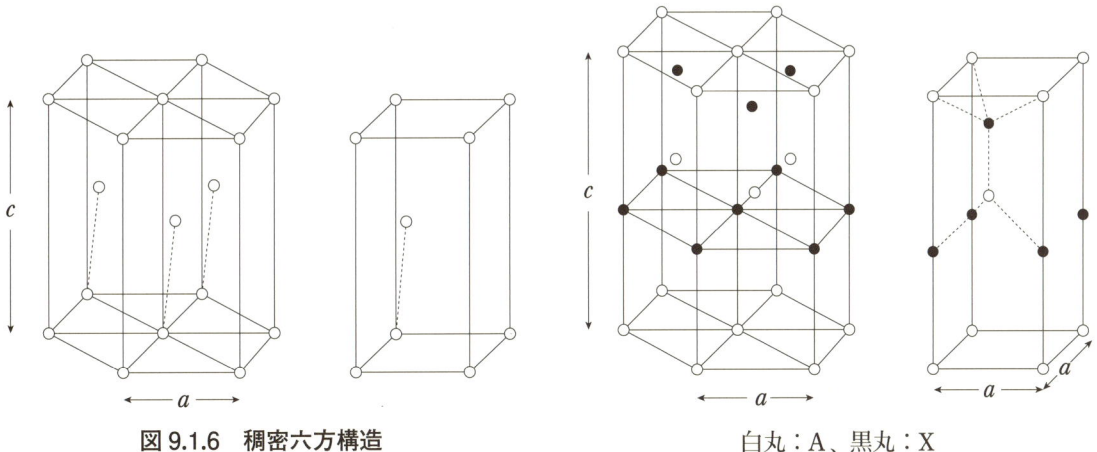

図 9.1.6　稠密六方構造

白丸：A、黒丸：X
図 9.1.7　ウルツァイト構造（AX 型）

9.2　結晶成長技術

半導体を実用化するためには、単結晶を育成する必要がある。この場合、(1) バルクの単結晶を作製する場合と、(2) 薄膜単結晶を他の単結晶基板上に成長させる場合（これをエピタキシャル成長という）の 2 つの方法がある。ここでは、それぞれの代表的な成長法を述べる。

9.2.1　バルク単結晶作製法
9.2.1 (1) 引き上げ法

この方法は Ge や Si のような元素半導体や、GaAs、GaP などのⅢ-Ⅴ族化合物半導体の作製に用いられる、最も基本的な製法である。その基本構成を図 9.2.1 に示す。この構成は LEC (Liquid Encapsulated Czochralski) 法と呼ばれる成長法で、Ar のような不活性ガス中に置

第9章 半導体材料

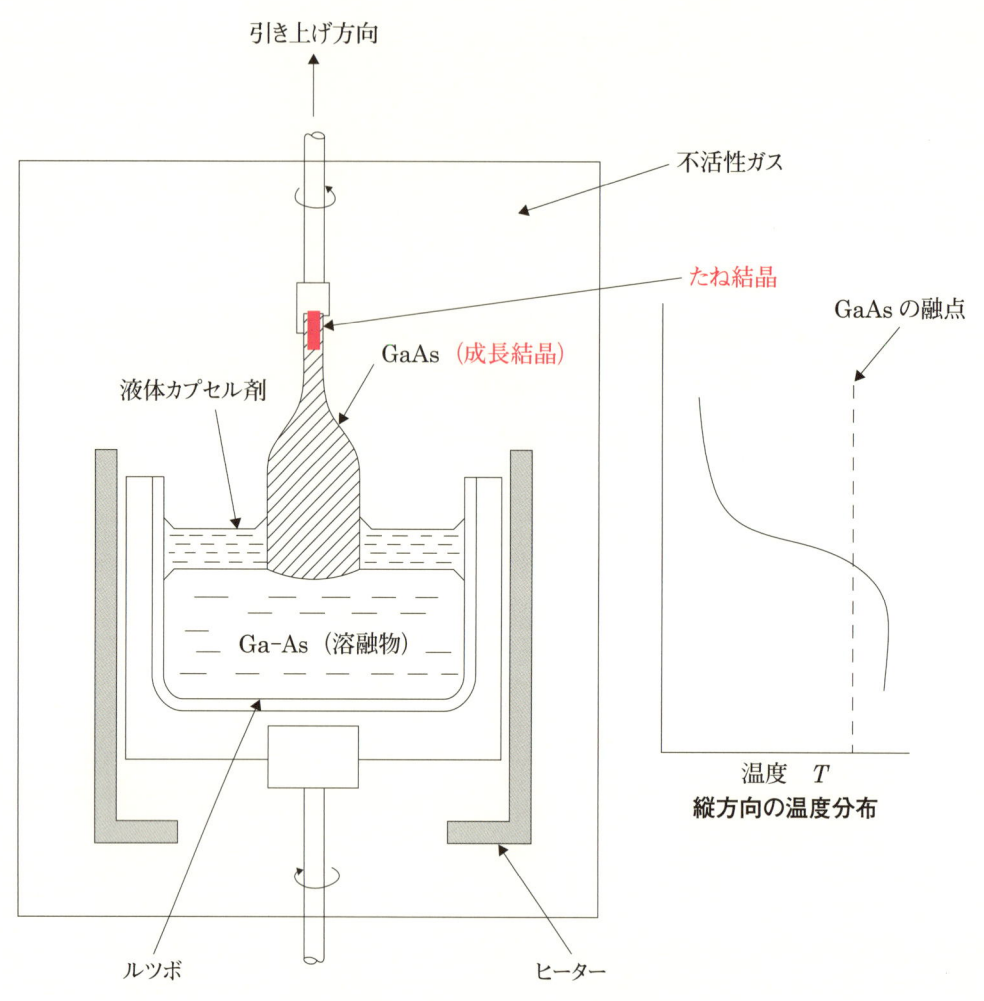

図 9.2.1 引き上げ法（LEC 法）

かれた黒鉛やAlNなどから作られたルツボ中に、あらかじめ精製された半導体原料（図ではGa-As）を入れ、ヒーターによってまずこれを溶融して溶融物を作る。なお図において液体カプセル剤とは、蒸気圧の高い成分（図ではAs）の蒸発を防ぐ目的で溶融物の表面を被覆するために取り付けられたものであり、高純度のB_2O_3融液などが用いられる。十分溶融させ、よくなじませたあと、この溶融物の中に単結晶のたね結晶を浸し、静かにゆっくりと回転しながら徐々に引き上げる。この際の縦方向の温度分布は、図のように溶融物表面近くで融点を横切るように設定してある。良好な結晶を作るには溶融部の温度制御が非常に重要となる。

9.2.1 (2) ブリッジマン（Bridgman）法

この方法は、先端を細くした石英管に原材料を入れて真空封止し、まず全体を溶融する。次に先端から徐々に固化させていくと先端部分に成長核が1個発生し、ここから単結晶の成長が

始まる。固化を徐々に進行させるために、図9.2.2 に示すように適当な温度分布の中で管を徐々に移動させるか、あるいは適当な温度勾配を保ったまま、炉全体の温度を徐々に低下させる。この方法を用いてGaAs やInAs などの作製が行われている。

図 9.2.2　ブリッジマン法

9.2.2　薄膜単結晶作製法

9.2.2（1）液相エピタキシャル（LPE：Liquid Phase Epitaxial）成長法

　単結晶半導体基板を下地として、その表面に基板と同一方位に単結晶薄膜を成長させることを**エピタキシャル成長**という。液相エピタキシャル成長法は、成長させたい半導体材料を飽和あるいは過飽和状態にした溶液と基板とを接触させて、適当な温度制御を行うことにより基板上に所望の半導体薄膜を成長させる方法である。その成長用ボートの概略図を図9.2.3 に、成長装置の概略図を図9.2.4 に示す。成長用ボートは高純度グラファイトから成り立ち、図のようにいくつかの溶液溜めが設けられている。$Ga_{1-x}Al_xAs$ 4 層成長の場合には、4 つの溶液溜めに表9.2.1 に示す成分比の材料が仕込まれている。このボートを、図9.2.4 に示すエピタキシャ

表 9.2.1　溶液溜め中の溶媒および溶質の成分比、ならびに成長層中の Al のモル比の期待値

溶液溜め	Ga	Al	As	ドーパント	x in $Ga_{1-x}Al_xAs$
Ⅰ	1 [g]	6.25 [mg]	50 [mg]	50 [mg] (Sn)	0.7～0.8
Ⅱ	1	0～3.14	100	undope	0～0.37
Ⅲ	1	6.25	50	10 [mg] (Zn)	0.7～0.8
Ⅳ	1	0	80	40 [mg] (Zn)	0

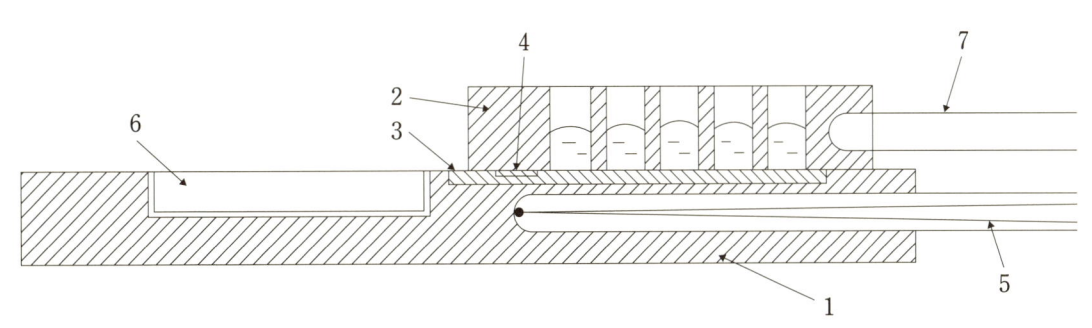

1：ボート底部　2：溶液溜め　3：基板ホルダー　4：基板用溝
5：熱　電　対　6：廃液溜め　7：押　し　棒

図 9.2.3　LPE 成長用ボート概略図

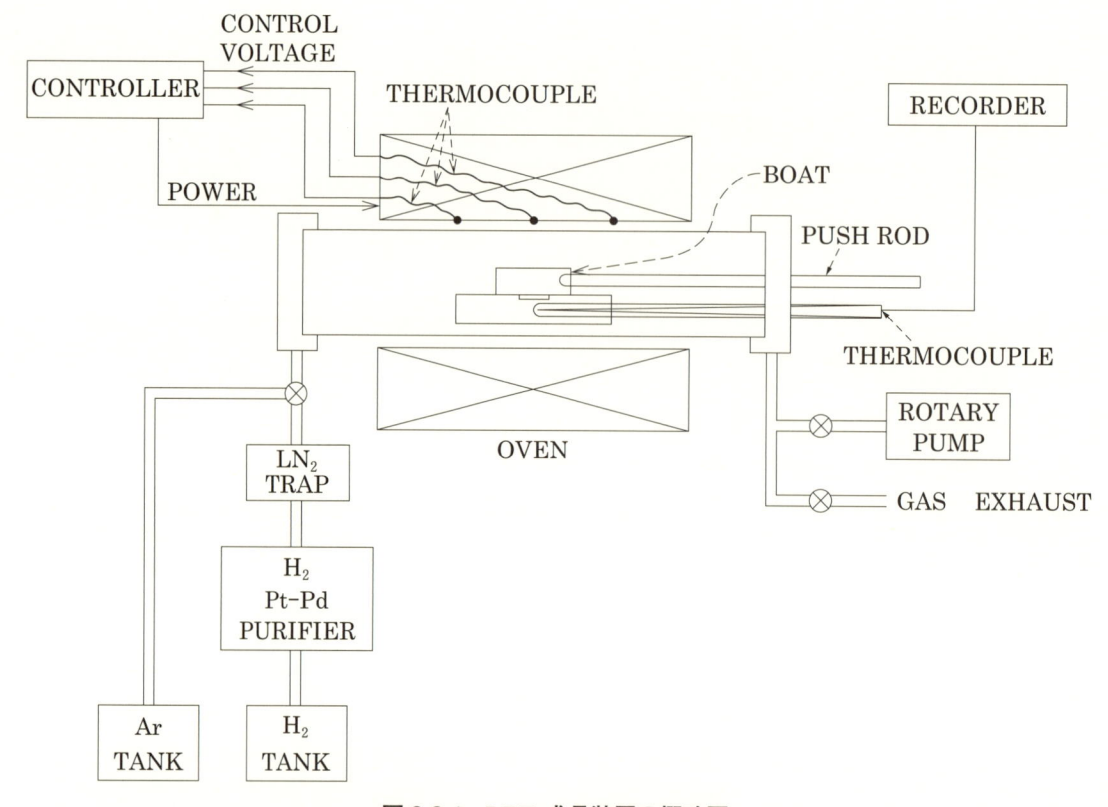

第9章 半導体材料

図9.2.4 LPE成長装置の概略図

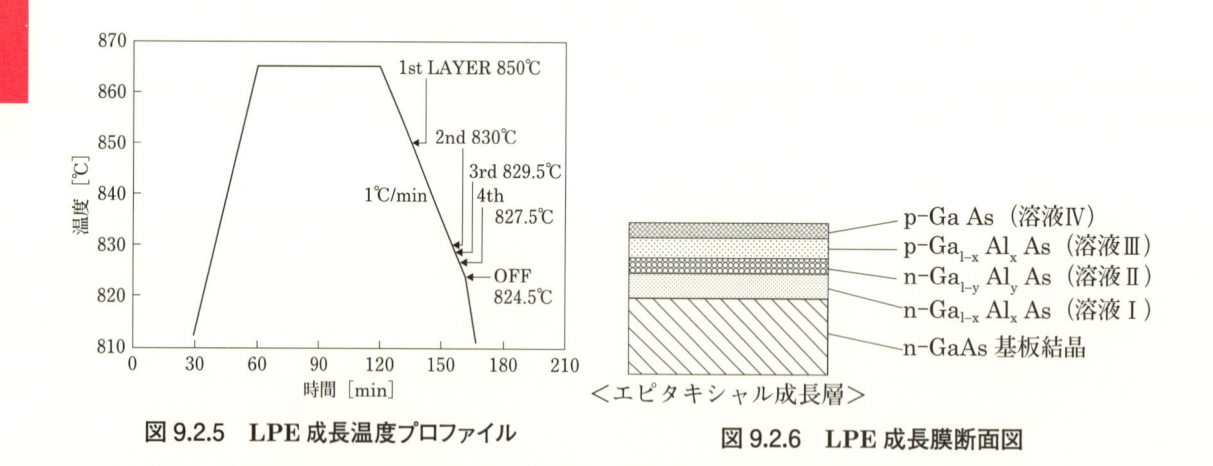

図9.2.5 LPE成長温度プロファイル

図9.2.6 LPE成長膜断面図

ル成長装置の炉の中にセットする。炉は透明石英管から成り立っている。

　セット後、まず炉の温度を865℃まで上昇して1時間保持する。これにより各溶液溜め中の溶質は溶媒であるGa中に飽和まで溶け込む。その後図9.2.5の温度プロファイルに従って降温し、850℃に達すると、第1の溶液を基板であるn-GaAsの上に被せる。これにより基板上にn-Ga$_{1-x}$Al$_x$Asが成長する。830℃に達すると、第2の溶液を基板に被せる。第2の溶液溜め

からは、活性領域となる n-$Ga_{1-y}Al_yAs$ が成長する。活性層の厚さを0.1[μm] 程度にするため、この成長時間は30秒程度にする。ついで第3の溶液溜めからは p-$Ga_{1-x}Al_xAs$ を2分間、第4の溶液溜めからは p-GaAs を3分間成長させて、すべての溶液を廃液溜め中に入れることにより4層成長は完了する。この構造は **10.4** で述べる赤外光レーザ構造（ダブルヘテロ構造）である。その成長膜断面を図9.2.6に示す。この LPE 法は過飽和状態から成長するので膜厚の制御がやや難しいが、成長装置が簡単であるのでレーザや LED の結晶成長の初期段階ではよく使用されていた。

9.2.2 （2）有機金属化学蒸着（MOCVD：Metal-Organic Chemical Vapor Deposition）法

成長膜の原材料となるガスに、熱などのエネルギーを加えてガス分子の分解を行い、基板表面で反応させて薄膜エピタキシャル成長させる方法を化学蒸着（CVD）法という。この方法は気相成長（Vapor Phase Epitaxial）法の1種である。そのうちでも最近特によく使用されているのが MOCVD 法である。MOCVD 法とは、有機金属化合物と水素化物等を原料として、熱分解により薄膜を基板上に成長させる方法である。図9.2.7 に $Ga_{1-x}Al_xAs$ 薄膜成長のための MOCVD 装置の概略図を示す。Ⅲ族である Ga や Al の原材料として TMGa（$Ga(CH_3)_3$：Tri-

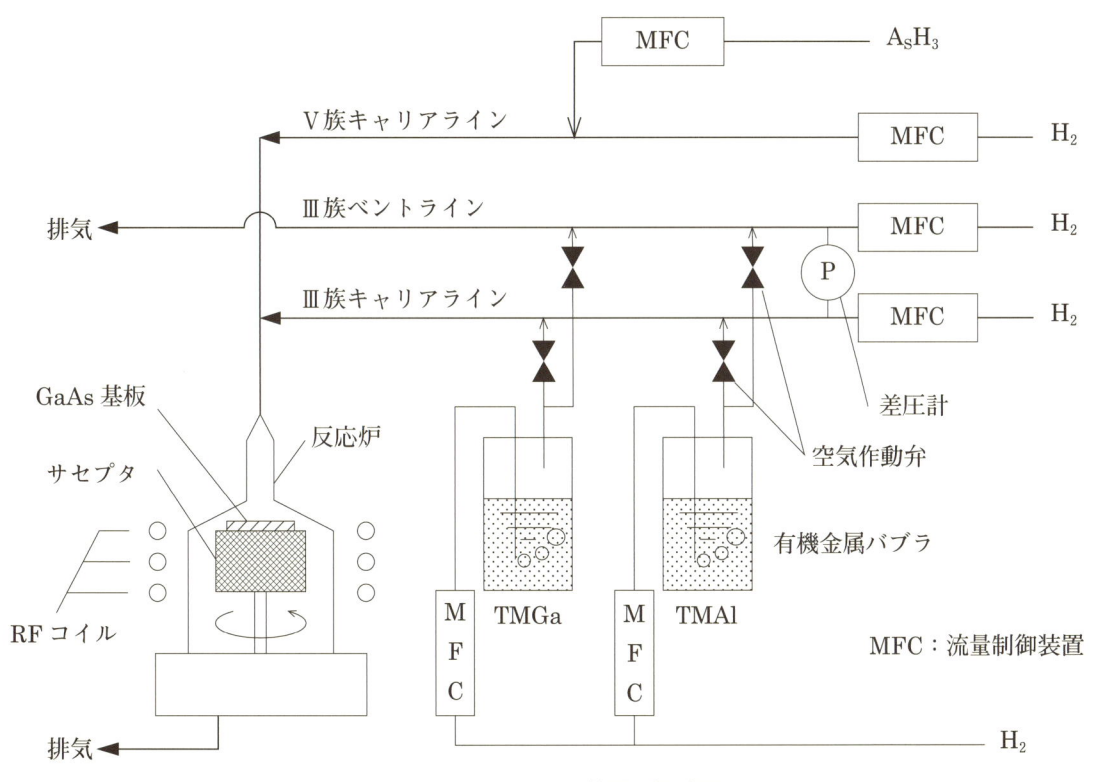

図9.2.7　MOCVD 装置の概略図

Methyl Gallium）や TMAl（Al(CH$_3$)$_3$：Tri-Methyl Alminum）などの有機金属化合物を、V 族である As の原材料としては AsH$_3$（アルシン）のような水素化物を用いる。有機金属化合物は室温では揮発性液体または固体であるが、それ自体をガス化することは難しいので、図のようにバブラ内に入れ、その中へ水素を送り込み、混合ガスとして供給するバブリング方式が採用されている。基板である GaAs は誘導加熱方式で加熱され、その温度は約 650℃に保持される。ガスは基板表面で熱分解をおこし、基板上に薄膜がエピタキシャル成長する。その熱分解過程は、次の化学式で表わされる。

$$(1-x)Ga(CH_3)_3 + xAl(CH_3)_3 + AsH_3 \rightarrow Ga_{1-x}Al_xAs + 3CH_4 \tag{9.2.1}$$

MOCVD 結晶成長技術には数多くのパラメータ制御が必要となるが、多層成長界面を急峻にすることができ、また単原子層超格子が作製できるので、その量産性と相まって **10.6** で述べる量子井戸構造レーザなどの生産に広く使用されている。

9.2.2（3） 分子線エピタキシャル（MBE：Molecular Beam Epitaxial）成長法

MBE 法は基本的に真空蒸着法である。異なる点はその真空度を 10^{-10} Torr 以上にして、残留ガスが基板に吸着してその成長を阻害しないようにしていることである。10^{-10} Torr 程度の真空度になれば、残留ガスが基板表面を 100%吸着被覆するのに必要な時間は 24 時間以上になり、結晶成長上問題ないレベルとなる。MBE 成長装置の概略図を**図 9.2.8** に示す。Ⅲ族材料としての Ga・Al ソース、V 族材料としての As ソース、ドーパントとしての Si ソースなどはその高純度材料を BN（Boron-Nitride）などのルツボに充填して加熱することで分子線（超高真空中では蒸着物質は直進するので分子線と呼ばれる）を発生させ、基板である GaAs 上に

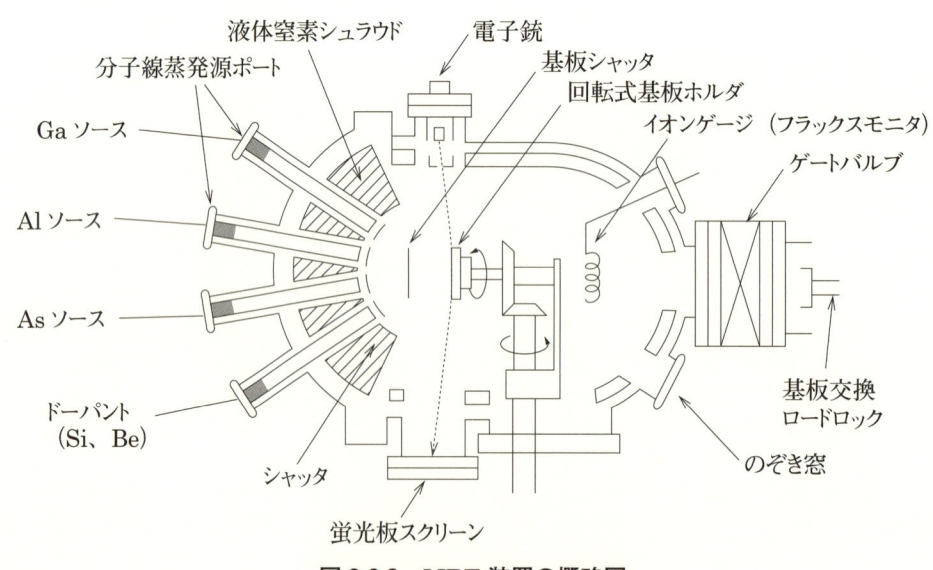

図 9.2.8　MBE 装置の概略図

吸着させる。成長中の基板温度を適当に選べば、Asの入射分子の吸着・離脱が平衡になる領域に設定することができる。通常その温度は500〜800℃である。この状態でGaやAlのⅢ族分子が入射すると、基板上に$Ga_{1-x}Al_xAs$の1層が成長する。この際、GaやAlなどのⅢ族の供給量（蒸気圧）が成長速度を決定する。この分子線量は装置内のイオンゲージ（フラックスモニタ）で測定できる。

MBE法では、成長中に高速の電子銃を入射して、結晶表面の電子線回折（RHEED：Reflection of High Energy Electron Diffraction）を行うことができる。その中心部のスポットを観測すると、図9.2.9に示すように蛍光強度がゆっくり振動する現象が観測される。これはエピタキシャル成長相が基板表面で1原子面で完結するサイクルに対応している。すなわち1層の原子面の完結前は電子線が散乱・乱反射されやすく、1層完結直後は反射強度が強くなるためである。このようにMBE法もMOCVD法と同じく原子レベルでの制御が可能である。MBE法は基本的に温度制御と真空度のパラメータしか必要としないので、高い再現性が得られる。そのため量子効果を含む様々なデバイスの試作や、一部生産に用いられている。

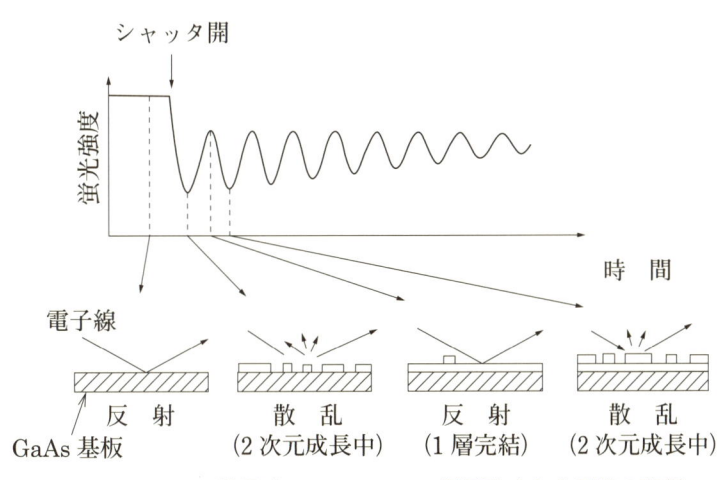

図 9.2.9　MBE 装置内での RHEED 信号強度と成長膜の関係

9.3　p-n 接合の製法

p-n 接合をその製法で分けると、主なものとして (1) 合金法と (2) 拡散法の2つに分けられる。これらの製法と特徴を以下に述べる。

9.3.1　合金法

いま n-Ge に In を合金化させて Ge の p-n 接合を作製する場合を考える。図9.3.1には Ge-In 合金の状態図を示す。まず Ge 基板上に In を接触させて加熱すると、図より分かるよ

うに155℃になるとInが溶け始め、さらに高温にすると、溶けたInにGeが溶解して合金を作る。合金の組成は温度によって決まる。高温から冷却すると、合金中のGeが未溶融Geの上に再結晶するが、この再結晶層にはInが飽和値まで溶解しているので、結局、再結晶層は強いp型になる。さらに温度降下をすると溶融中のGeの密度が次第に減少し、最後にはGe-In共晶組成となって固化する。熱処理温度は通常500〜600℃が選ばれるが、この程度の温度ではGe中へのInの拡散はほとんど問題にならず、接合は階段接合に近いものが得られる。なおn-Geにドナー不純物を、p-Geにアクセプター不純物を用いて合金処理を行うと、オーム接触が得られる。

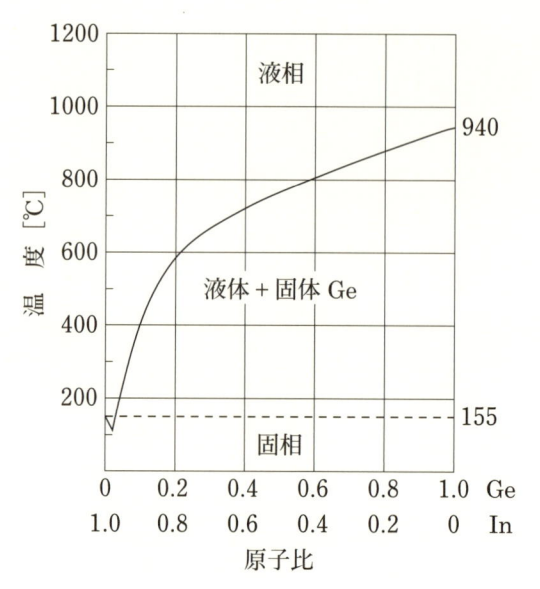

図9.3.1 Ge-In合金の状態図

9.3.2 拡散法

この方法は、不純物原子を結晶表面から内部に向かって拡散して、p-n接合を得る方法である。不純物原子の拡散現象は、1次元の場合、次の拡散方程式で表わされる。

$$\frac{\partial N(x)}{\partial t} = D\frac{\partial^2 N(x)}{\partial x^2} \tag{9.3.1}$$

ここに$N(x)$は点xにおける不純物濃度で、Dは不純物原子の拡散定数である。

まず結晶表面における不純物濃度が一定の場合を考える。この場合、$x=0$で$N(x)=N_s$、$x=\infty$で$N(x)=0$の境界条件で(9.3.1)式を解くと、次式が得られる。

$$N(x) = N_s\left[1 - \frac{1}{\sqrt{\pi Dt}}\int_0^{x/2\sqrt{Dt}}\exp\left(-\frac{x^2}{4Dt}\right)dx\right] = N_s\left[1 - \mathrm{erf}\left(x/2\sqrt{Dt}\right)\right] = N_s\mathrm{erfc}\left(x/2\sqrt{Dt}\right) \tag{9.3.2}$$

ここにerfは**誤差関数**(error function)、erfcは相補誤差関数(complementary error function)である。表9.3.1にerfおよびerfcのいくつかの重要な性質を記述する。また図9.3.2にerf$\left(x/2\sqrt{Dt}\right)$を図示する。$x$が十分大きくて$N(x) \ll N_s$のときは、表9.3.1より$N(x)$は近似的に次式で表わされることが分かる。

$$N(x) = \frac{N_s}{\sqrt{\pi}\left(x/2\sqrt{Dt}\right)}\exp\left(-\frac{x^2}{4Dt}\right) \tag{9.3.3}$$

いまドナー濃度N_0を持つn型半導体に、アクセプター不純物を拡散すると$N(x)>N_0$の部分

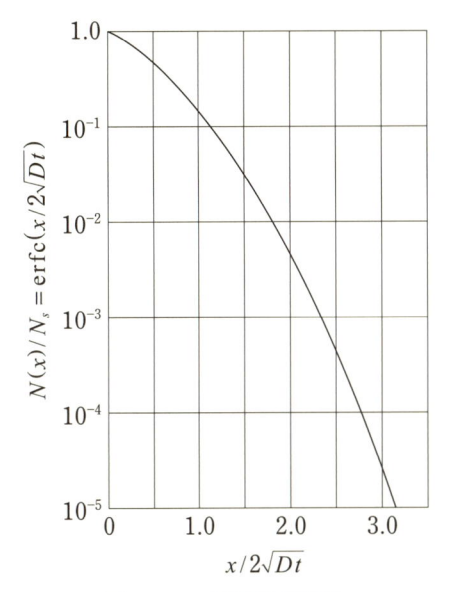

図 9.3.2 相補誤差関数 $\mathrm{erfc}(x/2\sqrt{Dt})$

表 9.3.1　erf、erfc の重要な性質

$$\mathrm{erf}(x) \equiv \frac{2}{\sqrt{\pi}} \int_0^x e^{-a^2} da$$

$$\mathrm{erfc}(x) \equiv 1 - \mathrm{erf}(x)$$

$$\mathrm{erf}(0) = 0$$

$$\mathrm{erf}(\infty) = 1$$

$$\mathrm{erf}(x) \cong \frac{2}{\sqrt{\pi}} x \quad \text{for} \quad x \ll 1$$

$$\mathrm{erfc}(x) \cong \frac{1}{\sqrt{\pi}} \frac{e^{-x^2}}{x} \quad \text{for} \quad x \gg 1$$

$$\frac{d\,\mathrm{erf}(x)}{dx} = \frac{2}{\sqrt{\pi}} e^{-x^2}$$

は p 型に変化し、図 9.3.3 に示すように $N(x) = N_0$ との交点の位置に p–n 接合ができる。接合の深さ x_0 は (9.3.3) 式より求められ、次式で与えられる。

$$x_0 = 2\sqrt{Dt}\left[\ln(N_s/N_0) - \ln(\sqrt{\pi} x_0/2\sqrt{Dt})\right]^{\frac{1}{2}} \tag{9.3.4}$$

次に結晶表面の不純物原子の総量が一定の場合を考える。この場合、不純物原子は全て半導体中に拡散するとして (9.3.1) 式の拡散方程式を解くと、解は次式のようになる。

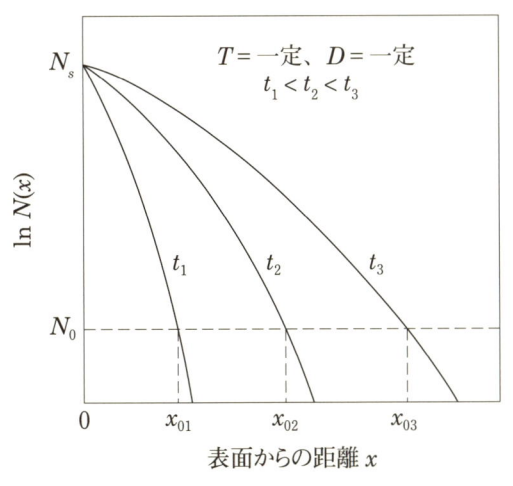

図 9.3.3　拡散法による不純物密度分布（表面密度一定）

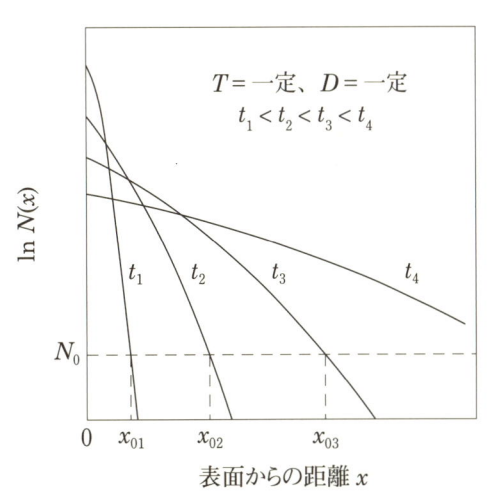

図 9.3.4　拡散法による不純物密度分布（不純物量一定）

$$N(x) = \left(Q_s / \sqrt{\pi Dt}\right) \exp\left(-x^2 / 4Dt\right) \tag{9.3.5}$$

ここに Q_s は半導体表面の単位面積当りの不純物量である。これを図示すると図9.3.4のようになる。この場合の接合の深さ x_0 は、(9.3.5) 式で $N(x) = N_0$ とおいて解くと次式で与えられる。

$$x_0 = 2\sqrt{Dt} \left[\ln\left(Q_s / N_0 \sqrt{\pi Dt}\right)\right]^{\frac{1}{2}} \tag{9.3.6}$$

拡散定数 D は温度の関数で、**拡散の活性化エネルギーを E とすると**

$$D = D_0 \exp(-E/kT) \tag{9.3.7}$$

で表わされる。D_0、E は結晶と不純物原子の種類によって決まる定数であり、Ge および Si に対するそれらの値を表9.3.2に示す。

表9.3.2　Ge および Si 中の各種不純物の拡散定数 D_0 と活性化エネルギー E

半導体	不純物 D_0 と E	B	Al	Ga	In	P	As	Sb
Ge	$D_0 \times 10^4$ [m²sec⁻¹]	18×10^5	—	20	0.45	12.3	12.7	6.9
	E [eV]	4.55	—	2.07	2.69	2.69	2.47	2.47
Si	$D_0 \times 10^4$ [m²sec⁻¹]	10.5	8.0	3.6	16.5	0.32	5.6	5.6
	E [eV]	3.68	3.47	8.51	3.90	3.55	3.55	3.95

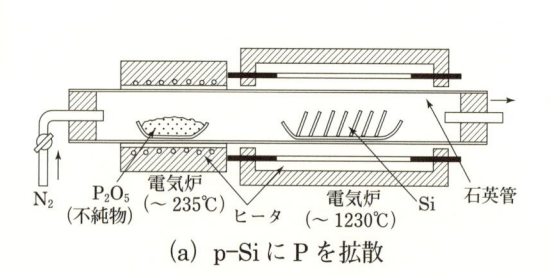

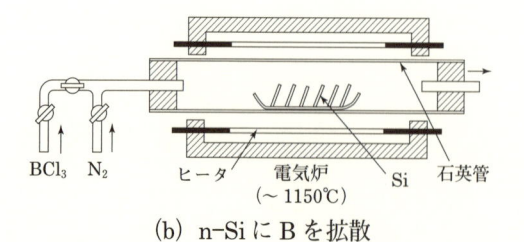

(a) p-Si に P を拡散

(b) n-Si に B を拡散

図9.3.5　気相よりの不純物拡散装置（Si 用）

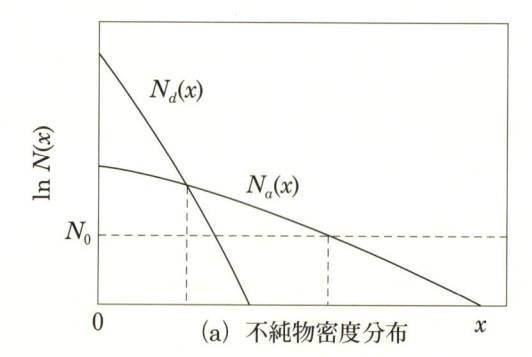

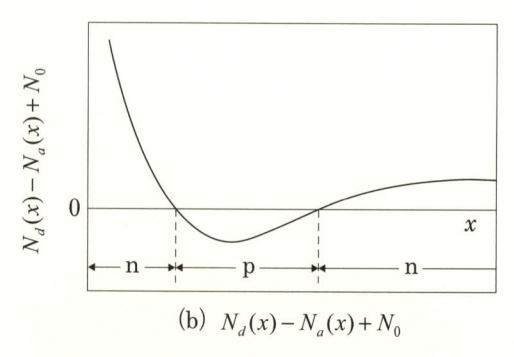

(a) 不純物密度分布

(b) $N_d(x) - N_a(x) + N_0$

図9.3.6　2重拡散による不純物密度分布

図9.3.5に気相からの不純物拡散装置の概略図を示す。基板にはSiを用いて図(a)はp-SiにPを拡散してp-n接合を作る場合を、図(b)はn-SiにBを拡散してp-n接合を作る場合の断面図を示している。どちらの場合も不純物化合物を気化して、気相から直接拡散している。この場合は（9.3.2）式および（9.3.3）式が成り立つ。また別の方法として、不純物元素またはその化合物薄膜を半導体に付着して、加熱拡散させる方法がある。この場合は（9.3.5）式および（9.3.6）式が成り立つ。

拡散定数Dの異なるドナーおよびアクセプター不純物を同時に拡散すると、半導体中に近接した2つの接合を作ることができる。これを2重拡散法と呼ぶ。n型半導体に2重拡散法を適用した場合の不純物濃度分布を図9.3.6に示す。この拡散では拡散定数の小さいドナー不純物の表面濃度を、拡散定数の大きいアクセプター不純物の表面濃度より大きくとってある。同図(b)にはドナー濃度とアクセプター濃度の差がxに対して描かれている。図のようにn-p-n接合が実現される。拡散法を用いると高い精度で表面に平行な平面接合を得ることができ、広い面積の接合も容易に作ることができるので、現在ではこの拡散法が素子製法の主流をなしている。

演習問題9.1

Si結晶に対するホウ素（B）の拡散定数の値を、1350 Kと1500 Kの各温度について求めよ。ただし$D_0 = 10.5 \times 10^{-4} \, [\mathrm{m^2/sec}]$、$E = 3.68 \, [\mathrm{eV}]$とする。

演習問題9.2

半導体の結晶に気相からの拡散法により、不純物原子を拡散させたとき、不純物原子の表面濃度を$10^{24} \, [\mathrm{m^{-2}}]$、その拡散定数を$2 \times 10^{-17} \, [\mathrm{m^2/sec}]$、拡散時間を$3.6 \times 10^3 \, [\mathrm{sec}]$として、表面から$1 \, [\mu\mathrm{m}]$の点における不純物濃度を計算せよ。

演習問題9.3

$2 \times 10^{21} \, [\mathrm{m^{-3}}]$のドナー濃度を有するn型Siに、気相からの拡散法によりアクセプター不純物を拡散させた。アクセプター原子の表面濃度を$10^{24} \, [\mathrm{m^{-3}}]$、その拡散定数を$2 \times 10^{-17} \, [\mathrm{m^2/sec}]$、拡散時間を$4.5 \times 10^3 \, [\mathrm{sec}]$として、p-n接合の深さを求めよ。

演習問題 9.4

$5\times10^{22}\,[\mathrm{m}^{-3}]$ のドナー濃度を有する n 型 Si に、付着拡散法によりアクセプター不純物を拡散させた。アクセプター原子の面密度を $Q_s=10^{19}\,[\mathrm{m}^{-2}]$、その拡散定数を $2\times10^{-17}\,[\mathrm{m}^2/\mathrm{sec}]$、拡散時間を $2\times10^3\,[\mathrm{sec}]$ として p-n 接合面の深さを求めよ。

9.4 トランジスタの製法

トランジスタの主な種類としては、(1) p-n-p 接合型、あるいは n-p-n 型のように p 型半導体と n 型半導体とを接合したバイポーラトランジスタと、(2)ゲートに印加される電圧によってソース・ドレイン間の電流を制御する電界効果トランジスタ（FET：Field Effect Transistor）がある。これらの特性に関しては他の教科書に譲るとして、ここではこれらのトランジスタの製法でよく使用されるものを述べる。

9.4.1 バイポーラトランジスタの製法

拡散接合型トランジスタは図 9.4.1 の構造を持つ。例えば Ge 拡散接合トランジスタを作るには、p-Ge（コレクタとなる）の表面に As を $1\,[\mu\mathrm{m}]$ 程度の深さに拡散させて n 型ベース層を作り、その表面の一部に Al を蒸着・合金化して p 型エミッタとし、別に Au-Sb 合金を蒸着してベース電極とする。その後、不要部分をメサエッチにより取り去り、図 9.4.1 に示した構造にする。この構造はトランジスタの安定性、信頼性を保つためにメサエッチ法を適用するので、別名メサ型トランジスタとも呼ばれる。この構造ではベース層の厚さを薄くしうるので高周波特性がよい。

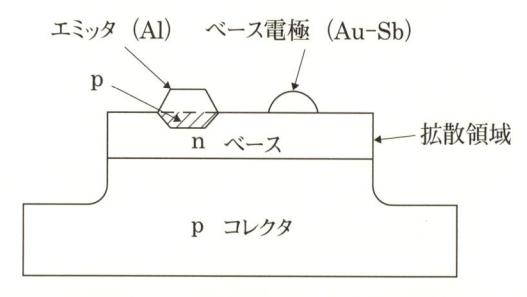

図 9.4.1　拡散接合トランジスタの構造

プレーナ型トランジスタ (planar transistor) は図 9.4.2 のような製作工程で作られるもので、平面構造を持っているのでこの名前がついている。拡散マスク材料としては SiO_2 膜を用いるが、この膜は Si 基板に対しては酸化性雰囲気中の熱処理によるか、または CVD 法によって付着する（同図(a)）。次にその表面をフォトレジストで被覆し（同図(b)）、フォトエッチング技術を用いて拡散をほどこしたい領域だけ SiO_2 膜を取り除き（同図(c)）、選択的に B を拡散してベース領域を形成する。その後再び SiO_2 膜を表面に形成する（同図(d)）。次にエミッタを形

(a) SiO₂ 膜形成
(b) フォトレジスト被膜
(c) フォトエッチング
(d) B 拡散（ベース領域） SiO₂ 膜形成
(e) エミッタ部分の SiO₂ 除去
(f) P 拡散（エミッタ領域） SiO₂ 膜形成
(g) 電極部分の SiO₂ 除去
(h) 電極蒸着

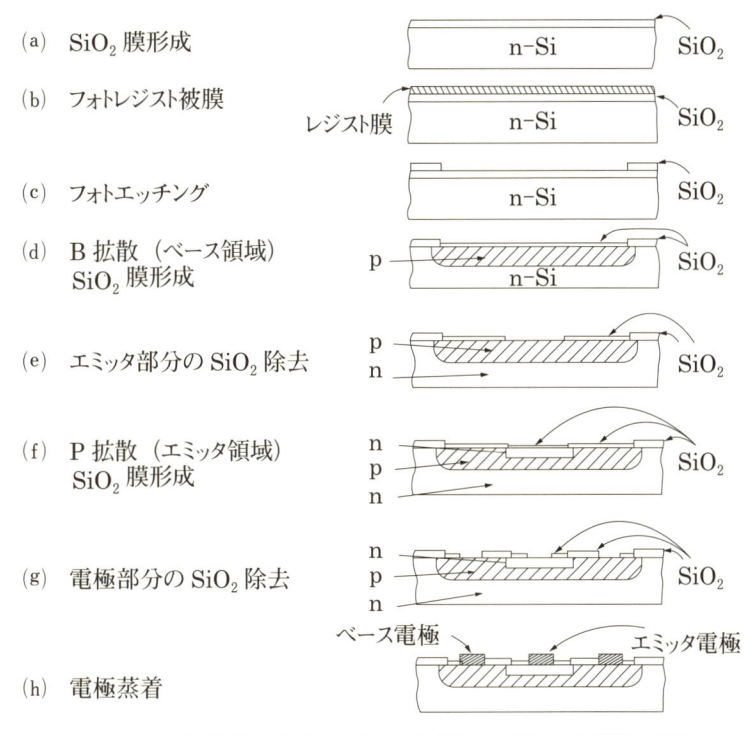

図 9.4.2　拡散法による Si プレーナ型トランジスタの製作工程

成したい領域だけ SiO₂ 膜を取り除き（**同図(e)**）、選択的に P を拡散してエミッタ領域を形成し、再度 SiO₂ 膜を表面に形成する（**同図(f)**）。次に電極を形成する領域の SiO₂ 膜を除去し（**同図(g)**）、最後にベース電極、エミッタ電極を蒸着してトランジスタは完成する（**同図(h)**）。素子完成後も SiO₂ 膜をそのまま残しておき、これ

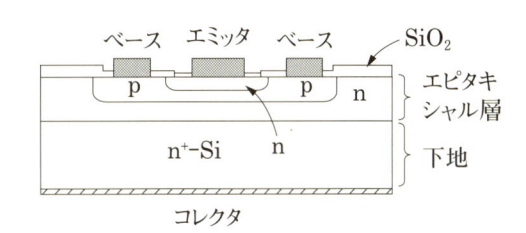

図 9.4.3　エピタキシャルプレーナ型トランジスタ

が保護膜として働くので、拡散接合トランジスタのように、メサ型にしなくても安定度や信頼性は保たれるという特徴がある。**エピタキシャルプレーナ型トランジスタ**はプレーナ型トランジスタをさらに改良したもので、図 9.4.3 に示したように低抵抗 Si ウェファの表面に**高抵抗エピタキシャル層**を成長させて、その中に図 9.4.2 に示したと同様の工程を経て構成したトランジスタである。半導体集積回路（IC）ではこのエピタキシャルプレーナ型トランジスタの技術が基本となっている。

9.4.2　電界効果トランジスタの製法

電界効果トランジスタは半導体の表面または内部の電流通路に流れる電流を、その流れと直

第9章 半導体材料

(a) 接合型電界効果トランジスタ　　(b) MOS型電界効果トランジスタ

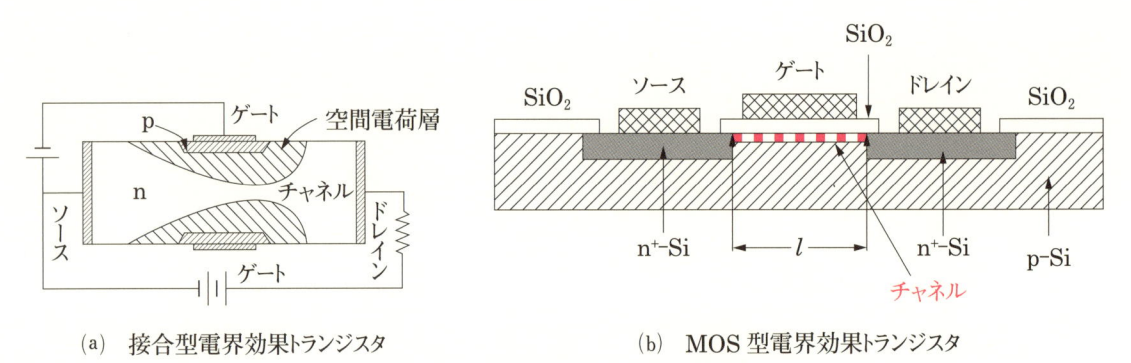

図9.4.4　電界効果トランジスタの種類

角方向に印加した電界で制御するトランジスタであり、図9.4.4に示すように基本的には2つの種類がある。同図(a)は接合型電界効果トランジスタ、同図(b)はMOS型電界効果トランジスタの構造を示している。

接合型電界トランジスタはn型半導体基板の両端に図(a)のように2つのオーム性電極を形成し、一方を**ソース**（source）、他方を**ドレイン**（drain）とする。基板の両面の中央近くに2つのp型領域をつくり、この2つの電極を**ゲート**（gate）とする。ゲート電極に逆方向バイアスを印加すると、**絶縁性空間電荷層**（空乏層）が両側から延びて、その中間に電流の通路となる**チャネル**（channel）を形成する。空間電荷層の厚みはバイアス電圧によって変化するから、これによってチャネルの幅も変化し、ソースからドレインに向かう電子流をゲート電圧で制御して増幅を行うことができる。ゲートの負バイアスが大きくなるとチャネルが消滅するが、この状態を**ピンチオフ**（pinch off）と呼び、そのときのゲート電圧をピンチオフ電圧という。

MOS型電界効果トランジスタの**MOS**とは metal-oxide-semiconductor の略であり、ゲートがこの構造をしているためにそう呼ばれる。図(b)に示すように真性i-Siまたはp-Siの表面上に、互いに接近する高電子濃度を有するn^+-Si領域を形成し、それぞれをソースおよびドレインとする。そしてその間にSiO_2膜をはさんでゲート電極を蒸着でつけてある。ゲート直下のSiの表面電荷は絶縁膜であるSiO_2を介したコンデンサの電極電圧で制御でき、ゲート電圧が正のときはゲート直下にn型のチャネルができ、そのチャネル幅がゲート電圧によって変化するので、電流を制御することができる。この図のようにn型チャネルができるものを**NMOS電界効果トランジスタ**、またp型チャネルができるものを**PMOS電界効果トランジスタ**と呼ぶ。

次に電界効果トランジスタの製法を、半絶縁性GaAsを基板とした MES（Metal Semiconductor）型 FET を例にあげて以下に述べる。MES型FETはショットキー接触を用いたFETであり、接合型FETと同じく空乏層の厚みで電子流を制御する。その製造のプロセスフローを図9.4.5に示す。まず半絶縁性GaAs基板にフォトレジストをマスクとして、チャネルとす

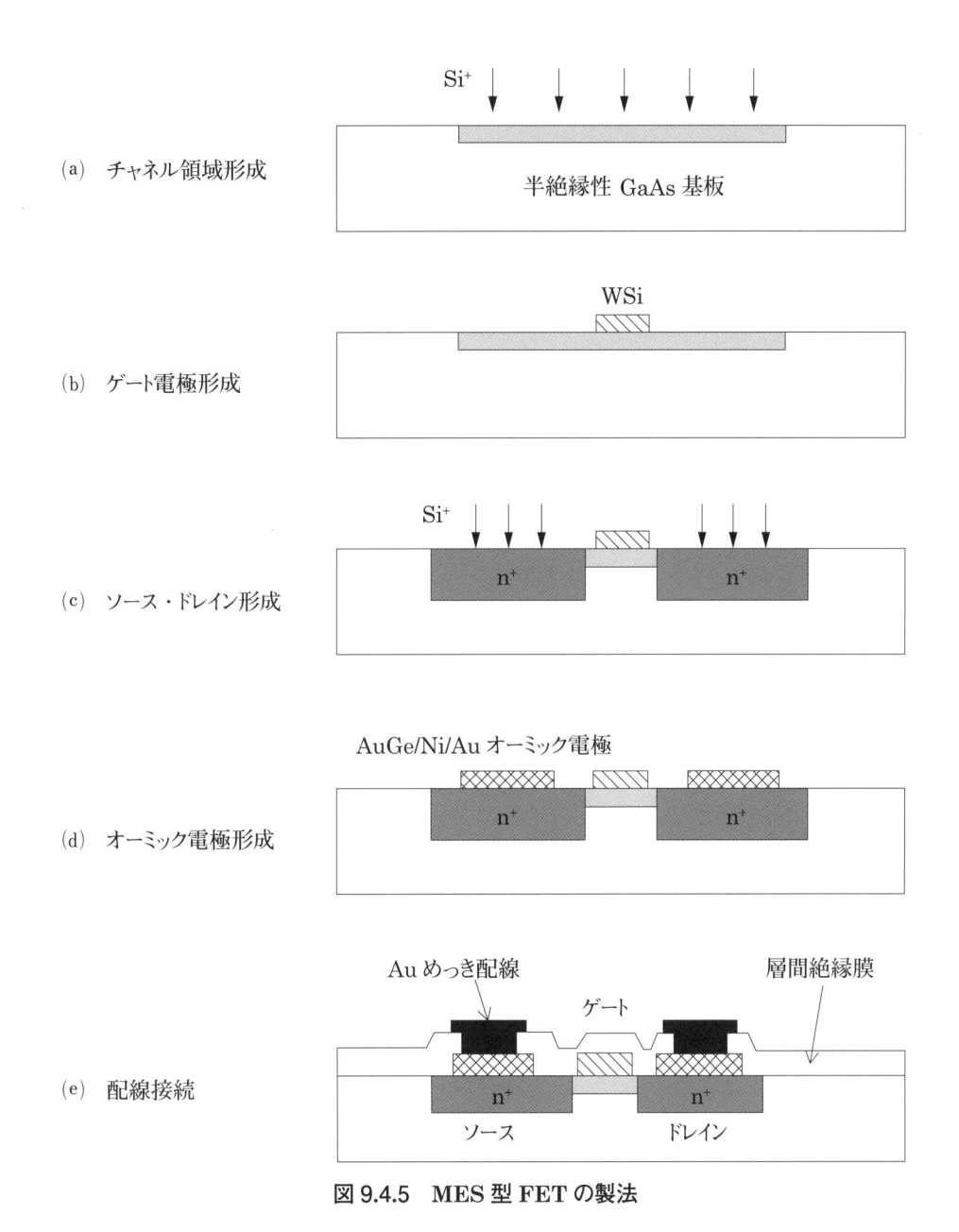

9.4 トランジスタの製法

(a) チャネル領域形成	Si⁺ → 半絶縁性 GaAs 基板

(a) チャネル領域形成

(b) ゲート電極形成 — WSi

(c) ソース・ドレイン形成 — Si⁺イオン注入、n^+領域

(d) オーミック電極形成 — AuGe/Ni/Au オーミック電極

(e) 配線接続 — Au めっき配線、ゲート、層間絶縁膜、ソース、ドレイン

図 9.4.5 MES 型 FET の製法

る領域に選択的にⅣ族であるSi^+イオンをイオン注入法で打ち込む。その後アニールを行うことにより、SiはⅢ族 Ga と置換してドナー不純物として働き、基板表面はn-GaAs となる（図(a)）。次に高融点金属である WSi（タングステンシリサイド）を堆積、エッチングしてゲート電極を形成する。これによりゲートにはショットキー電極が形成できる（図(b)）。次にソース、ドレインに高ドーズのSi^+イオン注入を行い、高濃度領域を形成することにより低抵抗化する。注入後、保護膜で被覆して熱処理を行い、注入種の活性化を行う（図(c)）。次に AuGeNi 合金をソース、ドレイン上に蒸着してオーミック電極を形成する（図(d)）。最後に SiO_2 層間絶縁膜を

堆積し、コンタクトホールを開口してAuめっきにより配線パターンを形成する（図(e)）。

なおMES型FETの導電層を、エピタキシャル成長により形成する方法もある。

9.5　半導体集積回路（IC：Integrated Circuit）の製法

半導体ICは、半導体単結晶基板上にトランジスタ、ダイオード、抵抗、容量などの素子を微細にして適当な配置で作りこみ、これらを互いに配線して回路を構成したものである。多数の素子を1枚の半導体基板上に作りこむため、相互の電気的干渉をなくすること、すなわち**素子分離**が重要な問題となる。素子分離法としては逆バイアスを加えた分離用接合を用いる方法と絶縁物を用いる方法がある。

図9.5.1は接合分離工程の一例を示したものである。p-Si基板上にn-Siのエピタキシャル層を成長させて、その上にSiO_2膜を成長して出発材料とする（同図(a)）。次にフォトエッチング技術でSiO_2膜の特定の部分を除き（同図(b)）、その部分にアクセプタ不純物を拡散させるといくつかのn型の島ができ、分離が完了する（同図(c)）。この分離用接合を逆バイアスの状態で使うことにより、電気的素子分離が実現できる。

絶縁物を利用する方法としては、素子間を酸化膜（SiO_2膜）などの絶縁膜で分離する方法や、素子間のSi基板を縦方向にエッチングして溝を形成して空気分離する方法、あるいはそのエッチングした溝に埋め込み、酸化膜を形成してそれを絶縁分離膜として使う**シャロートレンチ分離法**などがある。

IC技術の中心は成膜技術、フォトリソグラフィ技術および不純物拡散技術である。

成膜技術とは上述の素子分離、ゲート絶縁膜、ゲート電極、金属配線などの膜を形成する技術であり、材料としてはSiO_2膜、ポリシリコン、配線用金属膜（Cu、Al）などを使う。膜の形成法としては、熱酸化法（Siウェファを水蒸気や酸素の入った高温炉で加熱して表面に薄いSiO_2膜を形成する方法）、CVD法（プラズマCVD法、熱CVD法、光CVD法など）、スパッタ法などが主なものである。

（a）出発材料
SiO_2　0.5μ
n-Si エピタキシャル層　$10\sim20\mu$
p-Si　$\sim200\mu$

（b）SiO_2フォトエッチング

（c）拡散で分離完了

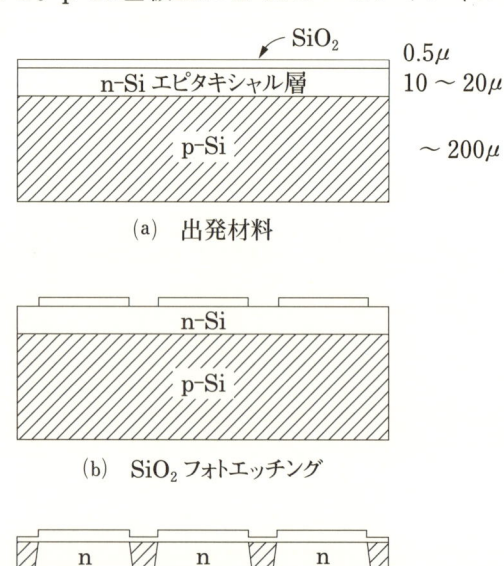

図9.5.1　接合素子分離工程

9.5 半導体集積回路（IC：Integrated Circuit）の製法

　フォトリソグラフィ技術は、Si ウェファや成膜上に微細パターンを形成するために加工する技術であり、フォトレジスト塗布、露光、現像、エッチングなど写真製版を応用した技術である。図 9.5.2 にフォトリソグラフィ工程の一例をあげる。まず Si ウェファに SiO_2 膜を塗布する（同図(a)）。ついでフォトレジストをその上に塗布し（同図(b)）、フォトマスクを介して紫外線を用いて露光を行い、パターンをウェファ上に転写して焼き付ける（同図(c)）。[12] 次に露光部分のレジストを薬液で溶かす（同図(d)）。このようにして形成されたレジストマスクにより、窓のあいた部分の SiO_2 膜をフッ酸でエッチング除去する（同図(e)）。最後にフォトレジストを除去して SiO_2 のパターンを残す（同図(f)）。

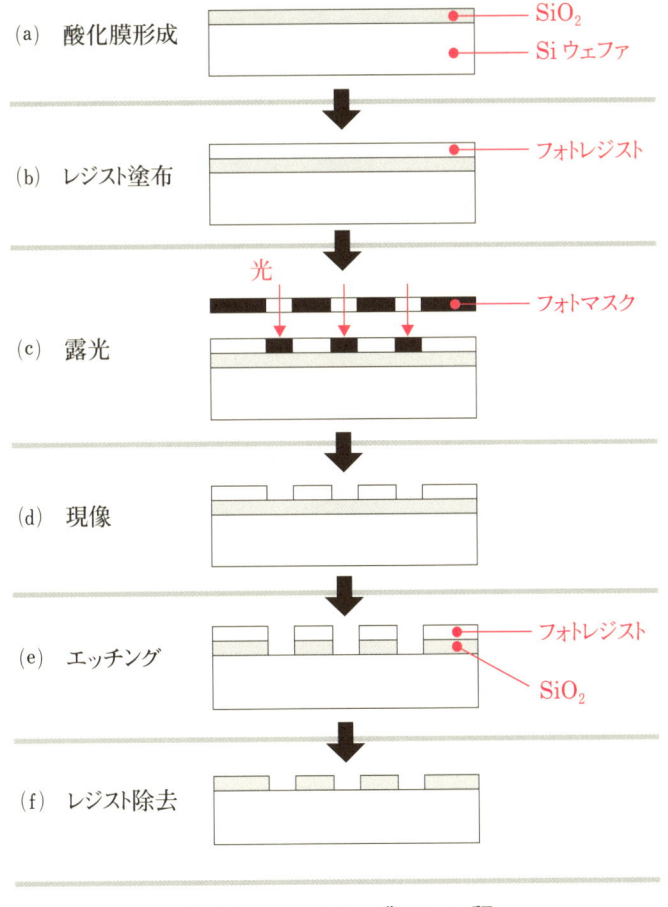

図 9.5.2　フォトリソグラフィ工程

[12] 最近ではウェファ全面への一括露光から、数チップずつ分けて繰り返し露光するステッパ方式がよく用いられる。ステッパはウェファ全面に、フォトマスク原画を縮小投影しながら1区画ずつ繰り返し露光して焼き付ける装置であり、レンズ系を中心とした露光装置の性能が、小エリアのほうが周辺部まで精密に露光できるので、精度が要求されるマスクパターンの描画や作製工程によく用いられる。その光源としても波長の短い遠紫外線である **KrF（波長 248nm）**や **ArF（波長 193nm）**が使われるようになっている。

不純物拡散技術は、**9.3**で述べた熱拡散法以外に、最近は**イオン注入法**が広く使用されている。これは不純物ガスを真空中でイオン化し、高電界で加速してウェファ表面に打ち込む方法である。なお注入によって半導体の結晶構造が乱されるので、結晶状態を正常に戻すために熱処理（アニーリング）を行わねばならない。

　付録4には、実際のIC作製の一例として**CMOSインバータ**の製法を述べてある。

第10章

光半導体材料

10.1　p-n 接合による発光メカニズム

　半導体を用いた発光素子としては発光ダイオード（LED：Light Emitting Diode）や半導体レーザがある。また受光素子としては太陽電池、フォトダイオードなどがある。この章では半導体を用いた発光・受光素子およびその製法について概略を勉強する。[13]

　8.2 で述べたように、p-n 接合に順方向バイアスを加えると再結合電流が増加し、例えば、p 型半導体中に少数キャリアとして注入された電子が、多数キャリアである正孔と再結合すると、その際のエネルギー差をフォトン（$E=h\nu$）として放出する。ここに h はプランクの定数、ν は放出される光の周波数である。同様に n 型半導体中に移動した正孔は、n 型の多数キャリアである電子と再結合して、フォトンを放出する。これが p-n 接合による発光のメカニズムである。

　半導体内での発光に寄与する電子遷移には、図 10.1.1 に示した4つの過程が主なものである。同図(a)の示した遷移は、伝導帯の底から価電子帯の頂上へ電子が遷移し、正孔と再結合するバンド間遷移であり、図(b)は伝導帯の底からアクセプター準位への遷移、図(c)はドナー準位から価電子帯への遷移、図(d)はドナー準位からアクセプター準位への遷移をそれぞれ示している。以下の説明では分かりやすくするために、同図(a)に示したバンド間遷移で考える。

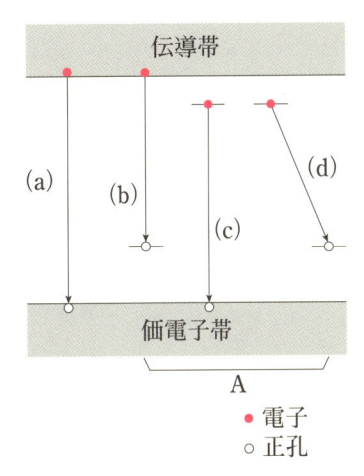

図 10.1.1　各種発光過程

---

[13] 光半導体のより深い内容に関しては、『これからスタート！ 光エレクトロニクス』（電気書院、2008）を参照。

10.2　直接遷移型半導体と間接遷移型半導体

すべての半導体のp-n接合が発光するかというと、必ずしもそうではない。「光る半導体」と「光らない半導体」とがあるが、ここではそれについて考えてみる。

半導体中の電子のエネルギーEと波数$k\left(=\dfrac{2\pi}{\lambda}\right)$との関係を示すバンド構造は、大きく分類すると、図10.2.1に示す2種類の構造に分けられる。同図(a)に示すように、伝導帯の底と価電子帯の頂上が同じ波数kのところにある半導体を**直接遷移型半導体**といい、同図(b)のように異なる波数のところにある半導体を**間接遷移型半導体**という。

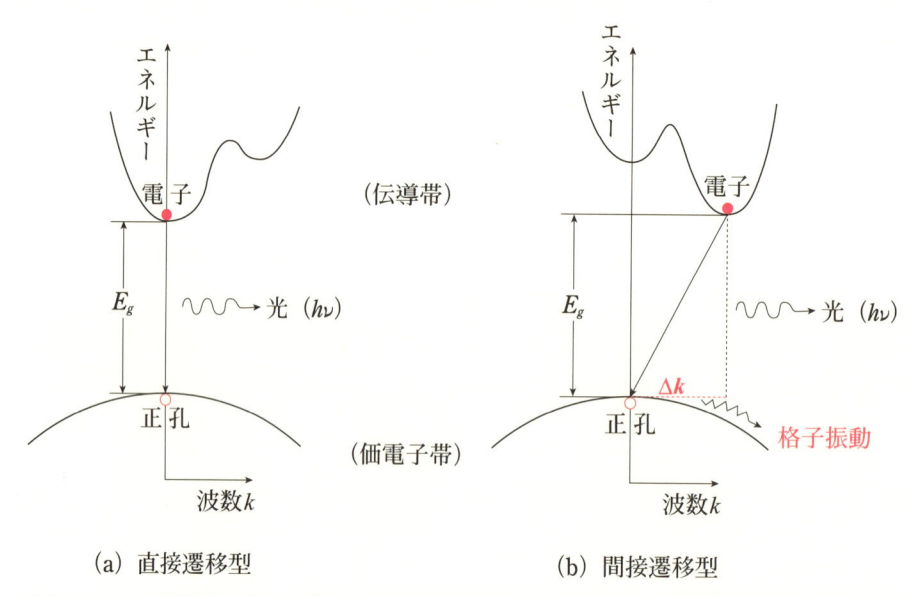

(a) 直接遷移型　　　　　(b) 間接遷移型

図10.2.1　直接遷移型半導体と間接遷移型半導体のエネルギーと波数の関係の概念図

伝導体にある電子と価電子帯の頂上にある正孔とは、再結合してそのエネルギー差、すなわちエネルギーギャップE_gに相当する波長λ_gの光を放出する。このときのλ_gとE_gの間には

$$\lambda_g [\mu m] = \frac{1.24}{E_g [\mathrm{eV}]} \tag{10.2.1}$$

の関係がある。ただし、この再結合を行うためにはエネルギー保存則だけでなく運動量の保存則も成り立つ必要がある。

光を量子化したフォトン（光子）は$E=h\nu$のエネルギーと$p=\hbar k=\dfrac{h}{\lambda}$の運動量を有している。フォトンではエネルギーに比べてその運動量は非常に小さく無視できる。一方、結晶の中での

量子化された格子振動であるフォノン（音子）は、運動量は有しているがエネルギーはゼロとみなしても問題ない。

したがって $E-k$ 曲線上では、フォトンの吸収・放出の際には波数 k は同じでエネルギー E のみが変わり、一方、フォノンの吸収・放出の際にはエネルギー E は同じで波数 k のみが変わる。

直接遷移型半導体においては、伝導帯の底と価電子帯の頂上が同じ波数 k のところにあるため、簡単に再結合が行われ、(10.2.1) 式に相当する光を容易に放出することができる。一方間接遷移型半導体では、伝導帯の底にある電子は $\varDelta k$ に相当する**フォノン**の**吸収**または**放出**を

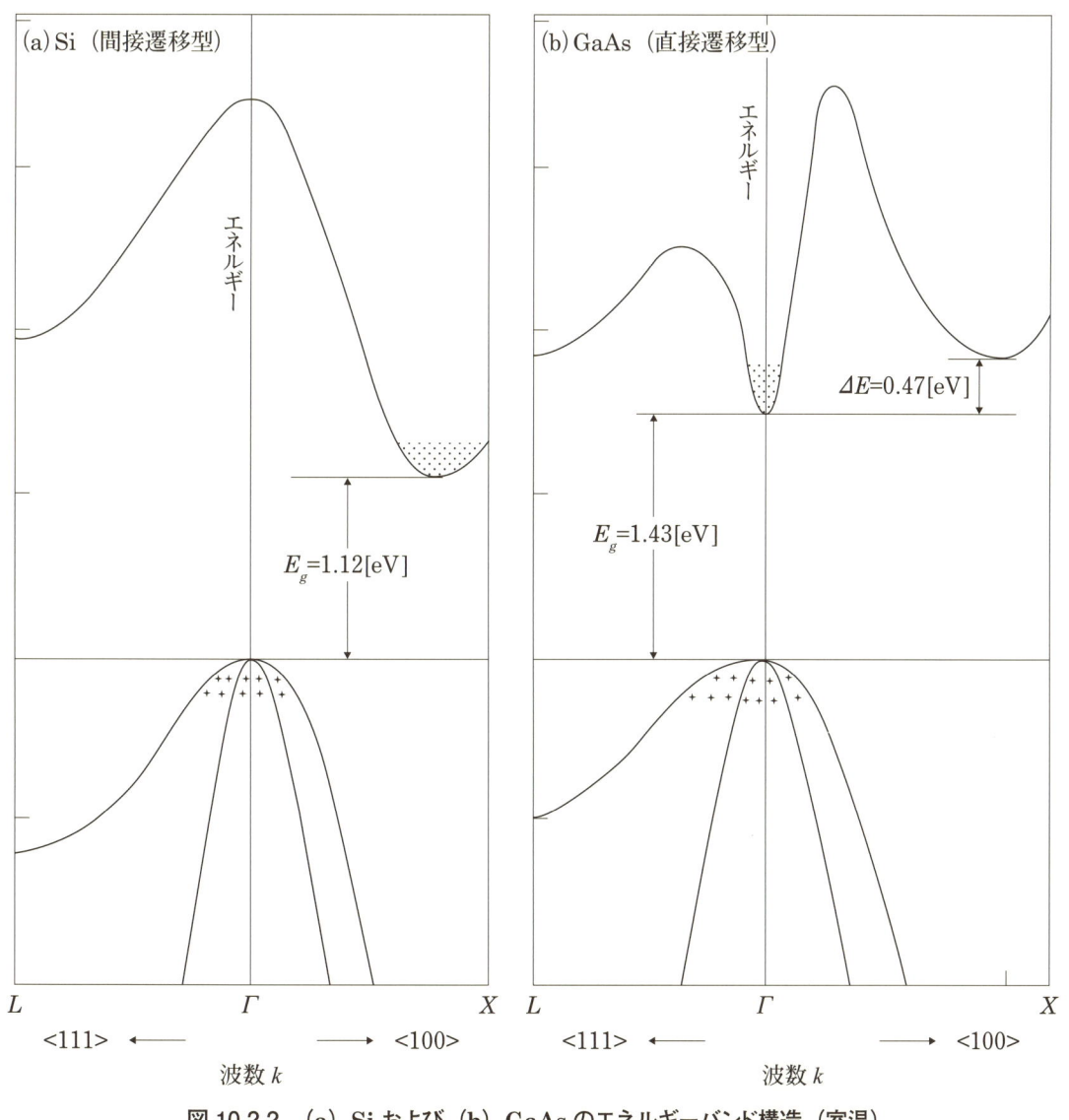

図 10.2.2 (a) Si および (b) GaAs のエネルギーバンド構造（室温）

伴って、波数kを変えて価電子帯に移らなければならず、エネルギーと運動量の両方を保存して遷移する確率は低いため、光放出に必要な遷移は非常に少なく、ほとんど発光しない。そのため、直接遷移型半導体は「光る半導体」と呼ばれ、**間接遷移型半導体は「光らない半導体」**と呼ばれている。LEDの製造にはほとんどの場合、直接遷移型半導体が用いられ、半導体レーザに関しては直接遷移型半導体以外は使用できない。

図10.2.2には間接遷移型半導体の代表例としてのSiと、直接遷移型半導体の代表例としてのGaAsのバンド構造をそれぞれ示す。Siにおいては伝導帯の底はX方向にあり、一方、価電子帯の頂上はΓ点にあるので、電子と正孔が再結合するにはフォノンの吸収または放出を伴わねばならず、ほとんど発光しない。それに対してGaAsは、Γ点での伝導帯の底のエネルギーがX点でのそれに比べて0.47[eV]も低いため、注入された電子はほとんど全てΓ点での伝導帯の底に入り、Γ点での価電子帯の頂上の正孔と効率よく再結合し発光する。

10.3 発光ダイオード用半導体材料

半導体を用いたLEDの発光波長は、(10.2.1)式から分かるように、そのエネルギーギャップE_gに依存する。式から分かるように、禁制帯幅、つまりエネルギーの差が大きいほど波長λは短くなっていく傾向にある。これは光の色が短波長に向かっていくということである。

所望の発光波長のLEDを作製するには、3元または4元化合物半導体がよく用いられる。これは2元化合物では材料が決まると、そのエネルギーギャップも決まってしまうが、3元以上にすると、元素の成分比を変えることにより、そのエネルギーギャップが変化し、したがって発光波長を変えることができるためである。具体例としてGaAsとAlAsの混晶半導体である$Ga_{1-x}Al_xAs$を考えてみる。図10.3.1に$Ga_{1-x}Al_xAs$のエネルギーギャップの成分比x依存性を示す。図よりΓ点でのエネルギーギャップE_g^{Γ}は、x = 0の1.43[eV]からx = 1の3.02[eV]まで単調に増加している。一方、X点での伝導帯の底とΓ点での価電子帯の頂上とのエネルギー差E_g^Xも、x = 0の1.90[eV]からx = 1の2.17[eV]まで単調に増加しているが、2つの伝導帯の底のエネルギー差ΔEはx = 0.45で0になる。すなわちx > 0.45ではX点での伝導帯の底のほうが低エネルギーになり、間接遷移型になってしまう。x = 0.45でのエネルギーギャップは1.99[eV]である。すなわち$Ga_{1-x}Al_xAs$を発光材料として用いた場合、その発光波長は624[nm](E_g = 1.99[eV]に対応)の赤色から870[nm](E_g = 1.43[eV]に対応)の赤外光までのLEDを作製することが原理上可能である。

表10.3.1に、所望の光の色を実現するために用いられる混晶半導体材料を示す。同表にはそれら半導体材料の直接遷移型エネルギーギャップ、およびそれをLEDとして用いた場合の室温での発光波長を示す。これらの表より、例えば620[nm]の赤色LEDを作ろうとすれば

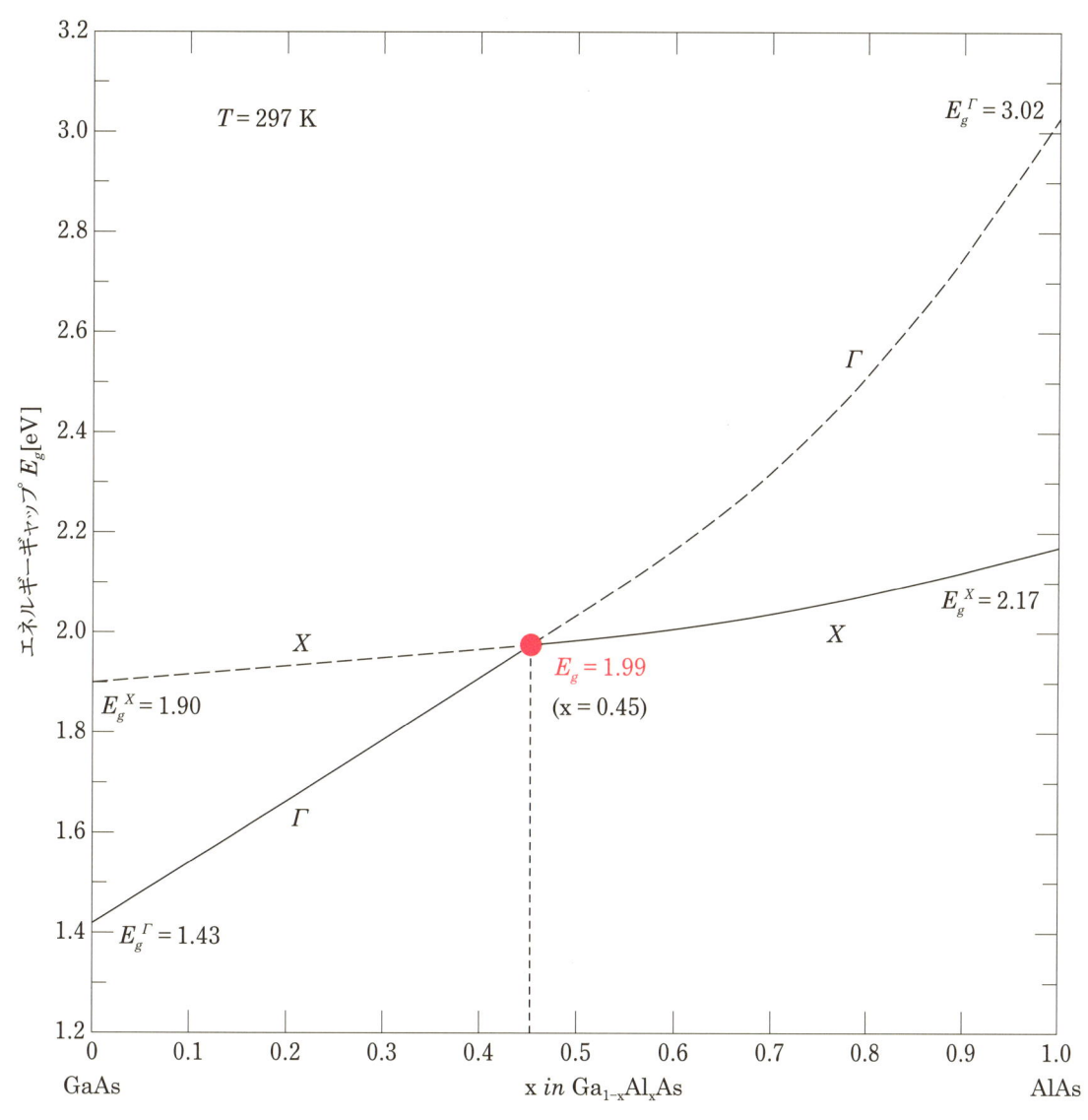

10.3 発光ダイオード用半導体材料

図 10.3.1 Ga$_{1-x}$Al$_x$As エネルギーギャップの成分比 x 依存性

表 10.3.1 主要な半導体素子のエネルギーバンドギャップ（室温）

半導体材料	エネルギーギャップ [eV]	発光波長 [nm]
Al$_x$Ga$_{1-x}$N	6.2 〜 3.39	200 〜 366
In$_x$Ga$_{1-x}$N	3.39 〜 1.89	366 〜 656
Al$_x$In$_{1-x}$P	2.33 〜 1.35	532 〜 919
Ga$_x$In$_{1-x}$P	2.24 〜 1.35	554 〜 919
Al$_x$Ga$_{1-x}$As	1.99 〜 1.43	624 〜 870
In$_x$Ga$_{1-x}$As$_{1-y}$P$_y$	2.24 〜 0.36	554 〜 3440

$E_g = \dfrac{1.24}{\lambda_g} = \dfrac{1.24}{0.62} = 2[\text{eV}]$ のエネルギーギャップを有する $In_xGa_{1-x}N$、$Ga_xIn_{1-x}P$、$Al_xIn_{1-x}P$、$In_xGa_{1-x}As_{1-y}P_y$ などを材料として LED を作製すればよいことが分かる。

10.4 発光ダイオードの構造と製法

現在最も実用化されている発光ダイオードの構造は、ダブルヘテロ接合である。ダブルヘテロ接合 LED の構造を図 10.4.1 に、またそのエネルギー準位図を図 10.4.2 に示す。ダブルヘテロ接合というのは「活性層」と呼ばれるバンドギャップの小さい光放射の核となる部分を、「クラッド層」というバンドギャップの大きい p 型および n 型半導体ではさんだ形となっている。活性層は p 型、n 型のどちらでもよい。図 10.4.1 では p 型で描いてある。熱平衡状態では、図 10.4.2(a)に示すように、活性層に対して n 型クラッド層の電子には電子障壁があるが、順方向に拡散電位 V_d までバイアスすることにより、同図(b)に示すように電子障壁はなくなり、活性層へ移動する。ところが活性層とクラッド層とのバンドギャップが異なるため、活性層と p 型クラッド層との間には、図(b)のように電子に対する電位障壁が残ったままであり、電子は p 型クラッド層の方へは拡散できず、結局活性層の中に滞留することになる。p 型クラッド層か

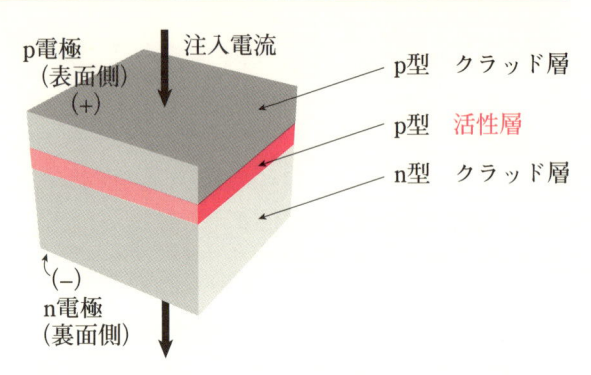

図 10.4.1 ダブルヘテロ接合 LED の構造

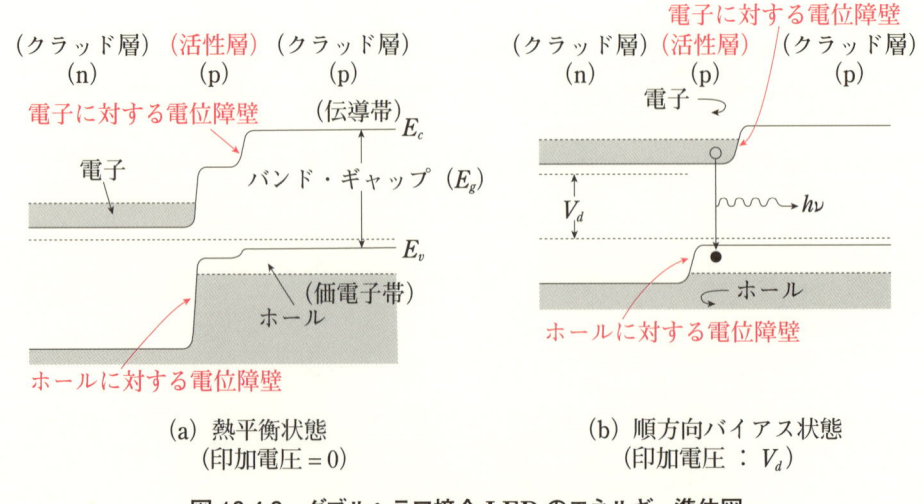

(a) 熱平衡状態
(印加電圧 = 0)

(b) 順方向バイアス状態
(印加電圧：V_d)

図 10.4.2 ダブルヘテロ接合 LED のエネルギー準位図

ら活性層に注入される正孔に対しても同様である。したがって**活性層中に電子と正孔が閉じ込められその密度は非常に高くなり、再結合確率が高くなる**。この効果をキャリアの閉じ込め効果という。さらに再結合により発光したフォトンエネルギーは、クラッド層のバンドギャップエネルギーより小さいため、吸収されることなく外部に光を取り出すことができる。これらの結果として、ダブルヘテロ接合 LED の発光効率は非常に高くなる。

図 10.4.3 にはダブルヘテロ構造を用いた(a)赤外光 LED、(b)赤色 LED、(c)緑色および青色 LED の構造例を示す。これらの構造を作製するには、図のように基板となる半導体の上にダブルヘテロ層をエピタキシャル結晶成長させるのであるが、成長層の結晶性をよくするためには、成長膜との格子定数ができるだけ一致するような基板材料を選ぶ必要がある。[14] 赤外光 LED では基板に GaAs を、活性層に $Ga_{0.88}Al_{0.12}As$ を用いており、クラッド層にはそれよりエネルギーギャップの大きい $Ga_{0.6}Al_{0.4}As$ を用いている。赤色 LED では基板に GaAs を、活性層に $(Al_{0.15}Ga_{0.85})_{0.51}In_{0.49}P$ を、クラッド層には $(Al_{0.7}Ga_{0.3})_{0.51}In_{0.49}P$ を用いている。また緑色および青色 LED では基板にサファイア (Al_2O_3) を、活性層に $In_xGa_{1-x}N$ を、クラッド層には $Al_{0.2}Ga_{0.8}N$ を用いている。

(a) 赤外光 GaAlAs LED

(b) 赤色 AlGaInP LED

(c) 緑色および青色 LED

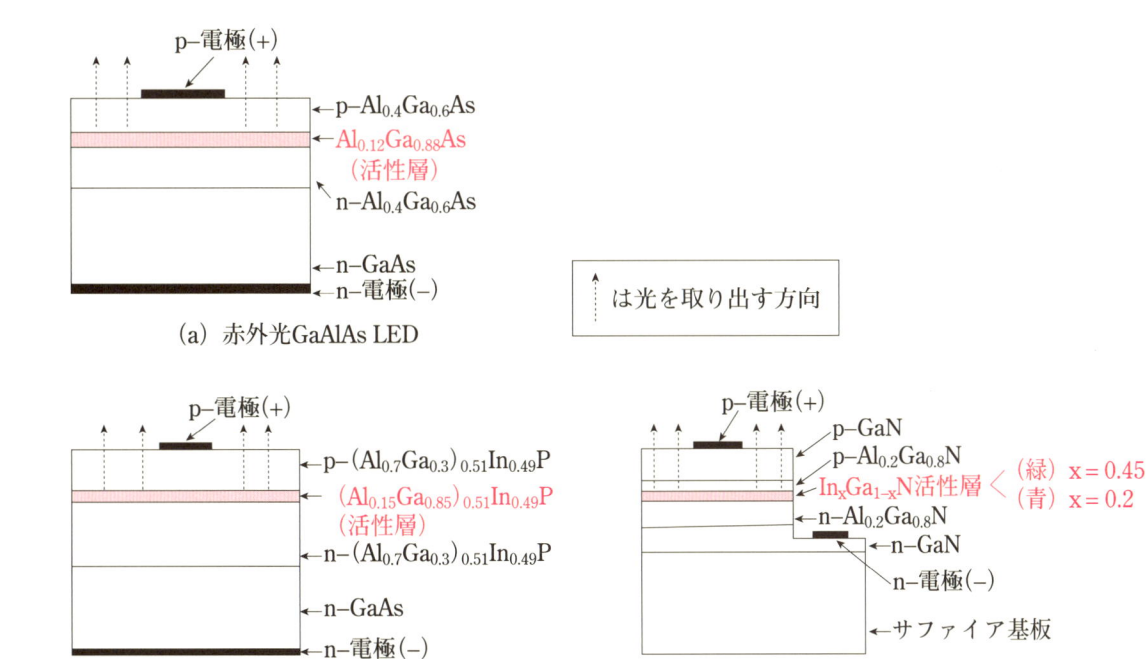

図 10.4.3 (a) 赤外光 (b) 赤色 (c) 緑色および青色 LED の構造図

---

[14] 各種半導体材料の格子定数とエネルギーギャップとの関係を**付録 6** に示す。この図の関係を用いて**図 10.4.3** の構造が作製されている。

第10章 光半導体材料

発光ダイオードの製造には9.2で述べた、LPE法、MO-CVD法、MBE法が用いられている。LPE法での4層成長に関しては9.2で述べたが、量産を考慮して現在ではほとんどMO-CVD法が使用されている。ここでは図10.4.3(a)に示した赤外光GaAlAs LEDをMO-CVD法で作製するプロセスを述べる。

図10.4.4は必要な材料をすべてセットしたMO-CVD装置の概略図である。Ga、Alの原材料としてはTMGa(Ga(CH$_3$)$_3$)、TMAl(Al(CH$_3$)$_3$)を、また、p型ドーパントとしてのZnの原材料としても有機金属化合物であるDMZn(Di-Methyl Zinc：(CH$_3$)$_2$Zn)を用いる。これらは9.2で述べたようにバブラ内に入れ、その中へ水素を送り込み、混合ガスとして供給する。Asの原材料としてはAsH$_3$を用い、n型ドーパントとしてのSeの原材料としてH$_2$Se（水素化セレン）のガスを用いる。LED作製プロセスとしては図10.4.5(a)に示すように、反応室中にセットされたn$^+$-GaAs基板上にn-Al$_{0.4}$Ga$_{0.6}$Asクラッド層、ドープなしのAl$_{0.12}$Ga$_{0.88}$As活性層、p-Al$_{0.4}$Ga$_{0.6}$Asクラッド層、p$^+$-GaAs層を順次エピタキシャル成長させる。最後のp$^+$-GaAs層は、電極金属との間のコンタクトをオーミック性にするためのもので、**電極層**と呼ばれる。次に同図(b)に示すように、p$^+$-GaAs表面にCr/Pt/Auを、全体の厚さを150[μm]にした後、n$^+$-GaAs表面にAuGe/Ni/Auをオーミック電極として形成する。光を上側から効率よく取り出すために、p$^+$-GaAs表面のCr/Pt/Au電極は、フォトエッチング技術を用いて適当な大きさの円形に縮小する。このようにしてできたLED用エピタキシャルウェファは、スクライブして個々のチップ（約0.3mm角）に切り出し、LED用ベースに組み立てる。同図(c)にベー

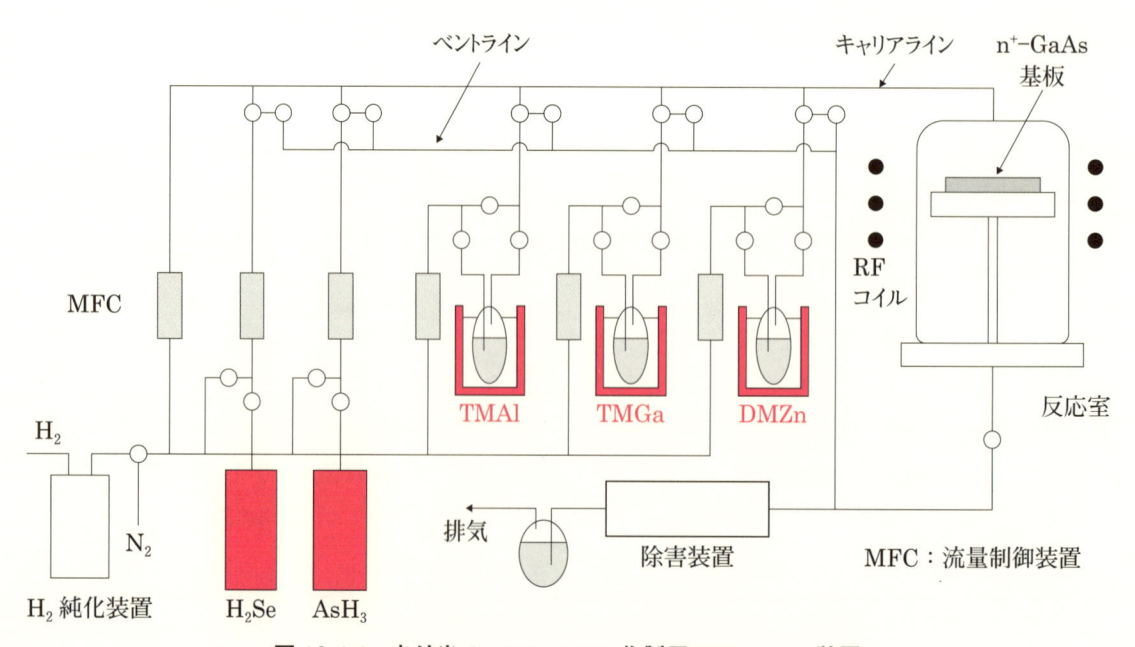

図10.4.4　赤外光GaAlAs LED作製用MO-CVD装置

(a) エピタキシャル成長
- p$^+$-GaAs 電極層
- p-Al$_{0.4}$Ga$_{0.6}$As クラッド層
- Al$_{0.12}$Ga$_{0.88}$As 活性層
- n-Al$_{0.4}$Ga$_{0.6}$As クラッド層
- n$^+$-GaAs 基板

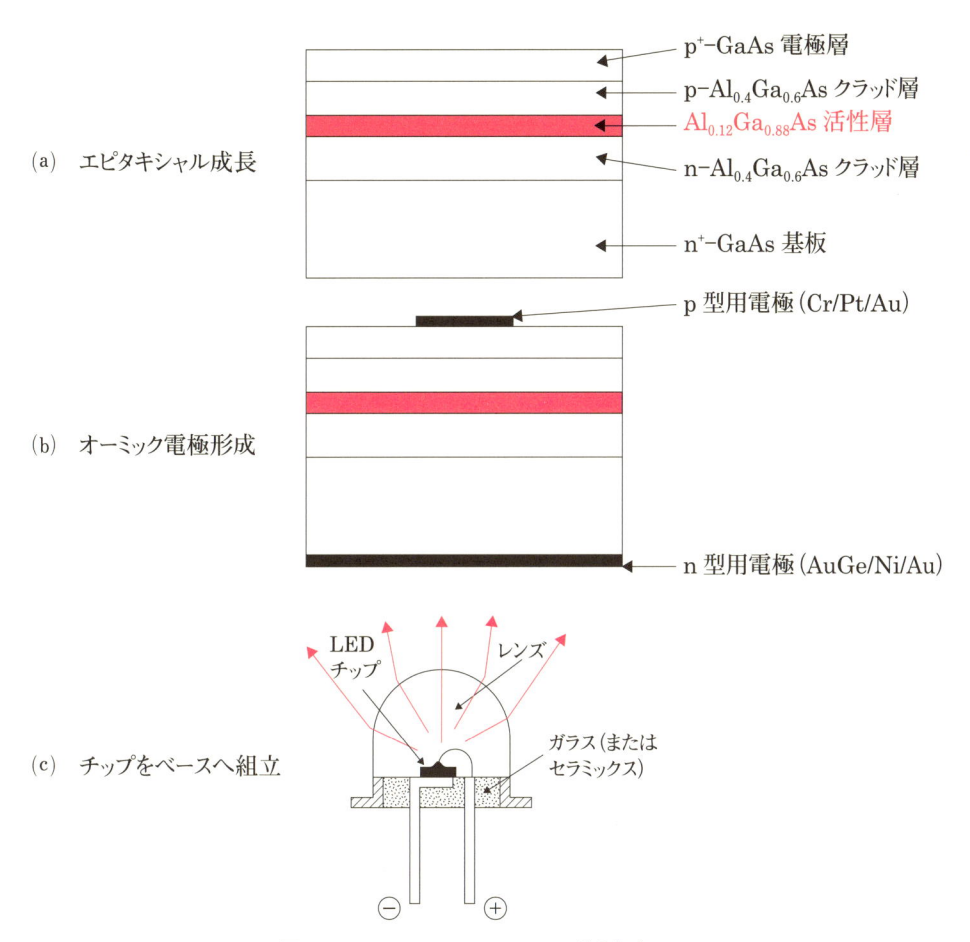

(b) オーミック電極形成
- p 型用電極 (Cr/Pt/Au)
- n 型用電極 (AuGe/Ni/Au)

(c) チップをベースへ組立
- LED チップ
- レンズ
- ガラス（またはセラミックス）

図 10.4.5　GaAlAs LED の作製プロセス

スに組み立てられた LED の断面図を示す。ベースに組み立てられたチップの上側は、エポキシ系樹脂でできたレンズで覆う。レンズを球状にするのは、樹脂と空気との界面での全反射を減らして、外部取り出し効率を大きくするためである。

10.5　半導体レーザの発振条件

10.5.1　レーザの概念

光は電磁波の一種であるので、電界成分 E[V/m] と磁界成分 H[A/m] を持ったベクトル量であり、E と H の関係はマクスウェル（Maxwell）の方程式に従う横波である。光には太陽光のように自然発生するものと、人類が発明したレーザ光があるが、ここではレーザ光について詳しく考えてみよう。

レーザ、LASER とは Light Amplification by Stimulated Emission of Radiation の頭文字

をとったもので、**誘導放出を用いてこれを増幅して光として取り出したもの**である。レーザと LED の違いをイラストで示したのが図 10.5.1 である。同図(a)に示すように、囲いの中に入っている羊（フォトンに対応）が出てくるときに、勝手気ままな方向に好きな速さで飛び出して、雑然とした光になるのが**普通の光**で、LED の光はこれに対応する。一方、同図(b)のように羊が整列して一方向に一定の速さと間隔を保って（波長と位相が揃っていることに対応）出てくるとき、この光が**レーザ光**となる。

レーザ光の特徴としては、(1)光の干渉性が高い（波長と位相が揃っている）、(2)指向性がよい（伝搬方向スペクトルの広がり幅が狭い）、(3)高エネルギー密度の光である、(4)単色性が強い（発光スペクトル幅が狭い）などであり、その応用としては、(1)光ディスク、レーザプリンタなどの光情報処理、(2)光ファイバ通信、衛星通信などの光通信、(3)レーザ医療、切断・溶接などの高エネルギー応用、(4)レーザレーダ、レーザ測距などの光計測と幅広く用いられている。

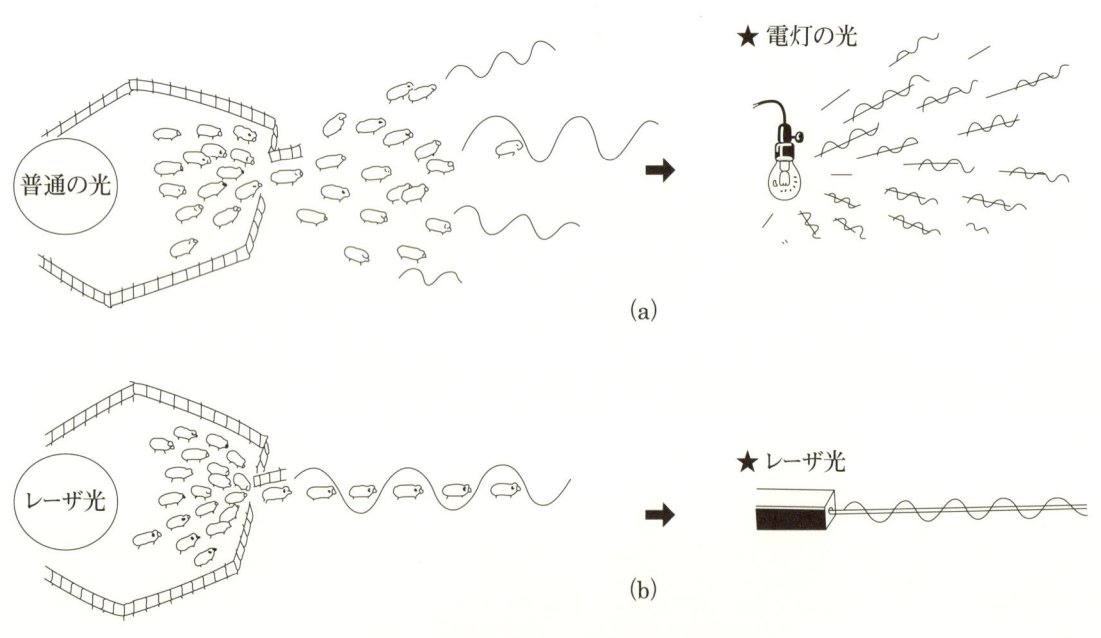

図 10.5.1　普通の光とレーザ光はどう違うのか
(a) 普通の光　(b) レーザ光

10.5.2　光の放出と吸収

電子のエネルギーレベル間の遷移による光の発光と吸収の過程には、自然放出、誘導放出、誘導吸収の 3 つがある。半導体においてまとめると以下のようになる。

(1) 伝導体にある電子が価電子帯に落ちて発光する過程には 2 種類ある。1 つは図 10.5.2(a)に示す自然放出と呼ばれるもので、伝導体中の電子が各々の相互作用なしに勝手に価電子帯の正孔と再結合して光を放出し、その位相は全く揃っていない光である。

10.5 半導体レーザの発振条件

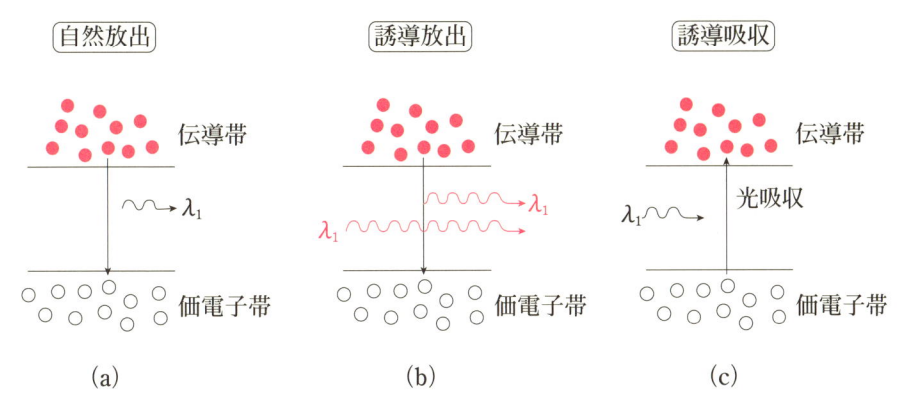

図 10.5.2 半導体の自然放出、誘導放出、誘導吸収

(2) もう1つの発光過程は誘導放出と呼ばれるもので、図 10.5.2 (b)に示すように、伝導体と価電子帯とのエネルギー差に相当する光 λ_1 が半導体中を通過すると、同じエネルギー（波長）と同じ位相を持った光が放出される。これを**誘導放出**という。この場合は**入った光が増幅されるのと等価**である。

(3) 半導体中を波長 λ_1 の光が透過するとき、価電子帯の電子が伝導体へ励起される。これを(誘導)吸収という。図 10.5.2 (c)に示すように、吸収は誘導放出の逆過程であり、誘導放出の確率と吸収の確率は同じである。熱平衡状態においては価電子帯上端の電子の数のほうが伝導帯の電子の数より多いので、吸収のほうが誘導放出より大きくなり、光の増幅はおこらない。

10.5.3　半導体レーザ発振条件

半導体レーザが**発振するには以下の3つの条件**が満たされる必要がある。

10.5.3 (1)　キャリア反転分布

直接遷移型半導体において、光励起などにより価電子帯の電子を伝導帯に励起したときの伝導帯の電子分布、および価電子帯中の正孔分布は、図 10.5.3 に示したように裾を引いた形となる。図で放物線 $D_c(E)$ および $D_v(E)$ は、伝導帯および価電子帯のエネルギー状態密度である。全体では熱平衡状態からずれているが、伝導帯中の電子および価電子帯中の正孔はお互いに熱平衡状態を維持している。いま伝導帯およ

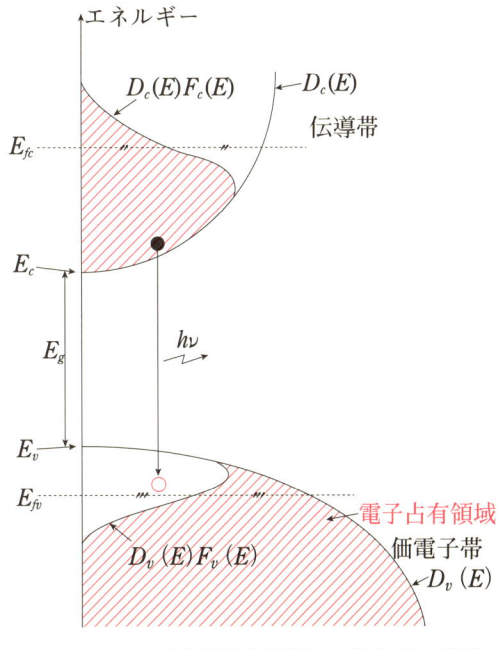

図 10.5.3　直接遷移型半導体の発光バンド構造

び価電子帯中のエネルギー E を持つ準位が占められる確率（占有確率）を、それぞれ $F_c(E)$、$F_v(E)$ とすると

$$F_c(E) = \left[1 + \exp\left(\frac{E - E_{fc}}{kT}\right)\right]^{-1}$$

$$F_v(E) = \left[1 + \exp\left(\frac{E - E_{fv}}{kT}\right)\right]^{-1} \tag{10.5.1}$$

で与えられる。ここで E_{fc}、E_{fv} は、それぞれ伝導帯および価電子帯中の擬フェルミレベルと呼ばれる。また、k はボルツマン定数、T は絶対温度である。電子密度分布は、伝導帯中では $D_c(E)F_c(E)$ で、価電子帯中では $D_v(E)F_v(E)$ で与えられる。ここに $D_c(E)$、$D_v(E)$ はそれぞれ（6.1.1）式、（6.1.2）式で与えられる伝導帯および価電子帯の状態密度である。

伝導帯の底近くの E のエネルギーを持った電子が、$h\nu$ のエネルギーの光を放射して価電子帯の $(E-h\nu)$ のエネルギー準位へ移る光放射率 W_e は、伝導帯での E のエネルギーを持った電子の密度 $D_c(E)F_c(E)$ と、価電子帯での $(E-h\nu)$ のエネルギーを持った正孔の密度 $N_v(E-h\nu)[1-F_v(E-h\nu)]$ の積に比例する。したがって、全光放射率 W_e は

$$W_e \sim \int D_c(E) F_c(E) D_v(E-h\nu)[1 - F_v(E-h\nu)] dE \tag{10.5.2}$$

一方、価電子帯の $(E-h\nu)$ のエネルギーを有する電子が、$h\nu$ のエネルギーを有する光を吸収して伝導帯の E のエネルギー準位へ移る光吸収率 W_a は、価電子帯での $(E-h\nu)$ のエネルギーを持った電子の密度 $D_v(E-h\nu)f_v(E-h\nu)$ と、伝導帯での E のエネルギーにおける電子未占有密度 $D_c(E)[1-F_c(E)]$ との積に比例する。したがって、全光吸収率 W_a は

$$W_a \sim \int D_v(E-h\nu) F_v(E-h\nu) D_c(E)[1 - F_c(E)] dE \tag{10.5.3}$$

光が増幅されるためには

$$W_e > W_a \tag{10.5.4}$$

が成り立つ必要がある。

式（10.5.2）、（10.5.3）の比例定数は等しく、（10.5.2）～（10.5.3）式を（10.5.4）式に代入して被積分項だけを考えると

$$D_c(E) F_c(E) D_v(E-h\nu)[1 - F_v(E-h\nu)] > D_v(E-h\nu) F_v(E-h\nu) D_c(E)[1 - F_c(E)] \tag{10.5.5}$$

となり、これを整理すると

$$F_c(E) > F_v(E-h\nu) \tag{10.5.6}$$

（10.5.6）式に（10.5.1）式を代入すると

$$\left[1+\exp\left(\frac{E-E_{fc}}{kT}\right)\right]^{-1} > \left[1+\exp\left(\frac{E-h\nu-E_{fv}}{kT}\right)\right]^{-1} \tag{10.5.7}$$

となり、(10.5.7) 式を整理すると

$$E_{fc} - E_{fv} > h\nu \tag{10.5.8}$$

が得られる。

　この関係より、誘導放出が吸収に打ち勝つ条件は、**擬フェルミエネルギー間隔が発光エネルギーより大きくなる必要がある**ことが分かる。すなわちレーザ発振をおこすには、電流注入により、できるだけ擬フェルミレベル間隔を広げることが必要となる。(10.5.8) 式を「キャリア反転分布」の条件という。

　反転分布を容易に実現する方法として、10.4で述べた高効率 LED の場合と同じく、**ダブルヘテロ接合**が用いられる。

10.5.3 (2)　光の閉じ込めと導波

　ダブルヘテロ構造においては、キャリアのみならず光も活性層に閉じ込められて、図 10.5.4 に示すようにキャビティ (光共振器) 方向に導波される。導波の原理としては図 10.5.5 に示すように、**活性層の屈折率 n_2 がその両側のクラッド層の屈折率 n_1 よりも高く**、その屈折率差によって光が閉じ込められて、キャビティ方向に界面での全反射を繰り返しながら導波されていく。導波される光モードとしては図 10.5.5 に示すような基本モードと1次モード、2次モードのような高次モードがあるが、基本モードだけを導波するには、活性領域の厚さを薄くし、かつ屈折率差を小さくすればよい。基本モードのみを導波する条件は

$$d \leq \frac{\lambda}{2\sqrt{n_2^2 - n_1^2}} \tag{10.5.9}$$

で与えられる。ここに d は活性領域の厚さ、n_2 は活性領域の屈折率、n_1 はクラッド層の屈折率、λ は発振波長である。

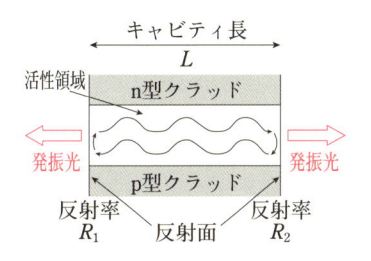

図 10.5.4　キャビティ内での光導波

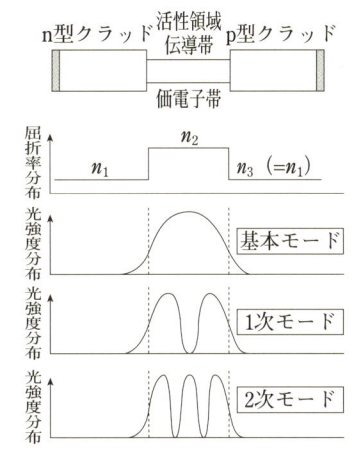

図 10.5.5　ダブルヘテロ構造の屈折率分布と光分布

10.5.3 (3)　光共振器

　キャリア反転分布により誘導放出を起こした後、レーザ発振まで持っていくには、一対の平

行平板を反射面として、その中を往復させて光の増幅を行う必要がある。すなわち**光共振器**が必要になる。このような平行平板反射面を持ったレーザを**ファブリペロ型レーザ**と呼ぶ。共振状態では**図10.5.6(a)**に示すように共振器（キャビティ）内では光の定在波が立っているが、このとき1往復した後に元の光強度に戻るための条件を次に考える。まず光は活性領域に完全に閉じ込められているとして考える。

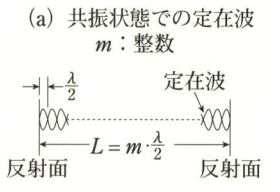

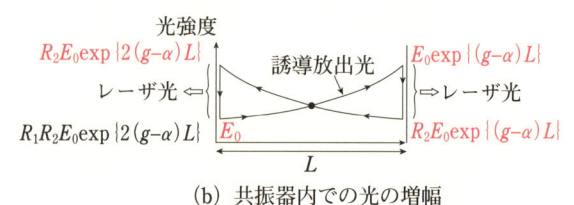

図10.5.6　共振器内での定在波と光増幅

いま、左のキャビティ端面にある光波 E_0 が右方向に移動するとする。この光は進行するに従って増幅されるが、その増幅率（利得という）を単位長さ当り $g\,[\mathrm{cm}^{-1}]$ とする。一方、光は移動に従って光吸収や光散乱などの内部損失を受ける。その内部損失を単位長さ当り $\alpha\,[\mathrm{cm}^{-1}]$ とする。その結果、右端の端面に光が到着したとき、その光は $E_0[\exp(g-\alpha)L]$ の大きさになっている。ここに L はキャビティ長である。右端のキャビティ面での光の反射率を R_2 とすれば、$R_2 E_0[\exp(g-\alpha)L]$ の光が反射されてキャビティ内に戻っていき、再び増幅作用を受け、左のキャビティ面に到着したときには、$R_2 E_0[\exp(g-\alpha)L]\times[\exp(g-\alpha)L]=R_2 E_0[\exp 2(g-\alpha)L]$ の大きさになっている。この光が左端のキャビティ面の反射率 R_1 で反射して再度右へ移動するとき、その光の大きさは $R_1 R_2 E_0[\exp 2(g-\alpha)L]$ となっているが、光が増幅されるためには、この大きさが最初の光の強さ E_0 より大きくなければならない。すなわち

$$R_1 R_2 E_0 [\exp 2(g-\alpha)L] \geq E_0 \tag{10.5.10}$$

が成立する必要がある。したがって、増幅がおこる臨界条件は

$$R_1 R_2 \exp\{2(g_{th}-\alpha)L\}=1 \tag{10.5.11}$$

ここに g_{th} は、**発振しきい値における単位長さ当りの利得**（**しきい値利得**）である。内部損失 α としては前述のように、活性層とクラッド層との界面における光散乱損失や、活性層とクラッド層における自由キャリアによる吸収が主なものである。

しきい値利得 g_{th} は、（10.5.11）式より

$$g_{th}=\frac{1}{2L}\ln\left(\frac{1}{R_1 R_2}\right)+\alpha \tag{10.5.12}$$

となり、両反射面の反射率が大きいほど、また内部損失が小さいほど g_{th} も小さくなり、発振に必要な電流も小さくなる。

一般には、光は活性領域に完全に閉じ込められることはなく、クラッド層に漏れ出している。活性領域での光の閉じ込め係数を $\varGamma$ とすると、しきい値利得 g_{th} は

$$g_{th} = \frac{1}{\Gamma}\left\{\frac{1}{2L}\ln\left(\frac{1}{R_1 R_2}\right) + \alpha\right\} \tag{10.5.13}$$

となる。

活性領域材料の利得 g は、光のエネルギーによって変わるが、その中での最大の利得を g_{max} とすると、電流密度との間には

$$g_{max} = \beta(J_{nom} - J_0)^n \tag{10.5.14}$$

の関係がある。ここで J_{nom} は規格化した電流密度であり

$$J_{nom} = \frac{\eta}{d} J \quad [\text{A/cm}^2] \tag{10.5.15}$$

で与えられ、J は電流密度（単位は $[\text{A/cm}^2]$）、d は活性領域の厚さ（単位は $[\mu\text{m}]$）、η は量子効率である。

(10.5.14) 式で、J_0 は利得がちょうど 0 になるときの電流密度であり、β は**利得定数**と呼ばれる。n の値は、利得がある程度以上の大きさでは 1 となる。したがって、注入電流密度と利得とは比例する。(10.5.14) 式より、注入電流密度を高くするほど利得は大きくなり、発振する光の強さも増していくことが分かる。

10.6 半導体レーザの構造

10.6.1 ストライプ型レーザ

活性層の一部にだけ電流が注入されるように、ストライプ型レーザというものが考案された。ストライプ型レーザの特徴は、(1)動作電流を少なくできる、(2)発振モードを単一スポット状にできるということであり、最近のレーザはほとんどストライプ型を採用している。

活性層に光を閉じ込めて単一モード発振が実現できるのは、活性層に沿っての複素屈折率の変化が大きく影響している。活性層内の複素屈折率 $\bar{N}$ は

$$\bar{N} = \bar{n} - i\frac{\lambda_0}{4\pi}\alpha \tag{10.6.1}$$

で与えられる。ここで $\bar{n}$ は実屈折率、α は吸収係数、λ_0 は自由空間での光の波長である。**利得導波ストライプ型レーザ**は α の活性層に沿っての変化を、**実屈折率導波ストライプ型レーザ**は $\bar{n}$ の活性層に沿っての変化を利用して光を閉じ込めている。

現在、最も実用化されているストライプ構造レーザの例を図 10.6.1 にあげる。同図(a)は利得導波ストライプ型レーザの一種で、電流制限層である n-GaAs が横方向に広がった活性層での発振光の裾部分を吸収し、ストライプ直下でのみ発振光が導波される。すなわち、ストライプの窓領域以外の横方向の光の吸収係数は非常に大きく、活性層の光はこの吸収と屈折率の

第10章 光半導体材料

（a）ロスガイド型レーザ　　　　（b）実屈折率導波型レーザ

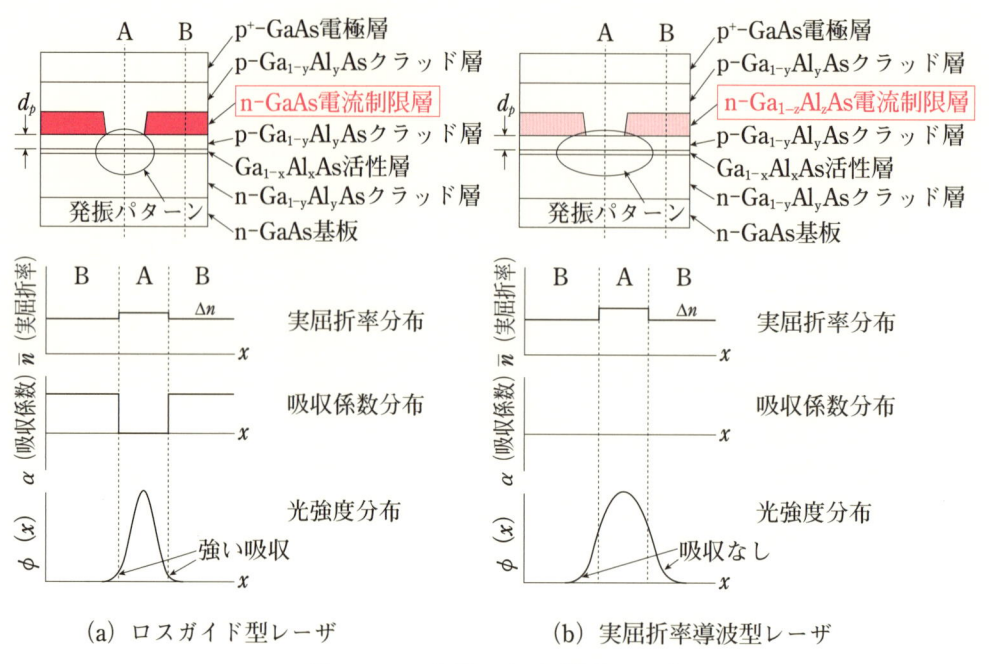

図 10.6.1　内部ストライプ構造レーザ

わずかの差を利用してキャビティ方向に導波される。この場合、発振スポットの水平幅はストライプ幅で決定される。このような構造のレーザを<u>ロスガイド型レーザ</u>と呼ぶ。ロスガイド型レーザでは光の吸収を利用して単一モード化しているので、動作電流が大きくなってしまう。

　同図(b)に示すストライプ構造レーザは、<u>実屈折率導波型レーザ</u>である。すなわち、電流制限層として発振波長に相当するエネルギーより大きなバンドギャップを有し、かつ屈折率が小さい n-$Ga_{1-z}Al_zAs$ を用いるため、活性層の水平方向での吸収がなく、発振光は実屈折率の差で導波される。光の吸収がないため発振光は水平方向に広がるが、動作電流をロスガイド型レーザの約半分にすることができる。

10.6.2　量子井戸型レーザ

　ストライプ型レーザにおいて、最近ではさらに動作電流を下げ、レーザの温度特性を改善するために**量子井戸構造**というのがよく用いられている。図 10.6.1 (b)のストライプ型レーザの活性層に、量子井戸構造を採用した例を図 10.6.2 に示す。図のように、活性層は厚さ 8[nm]の GaAs 井戸（well）層と、厚さ 5[nm] の $Al_{0.2}Ga_{0.8}As$ 障壁（barrier）層とが交互に並んでおり、4つの井戸層があるが、このように、電子波の性質が出てくるほど狭い領域に電子を閉じ込めた構造を、<u>量子井戸型レーザ</u>という。また、2層以上の井戸層がある量子井戸型レーザを、<u>多重量子井戸（Multi-Quantum-Well）型レーザ</u>、または略して MQW 型レーザと呼ぶ。

　ここでは、量子井戸型レーザの特徴を考えてみる。

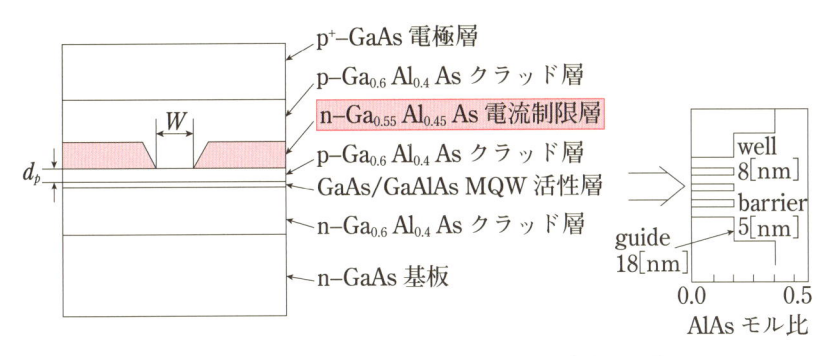

図 10.6.2　量子井戸構造内部ストライプ型レーザ

図 10.6.2 のように数 [nm] の幅の井戸内に電子が閉じ込められると、電子の持つ波動的性質が出てくる。このような狭い井戸内における電子波のとりうるエネルギーを次に計算してみる。

1 次元電子に対する定常状態のシュレーディンガーの波動方程式は

$$-\frac{\hbar^2}{2m^*}\frac{d^2}{dx^2}\psi(x) = E\psi(x) \tag{10.6.1}$$

となり、この解は

$$\psi(x) = A\exp(ikx) + B\exp(-ikx) \tag{10.6.2}$$

となる。ここで m^* は電子の有効質量、$E = \frac{\hbar^2}{2m^*}k^2$ で k は波数である。いま、1 次元の電子が長さ L_w の範囲（すなわち $0 \leq x \leq L_w$ の範囲）に閉じ込められているとする。この範囲外では電子の存在確率が 0 になる必要があり、波動関数が境界において連続であるという条件を使うと $x = 0$、L_w において波動関数も 0 とならねばならない。(10.6.2) 式で $\psi(0) = 0$ と解くと

$$A + B = 0 \quad \text{すなわち} \quad B = -A \tag{10.6.3}$$

$$\psi(x) = A\{\exp(ikx) - \exp(-ikx)\} = A(\cos kx + i\sin kx - \cos kx + i\sin kx)$$
$$= i2A\sin kx = C\sin kx, \quad C = i2A \tag{10.6.4}$$

が成り立つ。次に $x = L_w$ においても波動関数が 0 になるという条件を使うと

$$\psi(L_w) = C\sin kL_w = 0 \tag{10.6.5}$$

となり、これより

$$kL_w = n\pi \tag{10.6.6}$$

が成り立つことが必要十分条件である。以上より、長さ L_w の範囲に閉じ込められた電子のとりうるエネルギーは

$$E_n = \frac{\hbar^2}{2m^*}\left(\frac{\pi}{L_w}\right)^2 n^2 \tag{10.6.7}$$

と、離散的な値をとる。(10.6.7) 式より井戸の厚さ L_w が薄いほど、エネルギー E_n は高い値

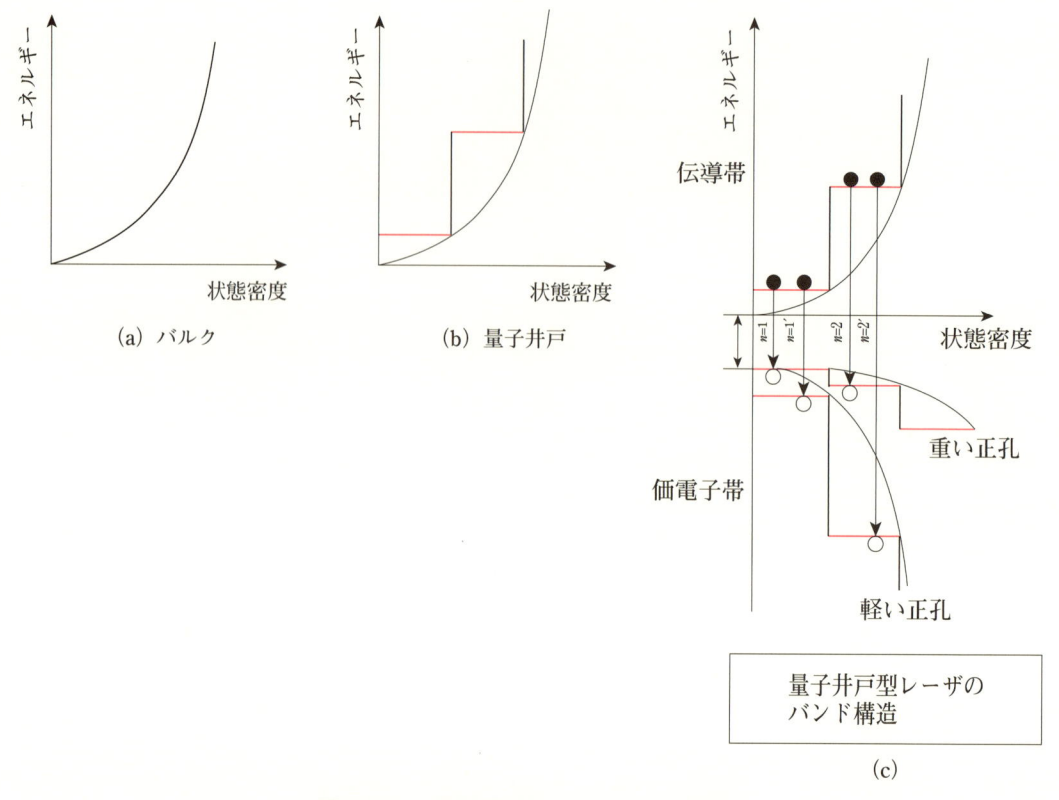

図 10.6.3　量子井戸型レーザのバンド構造

をとることができることが分かる。

　図 10.6.3 に、(a)バルクおよび(b)量子井戸構造での状態密度とエネルギー準位の関係を比較して示す。バルクでは (5.2.7) 式に示したように、状態密度 $D(E)$ とエネルギー E との間には $D(E) \propto \sqrt{E}$ という関係が連続的に成り立つが、量子井戸構造では (10.6.7) 式に従った特定のエネルギー状態しか存在しえないことが分かる。なお量子井戸型レーザにした場合のバンド間遷移は、同図(c)に示すように各モード（$n = 1, n = 2, \cdots\cdots$）が同じものだけが許される。量子井戸型レーザにおいては、電子がある特定のエネルギーレベルに集中して存在するようになるので、利得も特定の波長に集中させることができ、しきい値を大幅に下げることができる。また状態密度が特定のエネルギーに固定されているので、温度が変化して (5.1.1) 式に示したフェルミ分布が変化しても、有効なキャリア分布はほとんど変化せず、温度特性が大きく改善される。

　量子井戸を多層にしたのが図 10.6.2 に示す MQW 構造である。このように多重にすると、同じ注入キャリア数でも利得 g が大きくなり、高出力化にも適している。

10.7 半導体レーザの製法

半導体レーザの製法は 10.4 で述べた LED 製法と同じく、LPE 法、MO-CVD 法、MBE 法などを用いて行われる。ここでは、図 10.6.1(b)で示された内部ストライプ構造半導体レーザの製法を述べる。

(a) エピタキシャル活性層成長
- n-$Ga_{0.8}Al_{0.2}As$ 保護層
- n-$Ga_{0.55}Al_{0.45}As$ 電流ブロック層
- p-$Ga_{0.6}Al_{0.4}As$ クラッド層(Ⅰ)
- $Ga_{0.88}Al_{0.12}As$ 活性層
- n-$Ga_{0.6}Al_{0.4}As$ クラッド層
- n-GaAs バッファ層
- n^+-GaAs 基板

(b) 電流閉じ込め領域形成エッチング
- 電流ブロック層

(c) クラッド/コンタクト層エピタキシャル成長
- p^+-GaAs コンタクト層
- p-$Ga_{0.6}Al_{0.4}As$ クラッド層(Ⅱ)

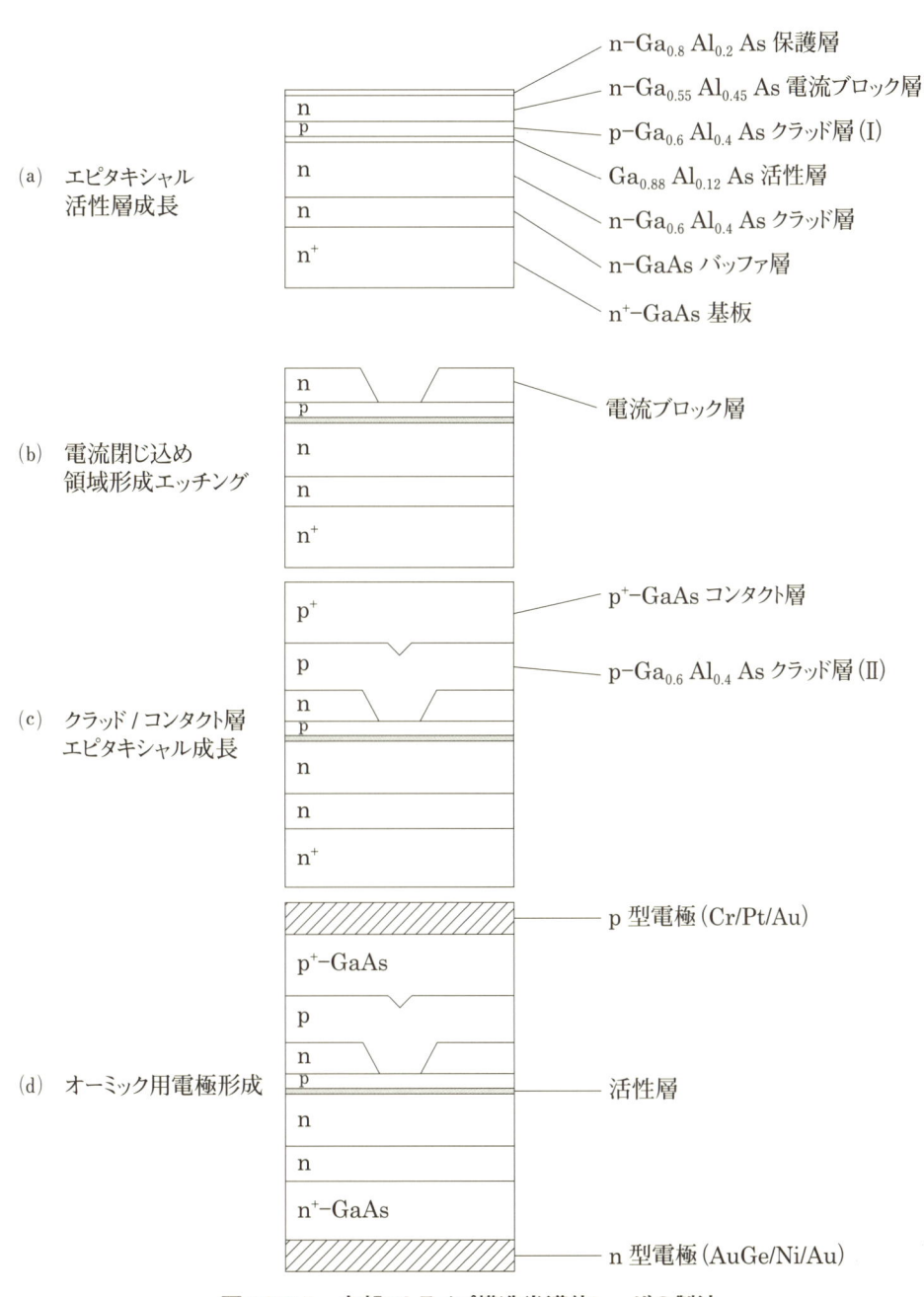

(d) オーミック用電極形成
- p 型電極 (Cr/Pt/Au)
- 活性層
- n 型電極 (AuGe/Ni/Au)

図 10.7.1　内部ストライプ構造半導体レーザの製法

第10章 光半導体材料

　半導体レーザの製作においては、活性層のエピタキシャル成長と埋め込みエピタキシャル成長の2回成長を行うのが一般的である。2回目の埋め込み成長は図10.6.1(b)に示されたように、電流狭窄のために行われる。図10.7.1 にその製造フローチャートを示す。MO-CVD法を用いて、n^+-GaAs 基板上に、n-GaAs バッファ層、n-$Ga_{0.6}Al_{0.4}$As クラッド層、$Ga_{0.88}Al_{0.12}$As 活性層、p-$Ga_{0.6}Al_{0.4}$As クラッド層、n-$Ga_{0.55}Al_{0.45}$As 電流ブロック層、n-$Ga_{0.8}Al_{0.2}$As 酸化保護層の順でエピタキシャル成長する（図(a)）。次に 2〜10[μm] 程度のストライプ幅の窓をエッチングで形成する。このエッチングにはp-$Ga_{0.6}Al_{0.4}$As クラッド層の表面で止まるように選択エッチング液を用いる（図(b)）。次に第2回目の MO-CVD 成長により、p-$Ga_{0.6}Al_{0.4}$As クラッド層（埋め込み再成長層）、p^+-GaAs 電極層（コンタクト層）を順次成長する（図(c)）。最後に p^+-GaAs 表面に Cr/Pt/Au を、全体の厚さを 100[μm] にした後、n^+-GaAs 裏面に AuGe/Ni/Au をそれぞれオーミック電極として形成する。

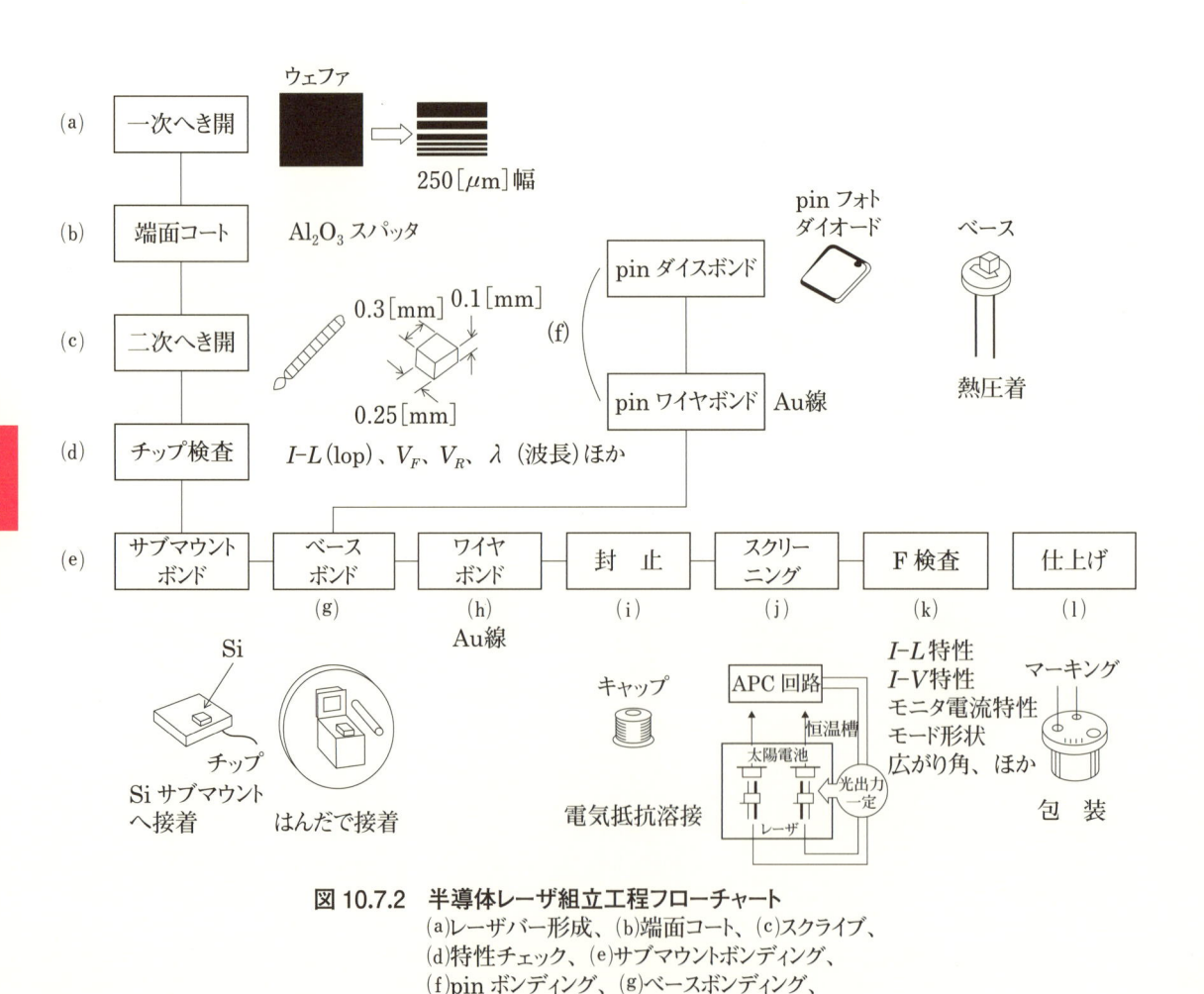

図 10.7.2　半導体レーザ組立工程フローチャート
(a)レーザバー形成、(b)端面コート、(c)スクライブ、
(d)特性チェック、(e)サブマウントボンディング、
(f)pin ボンディング、(g)ベースボンディング、
(h)ワイヤボンディング、(i)キャップ装着、
(j)スクリーニング、(k)最終チェック、(l)マーキング

このようにして作製されたレーザウェファからレーザチップを組み立てて、製品の形にまでするには図 10.7.2 に示したフローチャートに従って進められる。まずレーザウェファを<110>のへき開方向に沿って 250[μm] の幅でへき開する。この幅がキャビティ長になる。このようにしてキャビティ長が決まったレーザバーができる（図 10.7.2(a)）。次にへき開した両端面に、保護膜として Al_2O_3 膜をコーティングする（同図(b)）。その後 300[μm] の幅でカットし、個々のレーザチップに切り出す（同図(c)）。個々のチップはレーザとしての特性をチェックされ（同図(d)）、良品チップのみ Si ウェファから作製されたサブマウントにボンディングされる（同図(e)）。一方、サブマウントのベースには、レーザ出力をモニタする pin フォトダイオードをあらかじめボンディングしておく（同図(f)）。この受光素子は、パッケージ外部の使用温度や使用時間によらず光出力を一定に保つ APC (Automatic Power Control) 回路に接続される。図(e)に示したサブマウントをレーザ用ベースにボンディング接着し（同図(g)）、Au 線でワイヤを張って電極用リードと結び（同図(h)）、キャップを被せることにより完成する（同図(i)）。キャッピング後、信頼性を保障するためにスクリーニングを行い（同図(j)）、最終特性を確認（同図(k)）したうえで、マーキングして製品として完成する（同図(l)）。

半導体レーザの基本特性に関しては**付録 7** に述べてある。

演習問題 10.1

GaAs のバンドギャップ E_g は、室温において 1.43[eV] である。バンド間遷移でレーザ発振したとすると、その発振波長 λ、発振周波数 f、波数 k を求めよ。

演習問題 10.2

$Ga_{1-x}Al_xAs$ を活性層とする半導体レーザを作りたい。その発振波長を室温で 760[nm] としようとするとき、x の値をいくらにすればよいか。また活性領域とクラッド層 $Ga_{1-y}Al_yAs$ とのエネルギー差を 0.35[eV] にしようとするとき、y の値をいくらにすればよいか。ただし x = 0 では E_g = 1.43[eV] であり、x = 0.45 では E_g = 1.99[eV] であって、その間においては x の値と E_g とは比例関係にあるとする。

演習問題 10.3

発振波長が 650[nm] の赤色レーザ光を $(Al_xGa_{1-x})_{0.51}In_{0.49}P$ を活性層として用いて得ようとするとき、この材料における伝導帯と価電子帯中の擬フェルミレベル差はいくら以上必要か。

演習問題 10.4

GaAs を活性層、$Al_{0.3}Ga_{0.7}As$ をクラッド層としたダブルヘテロ構造レーザで、基本横モードだけを発振させたい場合、活性層の厚さはいくら以下である必要があるか。ただし、発振波長に対する GaAs の屈折率は 3.655、$Al_{0.3}Ga_{0.7}As$ の屈折率は 3.385 である。

演習問題 10.5

GaAs を活性層、$Al_{0.3}Ga_{0.7}As$ をクラッド層としたダブルヘテロ構造レーザで、キャビティ長が 500[μm]、その内部損失 $\alpha = 12[cm^{-1}]$、両端面での反射率 $R_1 = R_2 = 0.3$、光の閉じ込め係数 $\Gamma = 0.6$ として、発振に必要なしきい値利得 g_{th} を求めよ。また $R_1 = 0.3$, $R_2 = 0.8$ のときの g_{th} はどうなるか。

10.8 受光素子とその製法

10.8.1 半導体での光の吸収

半導体に光が当たると、一部は反射され残りは半導体内へ進入する。このとき光は波としてではなく、フォトン粒子として扱う必要がある。フォトン1個のエネルギーは振動数に比例するが、**光の強さはフォトンの数**と考えてよい。

半導体内に進入したフォトンエネルギーが禁制帯幅よりも小さい場合は、その光は半導体を通り抜ける。したがって、禁制帯幅が大きな物質ほど光を通しやすくなる。一方、**フォトンのエネルギーが禁制帯幅より大きいとフォトンは半導体に吸収され**、奥に進むにつれて光の強度は小さくなる。

フォトンが半導体に吸収される割合はフォトン数に比例するので、半導体の表面から距離 x における微小部分 dx での波長 λ の光の強度 $I(x)$ の変化率 $dI(x)$ は

$$dI(x) = -\alpha(\lambda)I(x)dx \tag{10.8.1}$$

と書ける。負号は、半導体に光が吸収されるから x が増加すると光強度は減少することを表わ

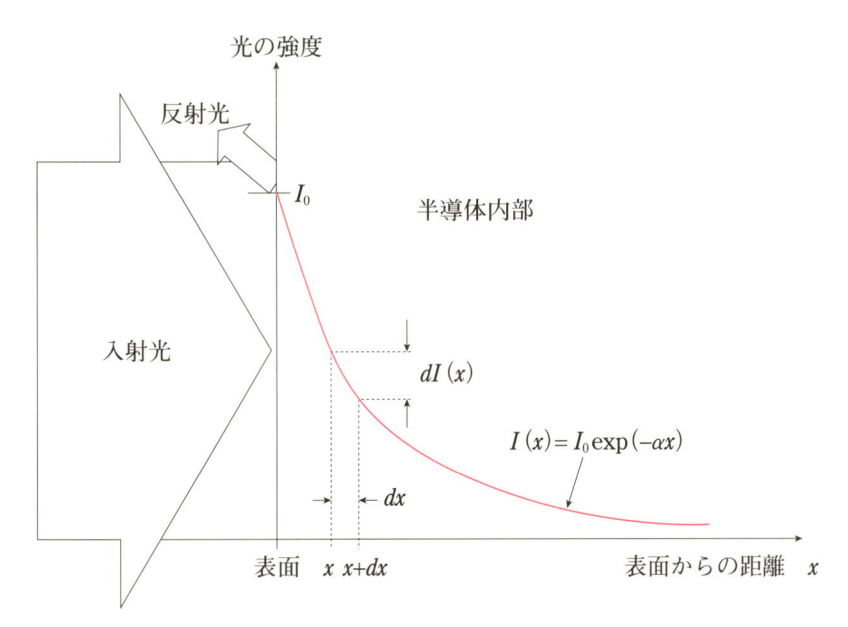

図 10.8.1　半導体による光の吸収

している。ここで比例定数 $\alpha(\lambda)\,[\mathrm{m}^{-1}]$ を光吸収係数という。半導体内に進入した光の強度（$x=0$ での光の強度）を I_0 として（10.8.1）式を解くと

$$I(x) = I_0 \exp(-\alpha x) \tag{10.8.2}$$

となり、半導体内を進む光の強さは指数関数的に減衰していくことが分かる。その様子を図 10.8.1 に示す。

図 10.8.2 に、単結晶 Si（$E_g=1.12\mathrm{eV}$）と GaAs（$E_g=1.43\mathrm{eV}$）の光吸収係数のフォトンエネルギーに対する変化の計算値を示す。これから、禁制帯幅付近のエネルギーから吸収係数が大きくなっていることが分かる。この吸収係数が大きくなるエネルギーを基礎吸収端という。単結晶 Si は吸収係数の増え方が緩やかなのに対し、GaAs は禁制帯幅付近で急激に立ち上がっている。これは Si が間接遷移型半導体であるのに対し、GaAs は直接遷移型半導体であるためである。

半導体に光が当たったときに抵抗が小さくなる現象のことを光導電効果という。上述のように半導体に禁制帯幅以上のエネルギーを

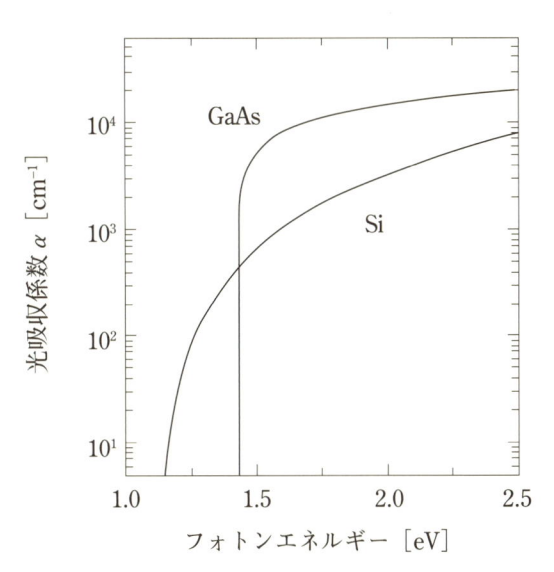

図 10.8.2　フォトンエネルギーに対する光吸収係数の変化

第10章 光半導体材料

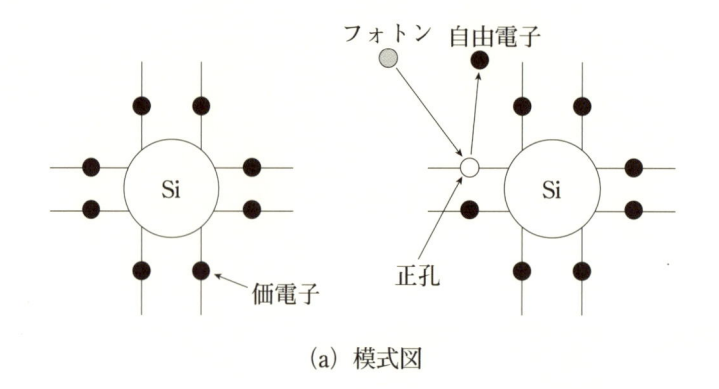

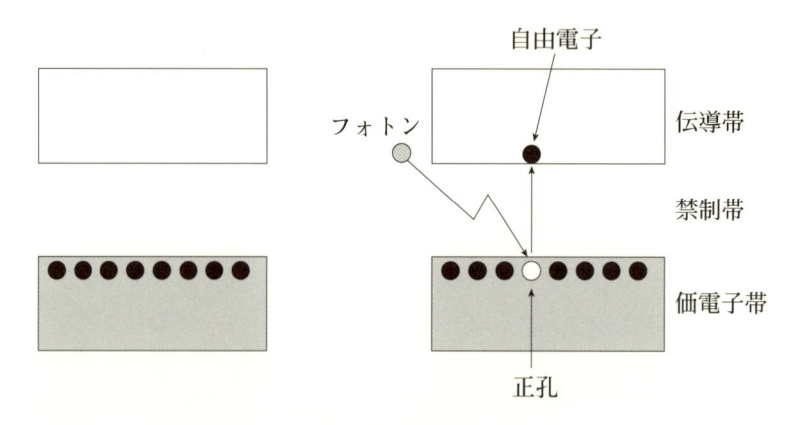

(a) 模式図

(b) エネルギー準位図

図 10.8.3　半導体による光の吸収とキャリアの生成
(左が光が当たっていない状態。右が光が当たっている状態。
(b)を見れば右の図は左の図よりキャリアが増えている)

持ったフォトン（$h\nu \geq E_g$）が当たると、そのフォトンは半導体に吸収されるが、フォトンのエネルギーは図 10.8.3(a)に示すように原子に束縛されていた電子の結合を切ることに使われる。結合が切られた電子は、自由電子となって結晶中を自由に動くことができるようになる。これを**光による励起**という。また自由電子の抜け跡には**正孔**ができる。これをエネルギー準位図で表わすと、**同図(b)**のように書くことができる。**図(b)**より光が当たる前より伝導帯の自由電子や価電子帯の正孔が増えていることがわかる。すなわち光を当てることによって自由キャリアが増えるので半導体の抵抗率は小さくなる。

いま、単位時間、単位体積当りのキャリアの発生数を $G\,[\sec^{-1}\text{m}^{-3}]$、過剰少数キャリアの寿命を $\tau\,[\sec]$ とすると、キャリアの増加分は

$$\begin{aligned}\Delta n &= G\tau_n \\ \Delta p &= G\tau_p\end{aligned} \quad [\text{m}^{-3}] \tag{10.8.3}$$

であるから、これによる導電率の増加分 $\Delta\sigma\,[\text{S/m}]$ は

$$\Delta\sigma = e(\mu_n \Delta n + \mu_p \Delta p) = eG(\mu_n \tau_n + \mu_p \tau_p)$$

(10.8.4)

となる。ここで μ_n、μ_p は、各々電子および正孔の移動度（単位は $m^2 V^{-1} sec^{-1}$）である。

半導体の禁制帯幅は基礎吸収のおこる波長を調べれば分かる。また、不純物に関係した吸収を測定すれば、**不純物のエネルギー準位に関する情報**が得られる。しかし、直接遷移型半導体と間接遷移型半導体では、以下に述べるように、吸収係数 α とフォトンエネルギー $h\nu$ との関係は異なる。

直接遷移の場合、吸収係数 α とフォトンエネルギー $h\nu$ との間には

$$\alpha \propto \sqrt{h\nu - E_g}$$

(10.8.5)

の関係がある。これより α^2 と $h\nu$ の間には直線の関係が得られるので、α^2 と $h\nu$ のグラフを書き、それを $h\nu \to 0$ まで外挿すれば**禁制帯幅 E_g** を求めることができる。また禁制帯幅よりも小さなエネルギーのフォトンの吸収が観測されることがあるが、それは**不純物や励起子**（後述）などの影響である。図 10.8.4 に、ある直接遷移型半導体の α^2 と $h\nu$ の関係を示す。上述のようにフォトンエネルギーが 1.45 から 1.5[eV] の付近では直線関係が成り立つので、それを $\alpha^2 = 0$ まで延ばせば、禁制帯幅が 1.42[eV] と求められる。

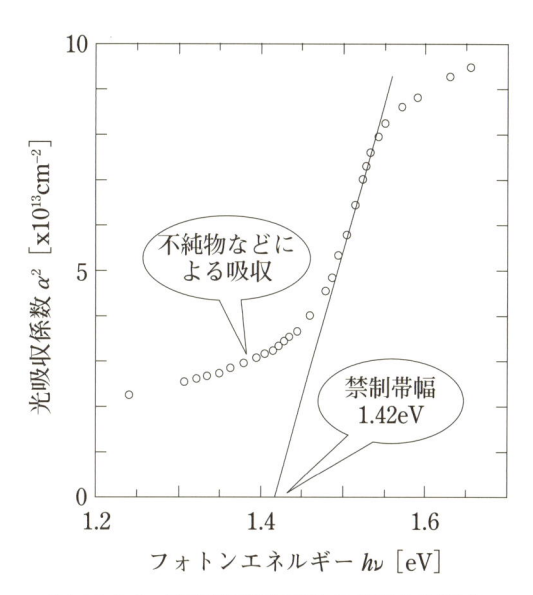

図 10.8.4 直接遷移半導体の光吸収係数と禁制帯幅

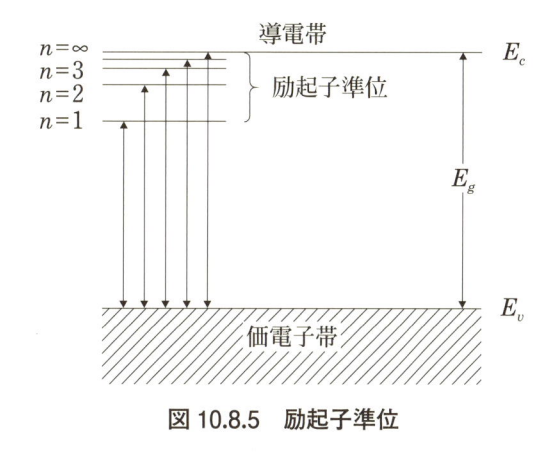

図 10.8.5 励起子準位

間接遷移の場合、吸収係数 α とフォトンエネルギー $h\nu$ には

$$\alpha \propto (h\nu - E_g)^2$$

(10.8.6)

なる関係がある。この場合は $\sqrt{\alpha}$ と $h\nu$ の間に比例関係が成り立つので、そのグラフを先と同様に $\sqrt{\alpha} \to 0$ まで外挿すれば禁制帯幅 E_g を求めることができる。

図 10.8.4 において低エネルギー側にも吸収の裾を引いているが、その1つの原因が**励起子による吸収**である。これは直接遷移、間接遷移によらず価電子帯の電子が光のエネルギーを吸収して、伝導帯の底より少し低い励起準位に励起されるためにおこる吸収である。励起子準位

を図 10.8.5 に示す。図のように励起子準位は伝導帯の下に分離したエネルギーレベルとして出てくる。励起子は電子と正孔の対からなり、これが同じ方向に運動するので運動しても電流には寄与しない。すなわち、励起子による光吸収はあっても光伝導は現れない。そのエネルギーは直接遷移型半導体では、伝導帯の底のエネルギーを 0 として

$$E_{ex}^{n} = -\frac{13.6}{\varepsilon_r^2}\frac{m_r}{m}\frac{1}{n^2}[\text{eV}], \quad \frac{1}{m_r} = \frac{1}{m_e} + \frac{1}{m_h} \tag{10.8.7}$$

で与えられる。ここに E_{ex}^{n} は n 番目の励起状態のエネルギー、ε_r は半導体の比誘電率、m、m_e、m_h はそれぞれ自由電子質量、半導体中での電子の有効質量、正孔の有効質量である。

励起子の吸収スペクトルは理想的には線スペクトルになるが、間接遷移型半導体のようにフォノンの放出や吸収を伴う場合には、バンドスペクトルになる。

10.8.2 光起電力効果

半導体に光が当たるとキャリアが生成されるが、そのままでは、できたキャリアは再結合して消滅する。また、光励起では自由電子と正孔が同時にできるので、電気的には中性である。しかし、何らかの方法で**自由電子と正孔を分けることができれば電流として取り出すことができ、発電機能を持たせることができる**。太陽電池やフォトダイオードでは p–n 接合の内蔵電界を利用して、そのことを実現させている。p–n 接合に光が当たって起電力が生じることを光起電力効果という。この節では、光起電力効果を応用した半導体デバイスとして、太陽電池とフォトダイオードを取り上げる。

(a) 太陽電池

太陽電池は、光起電力効果を利用した光電気変換装置であり、乾電池のように電気を貯めることはできない。p–n 接合に半導体の禁制帯幅 E_g より高いエネルギーを持つ光が当たると、以下に述べる過程を経て光電流が生じる。

① 光照射によるキャリア（自由電子と正孔）の生成

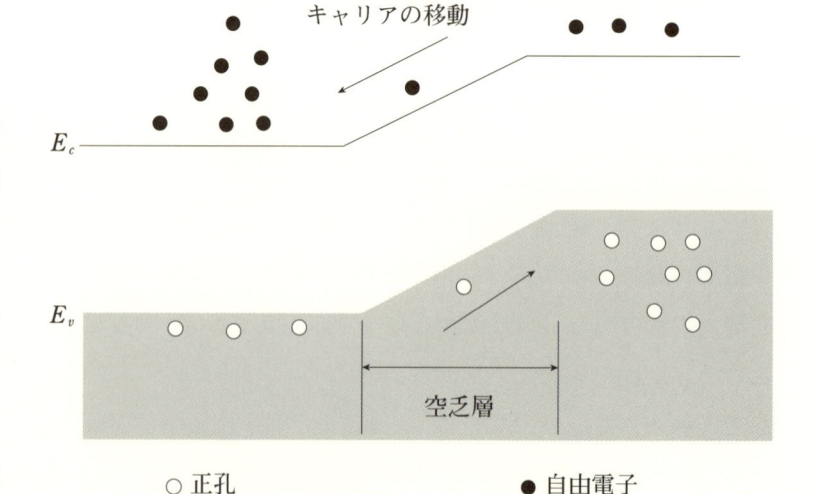

図 10.8.6　p–n 接合の内蔵電界によるキャリアの移動
（空乏層には電界がかかっているので、キャリアが空乏層まで到達すると、電界によって自由電子は n 型領域に、正孔は p 型領域に移動・分離される）

前述のように半導体に禁制帯幅よりも大きいエネルギーを持つ光が当たると、キャリアすなわち自由電子と正孔が生成される。

② 拡散によるキャリアの移動

生成されたキャリアのうち、少数キャリア（p型領域では自由電子、n型領域では正孔）は濃度分布が生じ、キャリアは濃いところから薄いところへ移動する。すなわち**拡散**する。

③ p–n接合部の内部電界によるキャリアの移動（**ドリフト**）

図10.8.6 に示すように、p型の自由電子はn型のそれより高いエネルギーを持つ。したがって、p–n接合部まで拡散で移動してきたp型領域の自由電子は、空乏層の坂を転がり落ち、エネルギーの低いn型領域へ移動（ドリフト）する。このときの移動の駆動力は、空乏層にかかる電界である。一方、正孔に関してはn型領域からp型領域へドリフトする。

④ 光電流の取り出し

ドリフトの結果、n型領域では自由電子が増えるので負に帯電し、エネルギー準位が上昇

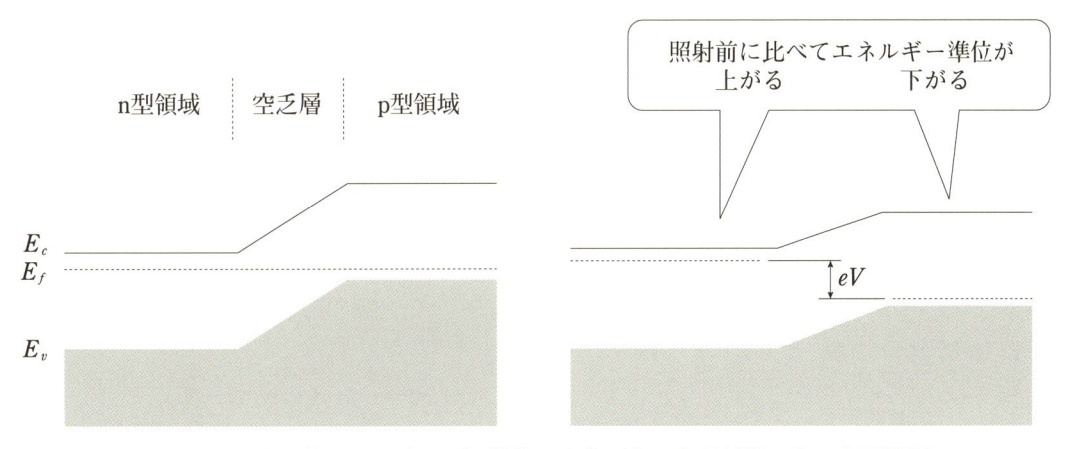

図 10.8.7　光照射によるエネルギー準位の変化（左：光照射前、右：光照射後）
光照射後のフェルミ準位の差（eV）が起電力

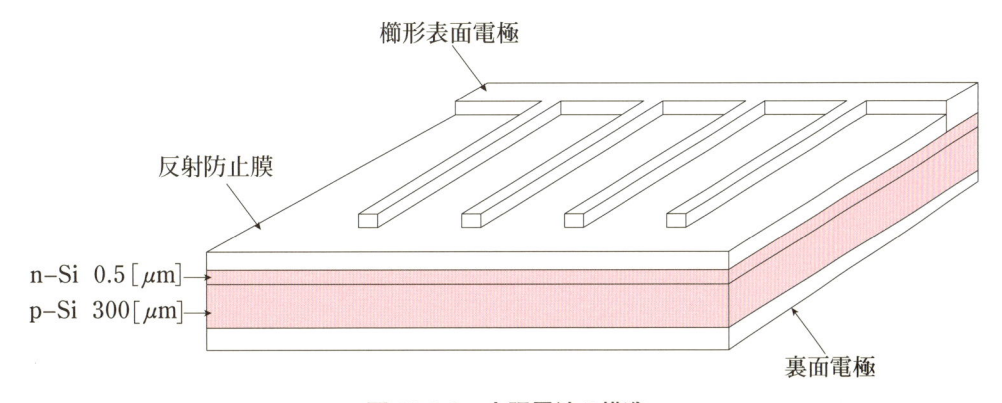

図 10.8.8　太陽電池の構造

する。またp型領域では正孔が増えるため正に帯電し、エネルギー準位が低下する。その結果、**図10.8.6**に示すように**n型領域に対しp型領域が正になるような電位差**（起電力）が生じる。この起電力によって外部負荷に電流を流すことができる。

図10.8.8に太陽電池の構造を示す。太陽電池の基本構造は、下から裏面電極、p型Si基板、n型Si層、反射防止膜と櫛形電極からなっている。実際には、変換効率を向上させるために様々な工夫がなされている。

太陽電池の電流-電圧特性は**図10.8.9**に示すようにダイオードの電流-電圧特性をy軸方向に$-I_{SC}$だけ平行移動させた特性を示す。したがって、理想的な太陽電池の電流-電圧特性は

$$I = I_0[\exp(eV/kT)-1] - I_{SC} \quad (10.8.7)$$

と書ける。ここで、I_{SC}は太陽電池を短絡したときの電流（短絡電流）、eは電子の電荷、kはボルツマン係数、Tは太陽電池の絶対温度、I_0は逆方向飽和電流である。ただし一般には電流の向きを逆にして、**図10.8.10**に示すように書くことが多い。このとき、得られる電力Pは$P=IV$より同図の**電力-電圧特性**のように変化し、電圧V_mで最大となる。このときの電流をI_mとすると、得られる最大電力P_mは$P_m = V_m \cdot I_m$となる。さらに、$FF = \dfrac{V_m I_m}{V_{oc} I_{SC}}$を曲線因子という。ここで$V_{oc}$は、太陽電池を開放したときの電圧(開放端電圧)である。太陽電池の変換効率ηは入射した太陽光のエネルギーP_{in}に対する最大発生電力P_mの比$\eta = P_m/P_{in}$で求められる。

(b) フォトダイオード

太陽電池の目的は、光から電力を得ることである。一方、フォトダイオードは、光センサーである。したがって、これらの2つはp-n接合に光を当てて電流や電圧が生じるこ

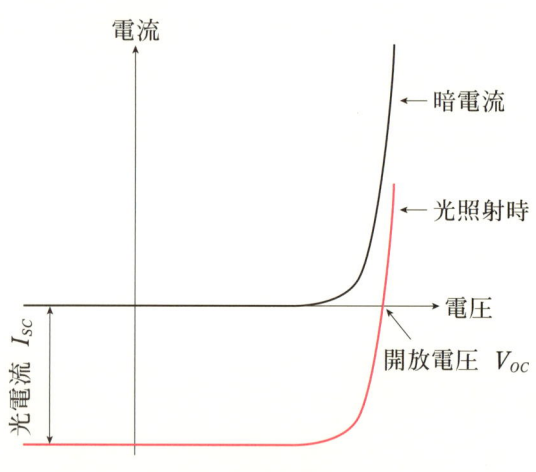

図10.8.9 電流-電圧特性
(p-n接合の順方向を正とする)

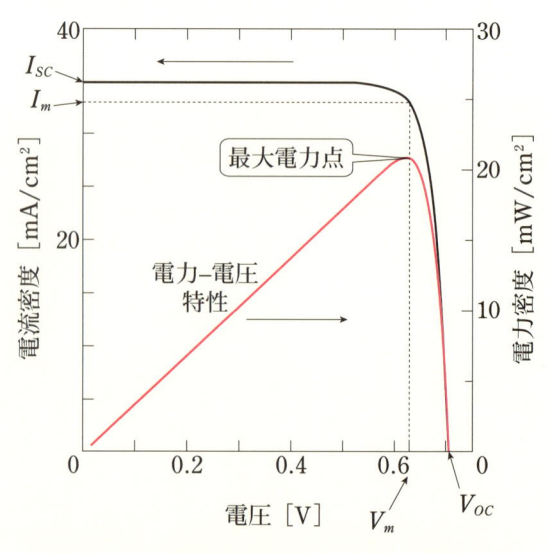

図10.8.10 電流-電圧特性と電力-電圧特性
(p-n接合の逆方向を正とする。**図10.8.9**をx軸を中心に180°回転させる)

とは同じであるが、それぞれの目的に適した構造を持ち、用途に応じた使い方をする。フォトダイオードでは、感度や応答速度が重要なので、p層とn層の間に半絶縁層（i層）を挟んで**接合容量を減らして高速動作をする**ようにした pin フォトダイオードや、逆方向に大きなバイアス電圧を加えて**光励起されたキャリアがなだれ降伏で増加する**ようにして**検出感度を上げた**アバランシェフォトダイオード（APD）などがある。

外部電源を適切に用いると、フォトダイオードの感度を上げることができる。図 10.8.11 のようなフォトダイオードに、逆方向に電圧を印加する回路を考える。電源の電圧を E、抵抗を R とすると、ダイオードの電圧 V と電流 I は

$$V = E - RI \tag{II-5.4.1}$$

である。光が当たっていないときには、電流が流れない（$I=0$）から $V=E$ である。光が当たると回路には光電流 I_L が流れるから、ダイオードの電圧は上式の I に I_L を代入して $V=E-RI_L$ となる。光が当たる前と後の電圧の差（これが出力電圧となる）は RI_L だから、抵抗 R を大きくしておけば大きな出力電圧が得られる。

pin フォトダイオードとは、薄いp層とn層の間に不純物を添加しない真性半導体層（**i層**）を挟む構造をとっている。この構造において、逆バイアスを印加すると**i層全体が空乏層となる**ので、図 10.8.12 に示すようにダイオードのどの場所で電子－正孔対（キャリア）ができても、そのほとんどが空乏層の高電界によって分離される。そのため、光によってできた**キャリアの分離効率が非常に高い**。さらに、i層に高電界がかかるのでキャリアが高速で移動し、**高速動**

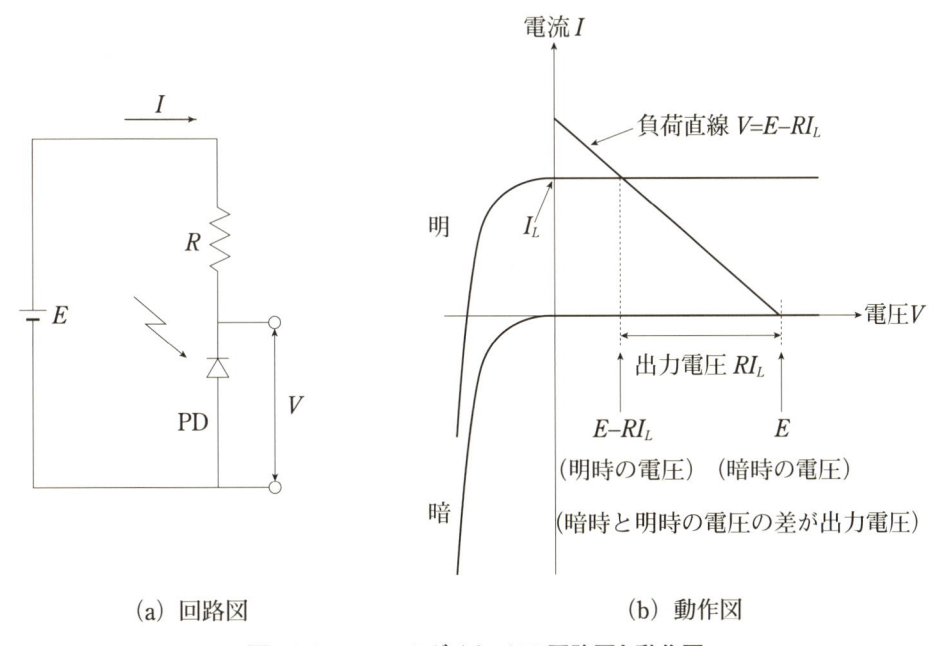

(a) 回路図　　(b) 動作図

図 10.8.11　フォトダイオードの回路図と動作図

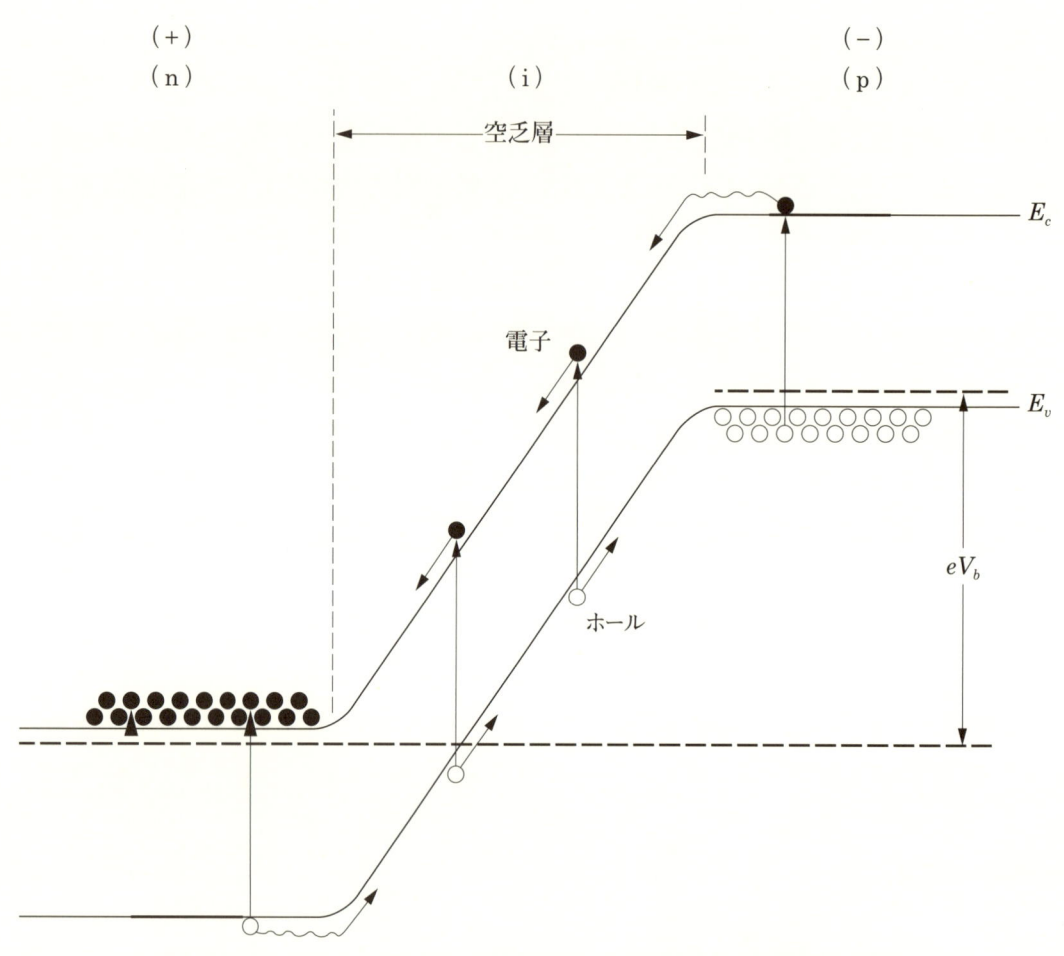

図 10.8.12　pin フォトダイオードの逆方向バイアス状態（印加電圧：$-V_b$）

作にも適している。ただし、応答速度は空乏層容量にも依存する。空乏層容量を C、負荷抵抗を R とすると、時定数 RC が大きくなるほど応答速度は遅くなるので、C は小さいほどよい。しかし、C を小さくするために空乏層をあまり大きくしすぎると、空乏層をキャリアが移動するための時間が長くなるので **i 層の幅は最適値が存在する**。i 層の厚さの決定には、**図 10.8.2**に示した光吸収係数 α も考慮され、α が小さいシリコン pin フォトダイオードではその厚さは約 30[μm] 程度が最適である。一方、α が大きい InGaAs では i 層の厚さは 2～3[μm] で十分である。

　フォトダイオード自体に光電流を増幅する機能を備えた pin フォトダイオードが アバランシェフォトダイオード である。このダイオードでは、**降伏現象**がおこるまで高い逆電圧 V_b をかけて使う。降伏現象とは、高い逆電圧をかけていくと空乏層にある自由電子が高い電界で加速され、その結果大きなエネルギーを得て、それが原子に当たったとき原子から別の電子を叩き出し、この叩き出された電子も、また強い電界のために加速されて別の原子に当たり、電子

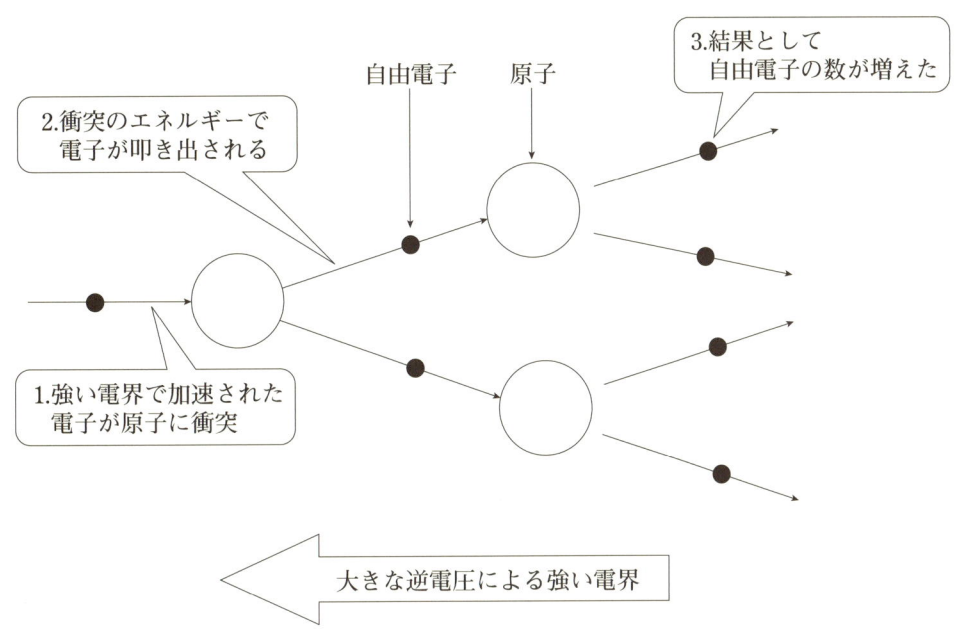

図 10.8.13 降伏現象（空乏層内でおこる降伏現象を模式的に書いた図。強い電界で加速された高エネルギーの電子が原子に衝突して自由電子が増えていく様子）

を叩き出すということを繰り返し、ねずみ算式にキャリアが増える現象である。その様子を図 10.8.13 に示す。降伏現象がおこると電子－正孔対の急激な増加により電流も増え、光電流の増幅がおこる。

図 10.8.14 に、APD になだれ現象がおこるまで逆方向バイアスをした状態での、空乏層内で発生した電子－正孔対がねずみ算式に増幅される様子を模式的に表わしている。

このようにAPDでは、光によってできたキャリアが空乏層を通過する間に増幅されるので、**非常に高感度な光センサーとなる**。APDの増倍率はSiで約100倍、光通信用に用いられるInGaAsで約10倍である。

10.8.3 受光素子の製法

受光素子の代表格ともいえるpinフォトダイオードの製法を述べる。ここでは1.3[μm]や1.55[μm]帯レーザなど**長波長帯光通信用に用いられる受光素子の製法**を例に挙げて述べる。図 10.8.15 に InP/InGaAs pin フォトダイオードの断面構造を示す。以下順を追って製法を述べる。

① n-InP 基板上に MOCVD 法で n-InP バッファー層を 2[μm] の厚さにエピタキシャル成長させる。
② アンドープの n^--$In_{0.53}Ga_{0.47}As$ 層を 3[μm] の厚さにエピタキシャル成長させる。
③ n^--$In_{1-x}Ga_xAs_yP_{1-y}$ ウインドウ層を 0.5[μm] の厚さにエピタキシャル成長させる。このエ

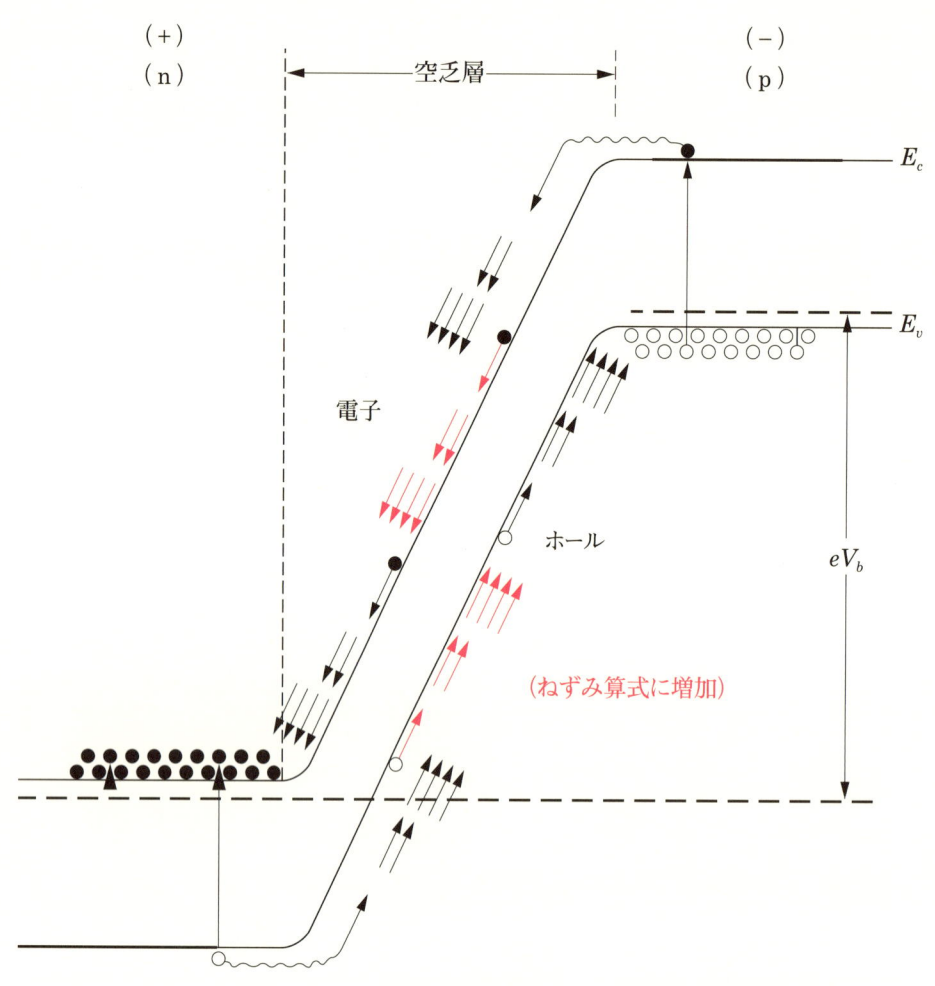

図 10.8.14　アバランシェフォトダイオードの逆方向バイアス状態（印加電圧：$-V_b$）

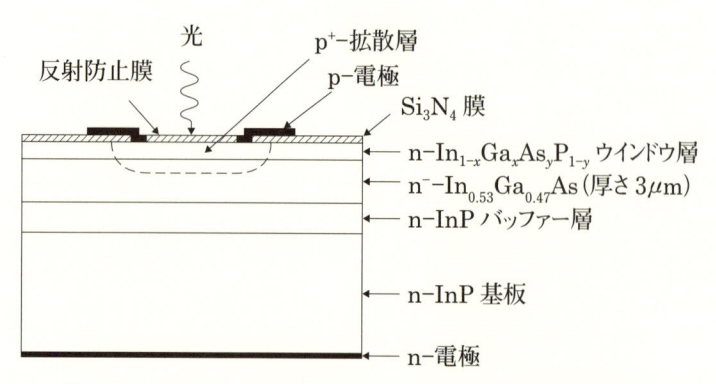

図 10.8.15　InGaAs pin フォトダイオードの断面構造図

ネルギーギャップは、1.3～1.55[μm] の波長の光が透過できる大きさになるように x、y を選ぶ。

④ Si_3N_4 膜をマスクとして表面から Zn 拡散を行い、p^+－拡散層を形成する。
⑤ 反射防止用として、プラズマ CVD 法により窒化膜（Si_3N_4 膜）を形成する。
⑥ スパッター法により AuZn の電極金属を付着し、p-電極を形成する。
⑦ n-InP 基板側を研磨し、全体の厚さを 150[μm] にする。
⑧ n-電極として AuGe 金属を蒸着する。

以上のようにして作製された InP/InGaAs pin フォトダイオードはその光電流を増幅するために 9.4 で述べた電界効果トランジスタ（FET）と接続して使用されるが、1 つのチップ内にフォトダイオードと FET 電子回路を作りつけることも可能であり、この光集積回路のことを pin-FET 回路と呼ぶ。

演習問題 10.6

1.4[eV] のエネルギーギャップを持つ、半導体の基礎吸収端の波長を求めよ。またこの半導体において、伝導帯の底より 0.15[eV] 下に励起準位がある励起子の、吸収に基づく吸収波長を求めよ。

演習問題 10.7

CdS 光導電体があり、$\tau_e = 10^{-3}$[sec]、$\mu_e = 0.01$[$m^2V^{-1}sec^{-1}$] で、正孔は導電に寄与しないものとする。紫外線照射により毎秒 2×10^{23}[m^{-3}] の電子－正孔対が発生するときの導電率の増加を求めよ。

第11章

光通信用材料、光ディスク用材料

11.1 光通信用材料

11.1.1 光通信システムの構成

現在のインターネット社会においては、光ファイバ通信が社会における重要なインフラになっている。ここではまず光通信システムの構成を簡単に述べ、その後で光ファイバを中心とした光通信用材料について述べる。

光通信においては、光信号への変換は**半導体レーザを直接変調**するのが一般的である。図11.1に半導体レーザの変調形態を示す。同図(a)はディジタル化された信号でレーザの発振光を変調したディジタル変調方式である。一方同図(b)はアナログ信号でレーザ発振光を変調した

(a) ディジタル変調 (b) アナログ変調

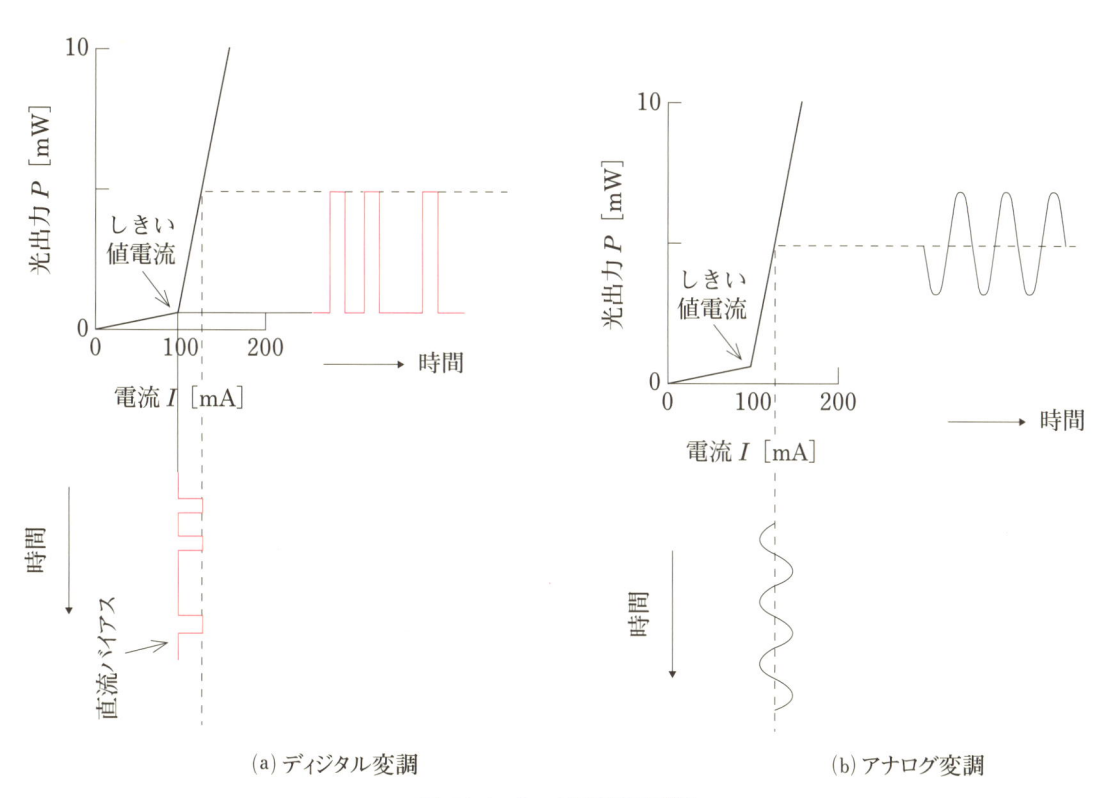

図 11.1　レーザの変調形態

第 11 章 光通信用材料、光ディスク用材料

アナログ変調方式である。現在では直接のアナログ変調方式はほとんど用いられず、大容量通信にはディジタル変調方式がもっぱら用いられている。

図 11.2 に光通信アクセス系の各種形態を示す。(a)は FTTO (Fiber To The Office) と呼ばれるもので、企業やオフィスまで直接ファイバを引き込む形態のものである。(b)は FTTZ (Fiber To The Zone) と呼ばれるもので、団地など住宅が密集しているところの近くまで光ファイバで伝送し、その後、電気信号に変換して電話線などで各家庭まで配線する形態のものである。(c)は FTTC (Fiber To The Curb) と呼ばれるもので、住宅のすぐそばまで光ファイバで配線し、電気に変換して、そこから電話線などで配線する形態である。(d)は FTTH (Fiber To The Home) と呼ばれるもので、各家庭まで個別に光ファイバで配線する、究極の光アクセス網の形態である。わが国においては FTTH の普及が急速に進んでいる。

1 本の光ファイバに複数の信号をのせて伝送する方式を多重化という。多重化の方式には、信号を時間ごとに区切って多重化する**時分割多重方式（TDM：Time Division Multiplex）**

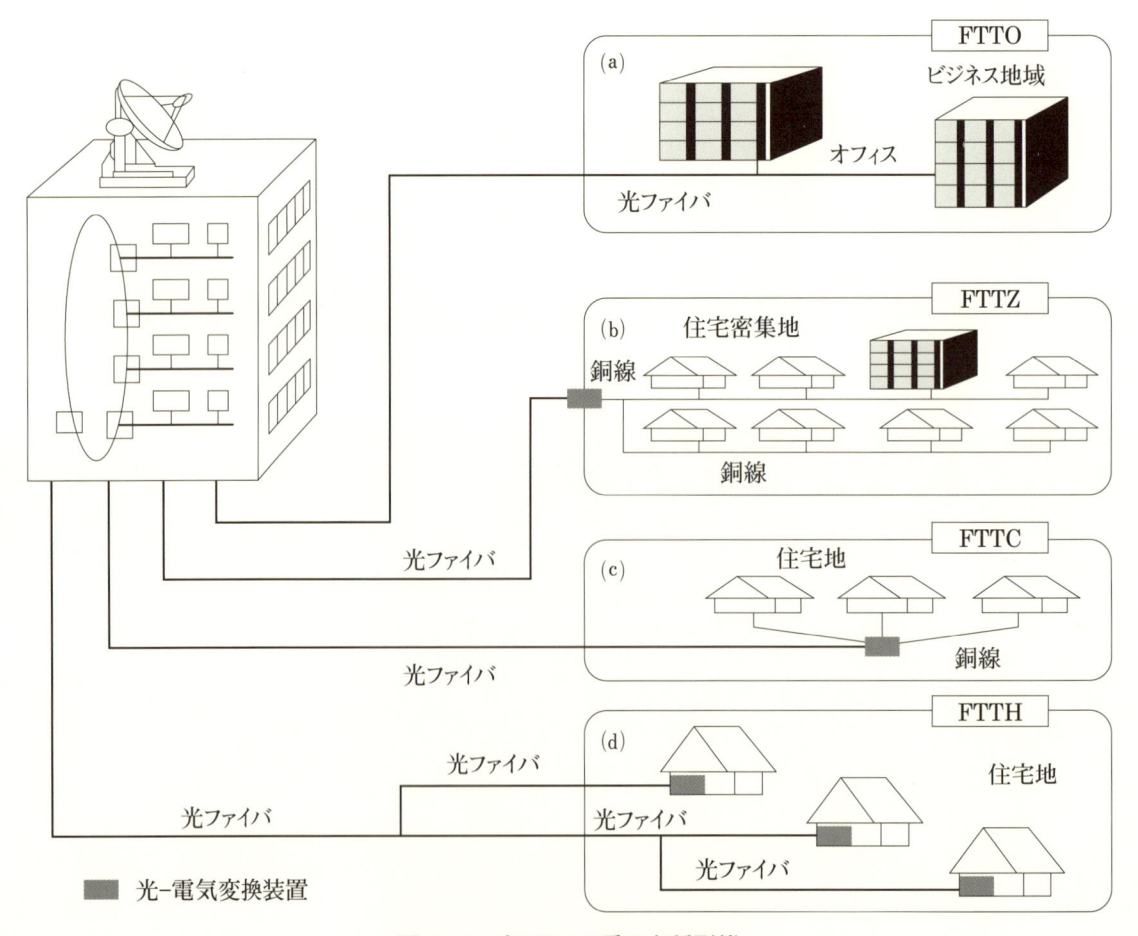

図 11.2　光アクセス系の各種形態

図 11.3　時分割多重方式

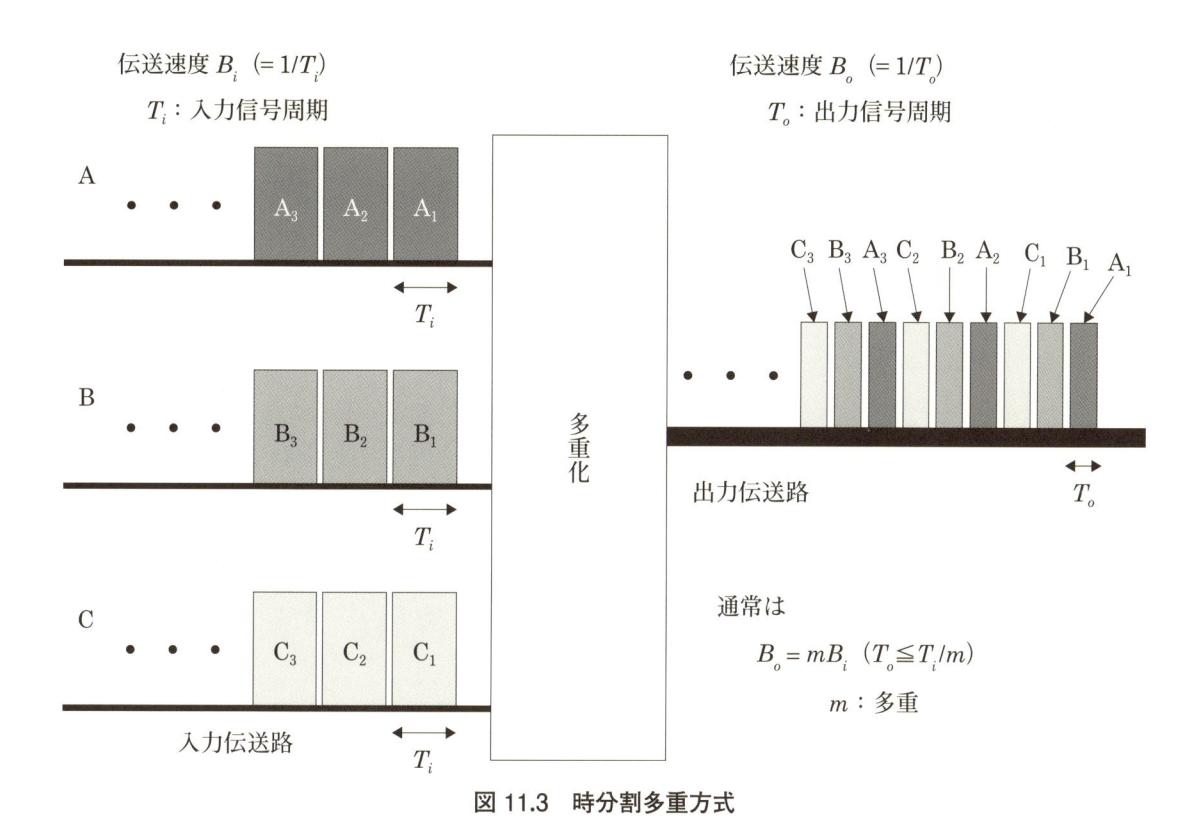

や、異なる多数の波長を用いて多重化する**波長多重方式**（WDM：Wavelength Division Multiplex）などがある。例として、**図 11.3** に時分割多重方式の構成を示す。図から分かるように、各チャネルのディジタル信号を時間をずらして重ねてある。多重化する前の伝送速度を B_i とし、多重化後の伝送速度を B_o とすると、$B_o = mB_i$（m：多重）が成り立つ必要がある。

11.1.2　光ファイバ

光ファイバの構成を図 11.4 に示す。中心にコアと呼ばれる光伝送部があり、そのまわりはコア部より光の屈折率が低いクラッドと呼ばれる光の反射部、および表面の被覆から成り立っている。

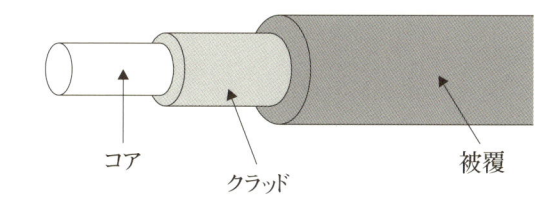

図 11.4　光ファイバの構造

光ファイバ内の光の伝搬は図 11.5(a)に示したようにコアとクラッドの界面で反射しながらジグザグに進行していく。コア部の屈折率を n とすると、光の速度は c/n となる。ここに c は真空中の光速である。伝搬方向の速度成分 V_g は群速度と呼ばれるが、群速度は同図(b)に示した**多モード光ファイバ**内においてはモードごとに異なり、すなわちモードごとに伝搬時間が異なる現象（モード分散）が生じてしまう。これにより帯域制限（伝送速度の上限）を受ける。

一方、ただ１つのモードしか通さない**単一モード光ファイバ**では、同図(c)に示すようにモード分散はなくなり、波長による群速度の差である**波長分散**のみを生じる。波長分散は、ファイバコア部の屈折率分布や導波路構造の最適化により、所期の波長に対してゼロに設計することができる。したがって、単一モード光ファイバにおいては、その伝送帯域を大きくとることが可能である。図11.6 に各種光ファイバの屈折率分布および伝送帯域を示す。図で、多モード光ファイバの **GI（グレーデッドインデックス）型**とは、コア部の屈折率をその中心で最大とし、外側に行くに従って湾曲して小さくなるように設計したもので、各モードの伝搬速度は中心では遅く、外側へ行くほど早くなり、光の経路に関わらず伝搬時間は同じになるという特徴

(a) 光ファイバ内の伝搬

(b) 多モード光ファイバ内の伝搬

(c) 単一モード光ファイバ内の伝搬

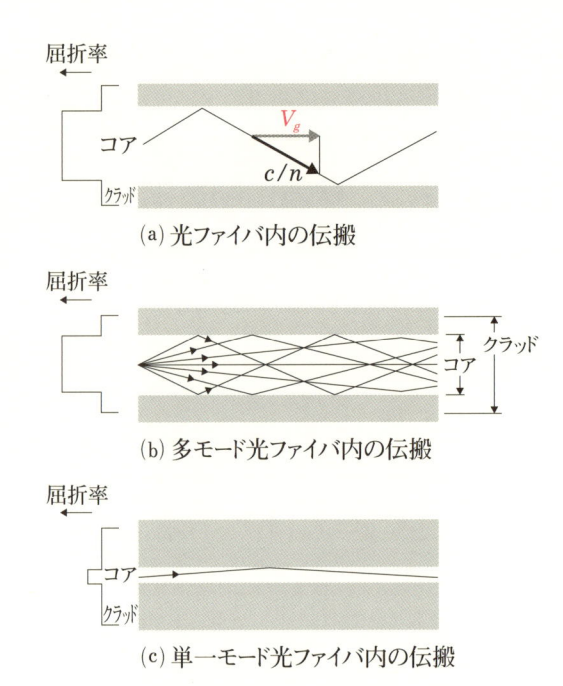

図 11.5　光ファイバのモード分散
（屈折率 n の媒体内での光の速度 c は c/n となる）

種類		断面	光の伝搬モード	屈折率分布	伝送帯域
多モード光ファイバ (MMF)	SI（ステップインデックス）型	50[μm] / 125[μm]			<50[MHz·km]
	GI（グレーデッドインデックス）型	50[μm] / 125[μm]			<1[GHz·km]
単一モード光ファイバ (SMF)	1.3[μm]SMF 零分散波長：1.31[μm]	10[μm] / 125[μm]			>10[GHz·km]
	1.5[μm]零分散SMF 零分散波長：1.55[μm]	同上	同上		>10[GHz·km]

図 11.6　光ファイバの種類

を有している。したがって、モード分散が小さく、多モード光ファイバの **SI（ステップインデックス）型**に比べて伝送帯域はかなり大きくとれる。

11.1.3 石英系光ファイバ

光ファイバの材料としては、**高純度の石英ガラス**が一般に用いられている。これは、石英が $1[\mu m]$ 帯の波長の光に対して非常に低損失な光伝送特性を持っているためである。図 11.7 に高純度石英を用いた単一モード（SM：Single Mode）光ファイバの波長損失特性を示す。従来使用されていた純石英光ファイバは、図の破線で示した特性を持っており、$1.4[\mu m]$ あたりに鋭い吸収がある。この吸収は OH 基によるものであり、最近開発された OH フリー型純石英光ファイバでは、図の実線で示した特性のようにこの吸収がなくなっている。

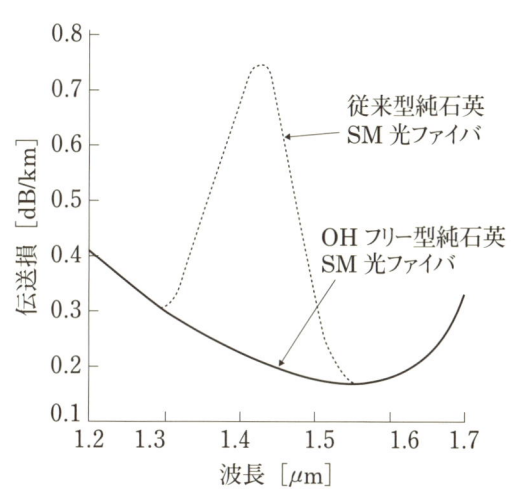

図 11.7 光ファイバの波長損失特性

光ファイバの伝送損失は、OH フリー型純石英ファイバでは、(1)**レイリー散乱損**、(2)構造不整損、(3)赤外吸収による損失から成り立っている。レイリー散乱とは、光の波長以下のミクロな領域での、ランダムな密度の揺らぎによる媒質中での光の散乱であり、散乱光強度は波長の四乗に逆比例する。したがって、短波長側でその影響が大きく出てくる。構造不整損とは、コアとクラッドの界面不整に起因する散乱であるが、通信用光ファイバではその値は非常に小さい。赤外吸収による損失は Si-O 結合の電子遷移に起因しており、$1.55[\mu m]$ 帯より長波長側では影響が出てくる。図より分かるように、最低損失は $1.55[\mu m]$ での $0.17[dB/km]$ である。

11.1.4 光分岐器

光伝送システムにおいては、光信号を分けたり重ねたりする機能が不可欠である。分岐や結合は、ファイバのコアや導波路を近接させて、電磁気的にしみだした光を結合させる構造が一般的である。図 11.8 に**光分岐器**の構造を示す。**同図(a)**は光ファイバを融着させて1つの信号を2つに分岐するファイバ融着型光分岐器、**同図(b)**は $LiNbO_3$ 基板上に Ti（チタン）を拡散して光導波路をつくり、入力光を8つに分岐した光導波路型光分岐器である。図(b)の分岐器は、FTTH システムにおいて通信系（$1.3[\mu m]$）と映像系（$1.5[\mu m]$）の波長信号を分岐するときに用いられている。

(a) ファイバ融着型光分岐器

(b) 光導波路型光分岐器

図 11.8　光分岐器

図 11.9　DFBレーザ

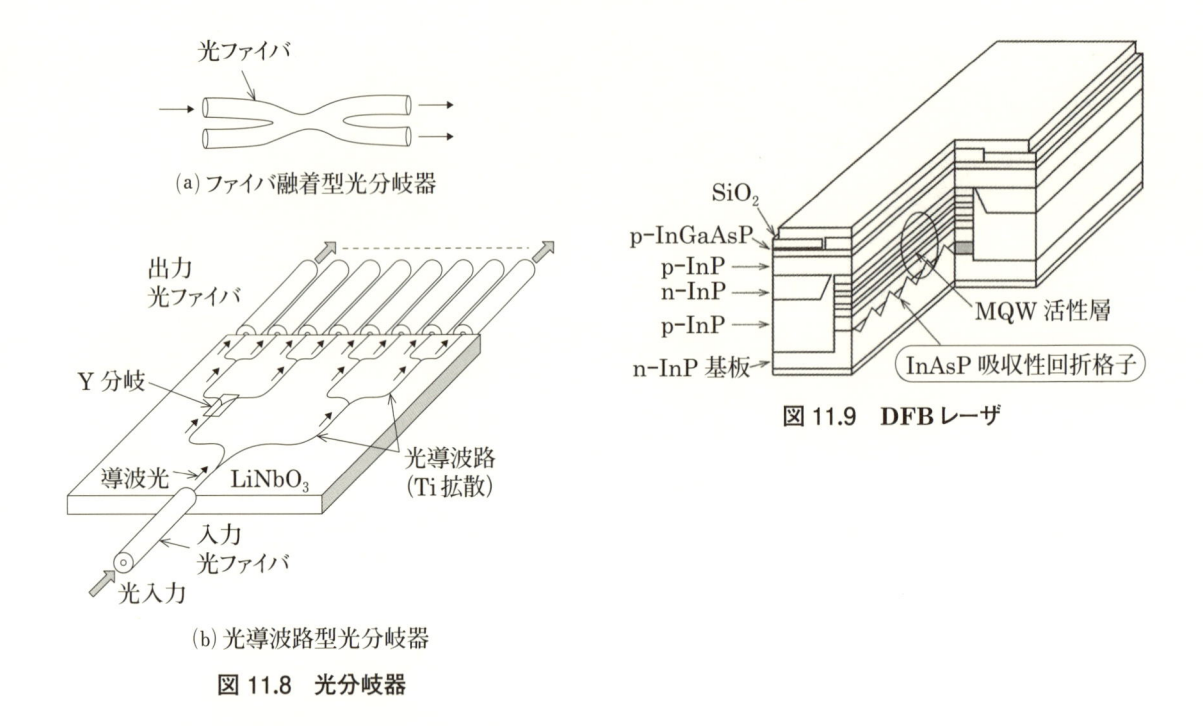

11.1.5　分布帰還型レーザ（DFB レーザ：Distributed-Feedback Laser）

　光通信用としては波長が $1.3 \sim 1.5 [\mu m]$ で、動作温度に対して縦モードの安定性や雑音特性が良好な半導体レーザが要求される。このレーザとして、InP 基板の上に InGaAsP を活性層として作製された DFB 構造のレーザが用いられる。DFB レーザの構造断面図を図 11.9 に示す。図のように DFB レーザは、あらかじめ導波路に沿って波長周期の整数倍で回折格子（図では吸収性回折格子）を形成してある。この回折格子により、導波路内の屈折率は周期的に変化し、それによって決定される特定の波長で、安定な単一モード発振を行う。図の DFB レーザは実屈折率ガイド型で、活性層は InP/InGaAsP の多重量子井戸構造を採用している。

11.2　光ディスク用材料

11.2.1　光ディスク装置の構成

　再生用光ディスクは、図 11.10 のようにディスク上に信号がピットの形で記録されており、レーザ光をディスクに照射して、ピットの有無による反射光量の変化を受光素子で読み取るように構成されている。光ディスク装置の基本構成図を図 11.11 に示す。レーザから出た光は**ビームスプリッター、ミラーで偏向され、レンズを通過してディスク上で焦点を結ぶ**。ビームからの反射光は逆向きに進み、ビームスプリッターを直進して**受光素子で検出される**。図 11.10 から分かるように、1 の信号はほとんど全反射されて戻るため、受光素子上での検出光は大き

く、一方 0 の信号ではピットでレーザ光が回折散乱されるため、その検出光は極めて小さく、これにより受光素子で 1 か 0 かを判定する。

11.2.2 再生専用光ディスク

再生専用光ディスクとしては、CD、DVD および BD (Blu-ray Disc) がある。どの場合も図 11.10 に示したピットがアルミニウムなどの金属反射膜上に形成されている。ディスクは直径 12cm の円板であるが、用いるレーザや記録容量などが異なる。光ディスク装置の仕様比較を図 11.12 および表 11.1 にまとめる。

11.2.3 録再可能光ディスク

録再可能光ディスクを記録方式で分類すると、次の 3 種類になる。

① 相変化記録（書き換え可能型ディスク）
② 有機色素記録（1 回だけ記録可能な Write Once 型ディスク）
③ 光磁気記録（書き換え可能型ディスク）

相変化記録光ディスクは図 11.13 に示すように、温度によって**結晶相とアモルファス状態の 2 層間の可逆的な転移を行う材料**を成膜したディスクである。結晶相とアモルファス状態ではその**反射率が異なり**、この反射率の差を 1 または 0 の信号として検出する。

信号の記録および消去の原理を次に述べる。初期状態が結晶相である相変化可

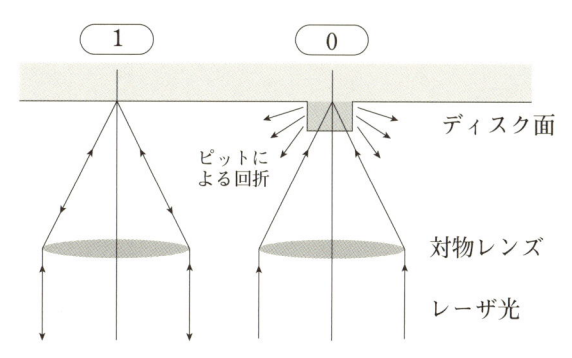

図 11.10 光ディスク上のピットの有無による反射の仕方

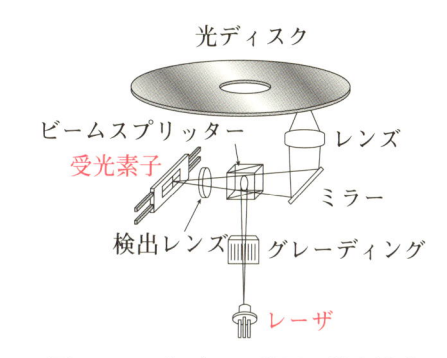

図 11.11 光ディスク装置の基本構成

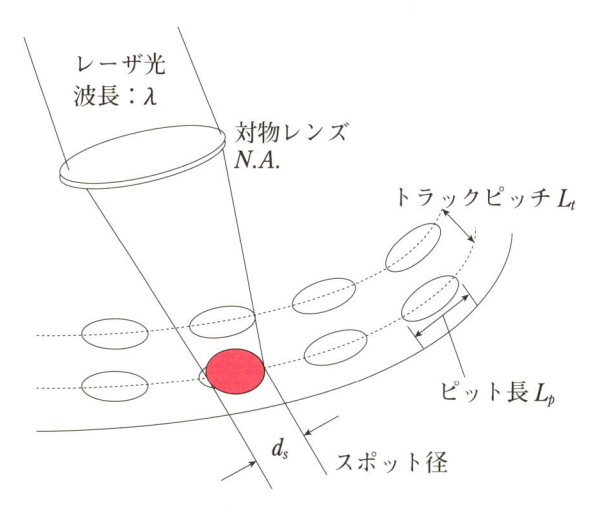

図 11.12 光ディスク装置の仕様比較のための各パラメータ

第 11 章 光通信用材料、光ディスク用材料

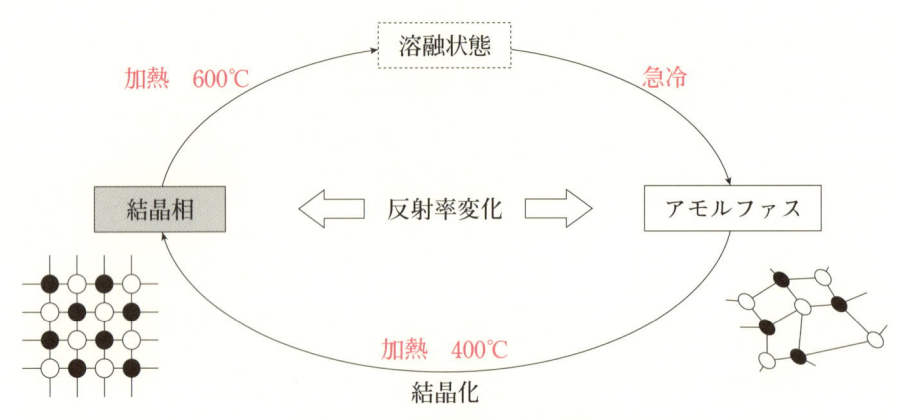

図 11.13 相変化記録の原理

表 11.1 再生専用光ディスクの各パラメータの規格値

半導体材料	CD	DVD	Blu-ray
レーザ波長 λ [nm]	780	650	405
対物レンズ $N.A.$	0.45	0.6	0.85
ピット長 L_p [μm]	0.9	0.4	0.149
トラックピッチ L_t [μm]	1.6	0.74	0.32
スポット径 d_s [μm]	1.0	0.6	0.3
容量 [GB]	0.65	4.7	25
概要	レンズ $N.A.=0.45$、1.2mm、ディスク厚：1.2mm	レンズ $N.A.=0.6$、0.6mm/0.6mm、ディスク厚：1.2mm	レンズ $N.A.=0.85$、0.1mm、ディスク厚：1.2mm

能材料を、高出力のレーザ光照射により融点（600℃）以上に加熱して溶融状態にし、直ちに急冷（レーザのパワーオフ）することによりアモルファス状態にして信号を書き込む。書き込まれた信号の読み取りは、1[mW]程度の弱いレーザ光を当てて、アモルファス状態と結晶相との屈折率差を反射光の差として取り出すことにより行われる。また書き込まれた信号を消去するには、中出力程度のレーザ光をアモルファス状態の箇所に照射して、融点以下、結晶化温度（400℃程度）以上に加熱昇温すると元の結晶相に戻り、記録信号は消去される。記録材料としては Ge-Sn-Te 系、Ge-Sb-Te 系のアモルファスなどが用いられる。

有機色素記録光ディスクは、1度だけしか書き込みができないディスクである。図 11.14 に CD-R と CD-ROM の構造を比較した図を示す。CD-R において信号を記録したいときには、溝部に塗布してある**有機色素膜**に高出力レーザ光を照射して、**色素を加熱・分解してピットを焼きつけて形成する**。このピットは非可逆的に形成されるので、Write Once 記録となる。有

機色素膜材料としては、シアニン系色素が用いられる。

記録信号を再生するときは、CD-ROM の場合と同じくピットによる反射率の差を利用している。

光磁気記録ディスクは、**光の熱効果を用いてディスク上に塗布した磁性薄膜の磁区の極性を変化させ、情報を書き込むもの**である。民生用光磁気ディスクとしては MD（Mini Disc）がある。その原理を図 11.15 に示す。最初に磁化の方向を同一にする（**同図(a)**）。その一部に高出力のレーザビームを照射し、**キュリー温度**以上に加熱すると、この部分の磁化が消失する。ここで**キュリー温度とは磁化が消失する温度**のことで、材料により異なるが約 200℃ 程度であ

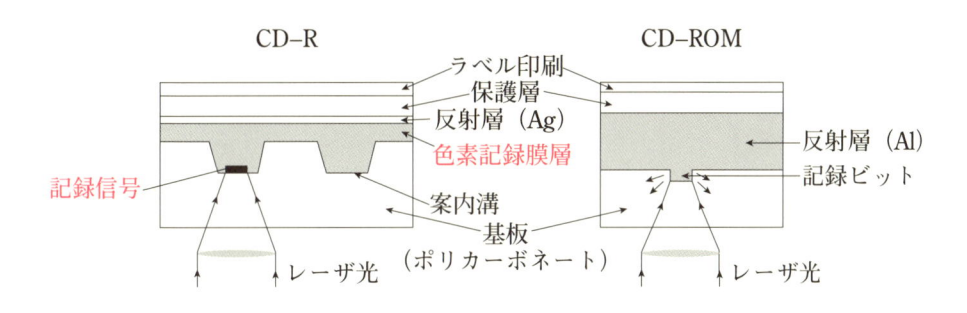

図 11.14　CD-R と CD-ROM の構造比較

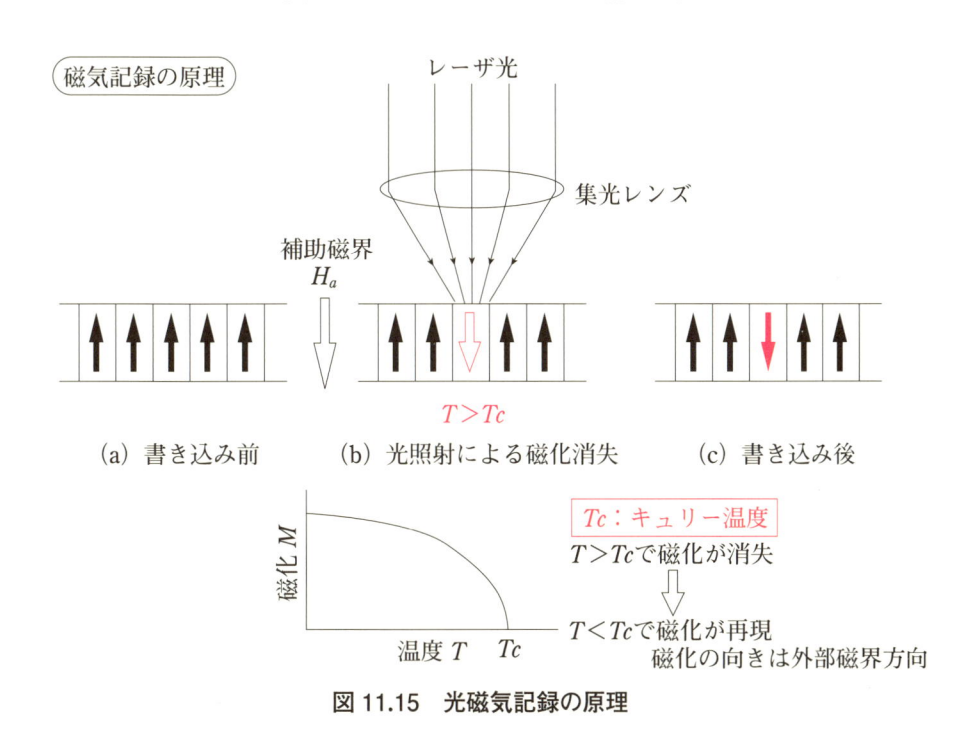

図 11.15　光磁気記録の原理

図 11.16　光磁気メモリー再生の原理

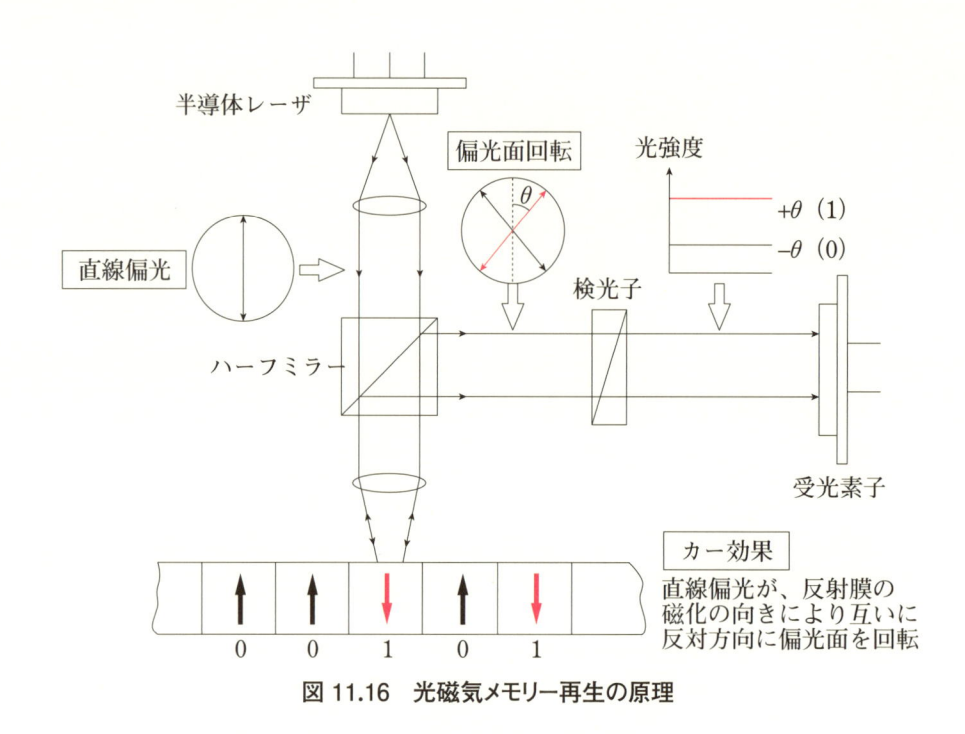

る。温度が下がり、磁性を記録保持できるまで冷えたところで、この部分に下向きの**補助磁界** H_a を印加すると、記録層の磁化方向は**同図(b)**に示すように下向きに反転させられる。光照射が終わり磁性体が十分冷えると、この反転磁化領域への信号書き込みが完了する（**同図(c)**）。記録材料としては、MnBi や GdTbFe などの強磁性体が用いられる。

記録信号の再生には数［mW］の低出力レーザ光を記録膜に当てる。その原理図を**図 11.16**に示す。このレーザ光は直線偏光したものであるが、この光が記録面に当たると、「**カー効果**」により**記録面の磁化の方向に応じて互いに反対方向に偏光面が回転する**。この反射光を**検光子**に通して、光の強度信号として取り出すのである。

図 11.15のように、初期状態では磁化の方向を全て上向きにする必要がある。すなわち前の信号を全て消去しておくことが必要となる。その方法としては、消去パワーに相当するレーザ光を連続的に照射して、**図 11.15(b)**に示した外部磁界 H_a を上向けに印加すればよい。これによって、記録膜の磁化方向は全て上向きになり、前の情報は消去される。

光磁気記録は、加熱温度が約 200℃と低いため、レーザ出力も 25［mW］程度でよく、相変化型に比べてレーザ出力は小さくてすむ。

演習問題 11.1

OH フリー型純石英 SM 光ファイバを用いて $1.55\,[\mu\mathrm{m}]$ のレーザ光を伝送したとき、光ファイバの出力端の信号が入力信号の半分になるファイバ長を求めよ。

演習問題 11.2

レーザ光を凸レンズで絞ったとき、その最小スポット径は $\lambda/N.A.$ に比例する。ここに λ はレーザ波長、$N.A.$ はレンズの開口数である。表 11.1 を用いて CD、DVD、Blu-ray の各々の $\lambda/N.A.$ の比を求め、表に書かれているスポット径 d_s の比に等しくなることを示せ。

第 12 章

超伝導材料

12.1 超伝導の発見

　温度を絶対零度まで下げると、格子振動による電子の散乱がなくなり、電気抵抗が 0 になるのか。あるいは電子が動けなくなり、無限大になるのか。これが当時の熱力学の大問題であった。超伝導は、この問題への取り組みが動機となって発見された。

　1907 年、オランダのライデン大学のカメリン・オンネス（Kamerlingh Onnes）は He の液化に成功し、1911 年、Hg について低温において電気抵抗がどうなるか実験した。Hg が用いられた理由は、当時の技術では Hg は蒸留できるため最も純度を上げることができる物質だったからである。その結果、図 12.1.1 に示すように、ある温度以下で電気抵抗が急激に低下し、ついにはゼロとなる現象を発見した。この現象をオンネスは超伝導（superconductivity）と名づけた。

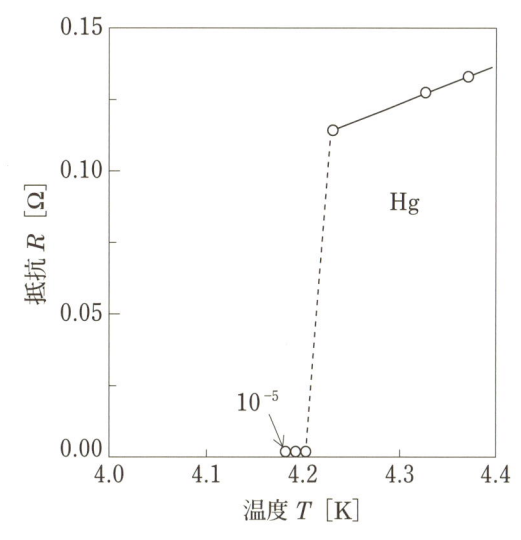

図 12.1.1　超伝導の発見

　Hg の超伝導の発見以後、高純度物質が得やすかった他の金属（Pb、Sn、In など）についても同じ現象がおこることが分かり、その後さらに合金（Pb-Bi）や化合物（NbN）などの超伝導物質も発見された。初期の頃は、超伝導に関する基礎理論が確立していなかったために、偶然性による発見がほとんどであった。1930 年、マイスナー（Meissner）らによる B1 型構造である NbC が発見され、超伝導となる温度（臨界温度：T_c）が初めて 10 K を超えた。

　1953 年に A15 型金属間化合物である V_3Si（$T_c = 17$ K）が発見された。この頃より単なる超伝導新物質の探求から、材料開発の目的意識を持った研究へ移行し始め、数多くの遷移金属合金や化合物超伝導体の研究をとおして、T_c が価電子の数に従って特徴的な変化をすることを示したマティアス（B.T.Matthias）ルールや超伝導理論が登場し、現在、超伝導材料とし

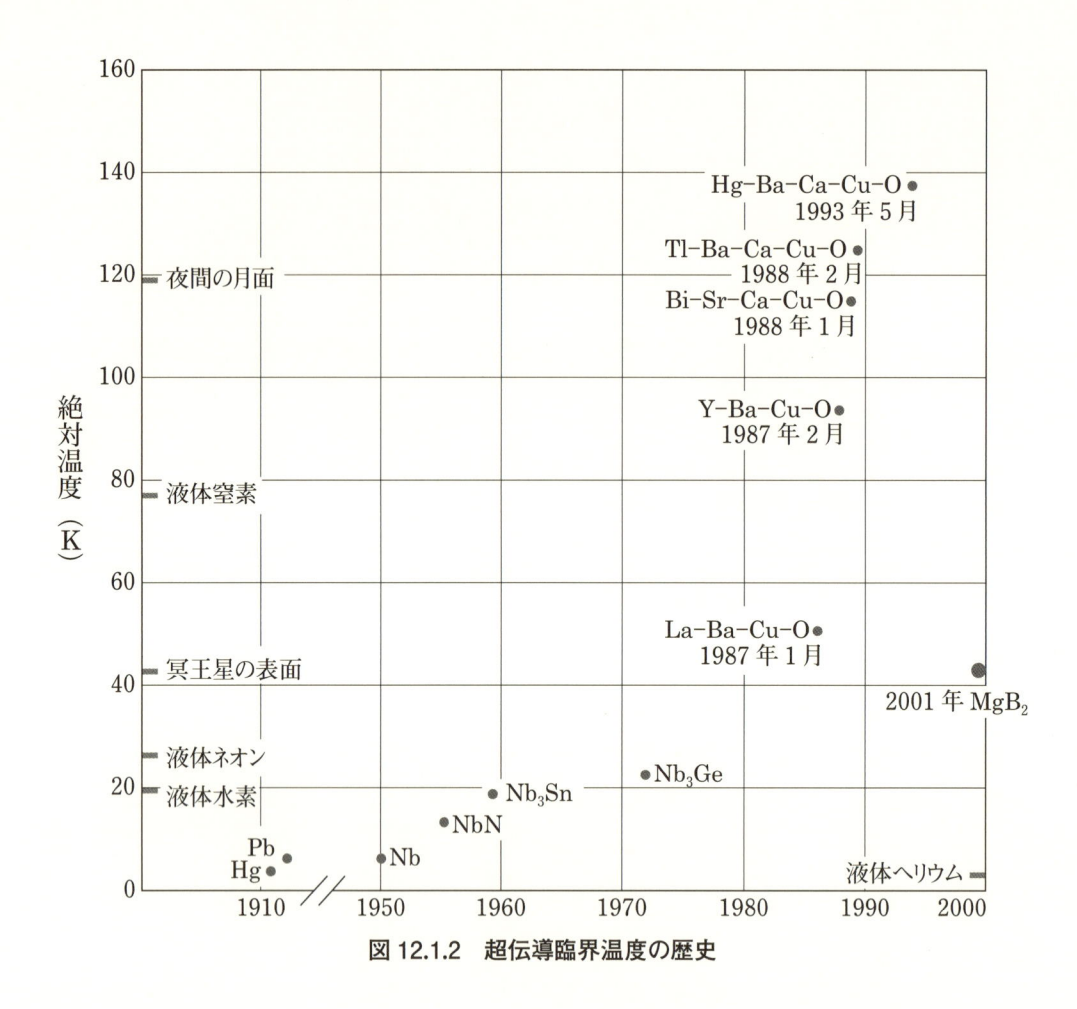

第12章 超伝導材料

図12.1.2 超伝導臨界温度の歴史

て実用上重要な材料である Nb_3Sn（1954年）、3元系のシェブレル相化合物である $PbMo_6S_8$（1972年）が発見された。このように、超伝導は電気伝導現象であるから、金属的物質のほうがよいと考えられていた。

1986年、ベドノルツとミューラー（Bednorz, Müller）により、酸化物系の超伝導材料 $La_{2-x}Ba_xCuO_4$ が発見され、その後、90 K 級の $YBa_2Cu_3O_{7-\delta}$、100 K 級の $Bi_2Sr_2CaCu_2O_y$、120 K 級の $TlBa_2Ca_2Cu_3O_y$、130 K 級の $HgBa_2Ca_2Cu_3O_{9-\delta}$ が見出され、超伝導の新しい時代となっている。図12.1.2 は臨界温度の歴史を示している。

12.2 超伝導の発生原因

常伝導状態の金属に電流を流した場合、金属内の伝導電子は第4章で述べたように、格子振動との相互作用により電気抵抗が発生する。超伝導状態の金属では、電子と格子との相互作用はどうなるのであろうか。この問題を1957年に説明したのが、バーディーン、クーパー、シュ

リーファー（Bardeen、Cooper、Schrieffer）の3人で、この理論はBCS理論と呼ばれる。常伝導状態と超伝導状態との基本的な違いは、電子状態が違うことである。常伝導状態ではスピンまで考慮すると、伝導電子は1つの量子状態に1個の粒子しか占有できないというパウリの排他原理に基づいて、フェルミ統計に従うフェルミ粒子となっている（第5章参照）。それに対して超伝導状態では伝導電子に引力が働き偶数個ずつ対を形成し、ボース・アインシュタイン統計に従うボース粒子になる。そのため、特定温度以下では最低エネルギー準位に大量の粒子が落ち込んだボース凝縮状態になり、全体で1つの量子として振舞うことができる。つまりこの理論は、超伝導状態は、電子が対を形成して位相を揃えた巨視的な量子運動をしていることを証明している。

金属は、第2章で述べたように、自由に動ける伝導電子と格子点に配置した正イオンからなっている。正イオンが格子点に規則正しく配列し静止している限り、電子と相互作用することはないが、正イオンが規則的配列からずれると、電子は正イオンにより散乱されて電気抵抗が発生する。電子の散乱を受け、その結果、正イオンは電子から静電力による影響を受ける。正イオンは他の電子を散乱するときに、その影響を伝える。このような電子の散乱を介して、電子間に引力が働くことがありうることを示したのが、フレーリッヒ（Frölich）理論である。

図12.2.1に示すように、金属中を運動する電子(1)は、自分のまわりの正イオンを引き寄せ、局部的にイオン密度の高い領域を形成する。正イオンは電子より重く、動きが遅いので、電子が過ぎ去った後でもその領域は正に帯電した形で残る。すると、他の電子(2)は、正電荷の領域に引き寄せられ、結果的に第一の電子から引力を受けたようになる。この電子間引力がクーロン反発力よりも大きい場合には、全体として電子間に引力が働き、電子系のエネルギーが低下してより安定な状態をとろうとする。このとき、電子同士は引力により互いに引き寄せ合い、対を作りボース粒子となる。

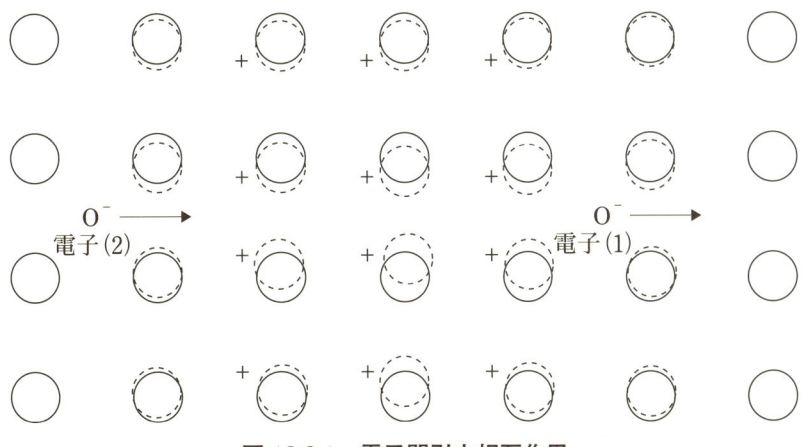

図 12.2.1　電子間引力相互作用

12.3 超伝導の基本的現象

超伝導の基本現象は、完全導電性、完全反磁性、磁束の量子化、ジョセフソン効果（Josephson effect）である。

12.3.1 臨界磁界と完全反磁性

超伝導現象を示す材料を超伝導材料（superconductive material）といい、臨界温度（critical temperature）：T_c、臨界磁場（critical magnetic field）：H_c、臨界電流（critical electric current）：J_c 以下になったときに電気抵抗がゼロとなり超伝導となる。

図 12.3.1 に超伝導状態における T_c、H_c および J_c（臨界 3 値）の関係を定性的に示した。また後述するように第 2 種超伝導体においては臨界磁界に H_{c1} と H_{c2} の 2 つがある。

表 12.3.1 および表 12.3.2 に、超伝導になる主な元素および化合物とその T_c を示す。Cu、Ag、Au やアルカリ金属のように室温で良導体の物質や、Fe、Co、Ni のような強磁性金属は超伝導を示さない。しかし、合金および化合物の超伝導体では、成分が必ずしも超伝導元素でない場合もある。

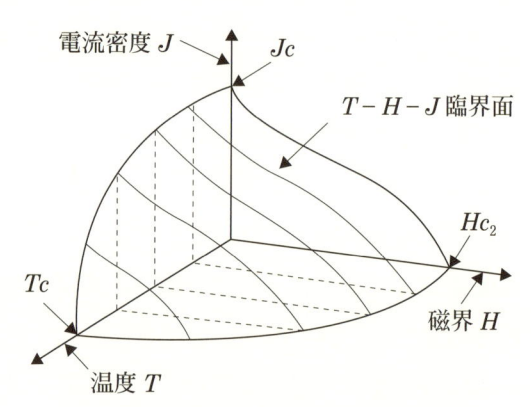

図 12.3.1 超伝導状態における臨界 3 値

表 12.3.1　超伝導元素とその臨界温度（単位は K）

元素	T_c	元素	T_c	元素	T_c
Nb	9.5	In	3.41	Zn	0.88
Tc	7.8	Tl	2.38	Zr	0.75
Pb	7.2	γ-U	1.8	Os	0.70
β-La	6.0	Re	1.7	Cd	0.56
V	5.3	Th	1.3	Ru	0.49
Ta	4.48	Al	1.2	Ti	0.40
α-Hg	4.15	Ga	1.1	Ir	0.14
Sn	3.72	Mo	0.92	W	0.01

表 12.3.2　超伝導化合物とその臨界温度（単位は K）

物質	T_c	物質	T_c
Nb_3Sn	18.5	SnSb	3.9
NbN	17.3	$PbTl_2$	3.8
MoN	14.3	ZrC	2.3
NbTi	9.8	CuS	1.6

臨界磁場 H_c は物質により異なるとともに、温度依存性がある。いくつかの超伝導元素について H_c と温度の関係を示すと図 12.3.2 のようになり、これらの曲線は

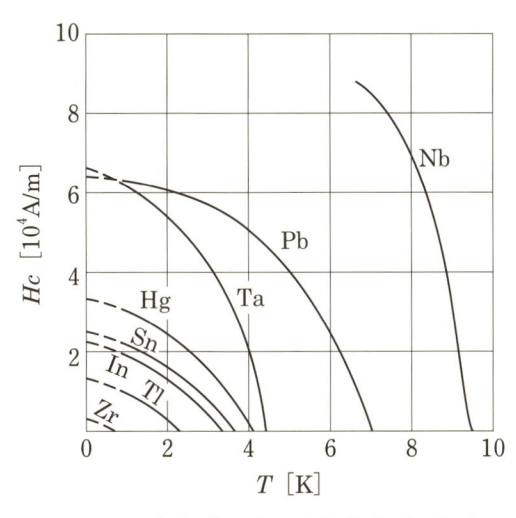

図 12.3.2　超伝導元素の臨界磁場（Hc）と温度（T）の関係

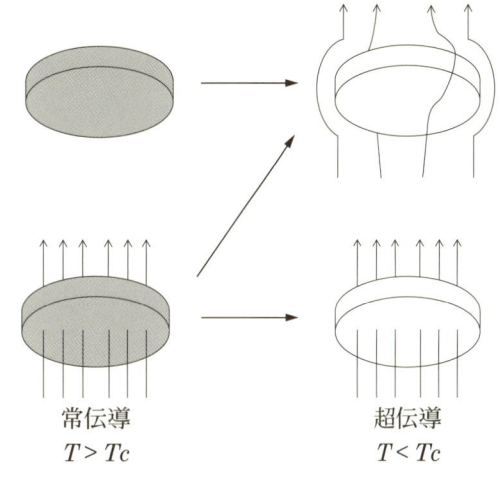

図 12.3.3　完全反磁性

$$Hc = H_0\left(1-\left(\frac{T}{Tc}\right)^2\right) \tag{12.3.1}$$

なる関係でよく表わされる。H_0 は $T=0$ K に対する臨界磁界で超伝導固有の定数である。これらの曲線の下側では超伝導状態、上側では常伝導状態となる。

　超伝導物質は、超伝導状態で電気抵抗が 0 であるということ以外に、完全反磁性であるという別の重要な性質を持っている。図 12.3.3 に示すように、$T>Tc$ では磁束は超伝導体の中に入り込めるが、$T<Tc$ の超伝導状態では磁束は中に入り込めず、全てはね返されてしまう。すなわち超伝導状態では、内部磁束密度 $B=0$、あるいは

$$B = \mu_0 H(1+\tilde{\chi}) \tag{12.3.2}$$

より、$\tilde{\chi}=-1$ すなわち完全反磁性となる。ここで $\tilde{\chi}$ は、外部磁場をかけたときに誘起される超伝導電流により作られる磁場である。このような効果はマイスナー効果(Meissner effect)と呼ばれる。

　このマイスナー効果は、超伝導体を単に抵抗 0 の物質として考えるだけでは説明できない。すなわちオームの法則より電流密度ベクトルを J、抵抗率を ρ、電界ベクトルを E とすると、$E=\rho J$ が成り立つが、抵抗 0 では $\rho=0$ となり、これをマクスウェルの方程式 $\text{curl} E = -\partial B/\partial t$ に代入すると、$\partial B/\partial t=0$ は導かれるが $B=0$ とはならない。一方、超伝導状態になった超伝導物質に外部磁場を加えると、磁場の超伝導体への侵入が阻止される。つまり、超伝導体に磁石を近づけると、磁石が近づくのを妨げるように電流が誘導される。例えば N 極を近づけると、物質表面に N 極を作るような向きに電流が誘導され、磁場の侵入が阻止される。しかし、超伝導体の上に室温で磁石をのせた状態で冷やしたとき、磁場の変化がなく、電磁誘導は生じな

いのに、超伝導体内の磁場が排除され $B=0$ となる。これは磁石の変化の経緯に関係なく、超伝導は常に1つの平衡状態になっていることを示している。すなわち完全反磁性と $\rho=0$ は全く別の性質であることを示している。

12.3.2　第1種超伝導体と第2種超伝導体

超伝導体に低い外部磁場を加えた状態を図12.3.4に示す。このように低磁場においては磁束は全て反発され中へは入れない。すなわち完全反磁性の状態を保つ。磁場を次第に増加して臨界磁場 Hc になると、超伝導体状態が壊れて完全反磁性の性質がなくなり、図 12.3.5（a）のように磁束が内部に入り込み、通常の常伝導状態になる。このような超伝導体を第1種超伝導体と呼ぶ。多くの超伝導物質の純粋な試料は、このような振舞いをする。超伝導物質の他のものは第2種超伝導体と呼ばれるもので、図 12.3.5（b-1）に示すよ

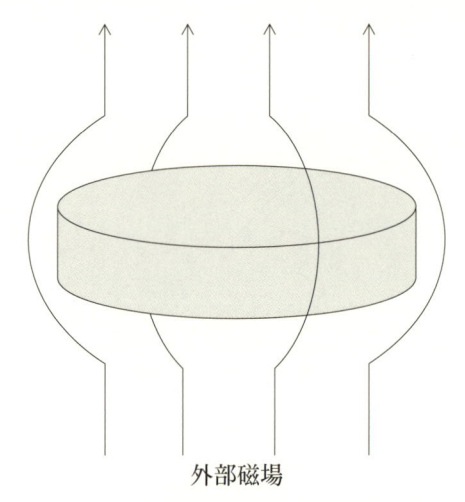

図 12.3.4　一様に印加された弱い外部磁場中での超伝導体と磁束の関係

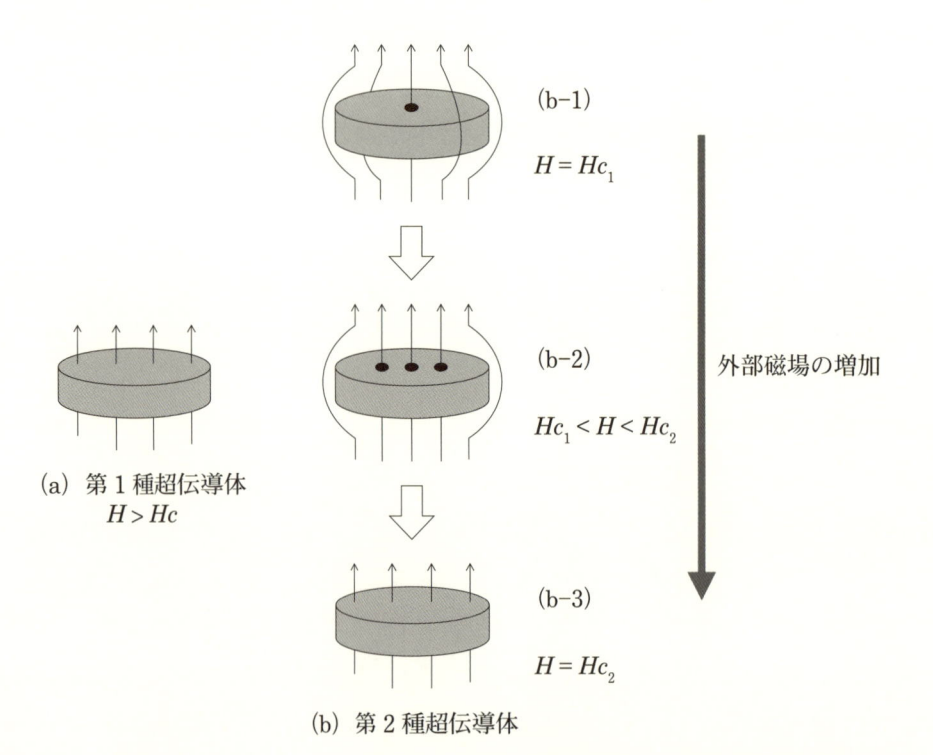

図 12.3.5　外部磁場を大きくしていった場合の(a)第1種超伝導体と(b)第2種超伝導体の様子

うに、ある磁場 H_{c1} になると磁束が内部に入り込み、外部磁場を増加するに従って、同図（b-2）に示すように超伝導内部に入る磁束が増加する。その結果、超伝導状態と常伝導状態がミックスした混合状態となる。さらに外部磁場を増加すると、同図（b-3）に示すように、ある磁場 H_{c2} で超伝導体全体が磁束で埋め尽くされ、常伝導状態になる。H_{c1} および H_{c2} をそれぞれ下部臨界磁場および上部臨界磁場という。

12.3.3 電流密度、磁束の量子化とピン止め

第2種超伝導体が混合状態にあるとき、内部に磁束が糸状に浸入している。このような状態（磁束の量子化）の超伝導体に電流を流すと、磁束はこの電流からローレンツ力を受け超伝導体内を移動し、その結果、電力損失を生じることになる。しかし、実際には超伝導体は完全に均質ではなく、その内部に転位、不純物、析出相などの不均質部を含むため、この部分が磁束の移動を妨げている。これをピン止め作用と呼び、この作用によって電力の損失なしで電流が流れる。そこで、もしローレンツ力がピン止め作用より大きいときには、磁束の移動がおこり電力損失を生じるため、大きな電流を流すことができない。このローレンツ力がピン止め作用と等しくなるときの電流密度を臨界電流密度 J_c と呼ぶ。

12.3.4 ジョセフソン効果

超伝導体を絶縁体や常伝導体を介して弱く結合させた場合、両方の超伝導電子が互いに相関を持ち、その結果、2つの超伝導体の間に電圧がなくても電流を流すことができる。この現象をジョセフソン効果（Josephson effect）と呼ぶ。これは外部からの磁界や電磁波などに敏感に応答するため、接合部に流れる電流（ジョセフソン電流）を外部から容易に制御できる。

スイッチング素子および磁界や電磁波を検出するセンサーは、図12.3.6（a）に示すような、2つの超伝導電極間に非常に薄い絶縁層をはさんだ SIS（Superconductor Insulator Superconductor）構造をした素子が最初に実現され、このような構造はジョセフソン接合（Josephson junction）と呼ばれた。このタイプの素子では、2つの電極に流れる超伝導トンネル電流により量子力学的コヒーレンスを作っているので、トンネル素子と呼ばれている。トンネル素子では、絶縁層が弱い超伝導性を持った弱結合領域として働いている。弱結合領域を実現するには他の方法も考えられ、その方法の違いにより、図12.3.6（b）〜（d）に示されるような異なった素子が考案されている。

同図（b）は、絶縁層のかわりに短い常伝導金属で超伝導電極を結合した SNS（Superconductor Normalconductor Superconductor）構造をしており、SNS素子、または超伝導体と常伝導体間の近接効果を用いているので、近接効果型素子と呼ばれている。同図（c）は、超伝導電極に非常に狭いくびれを作ることにより弱結合領域を実現したもので、マイクロブリッ

第12章 超伝導材料

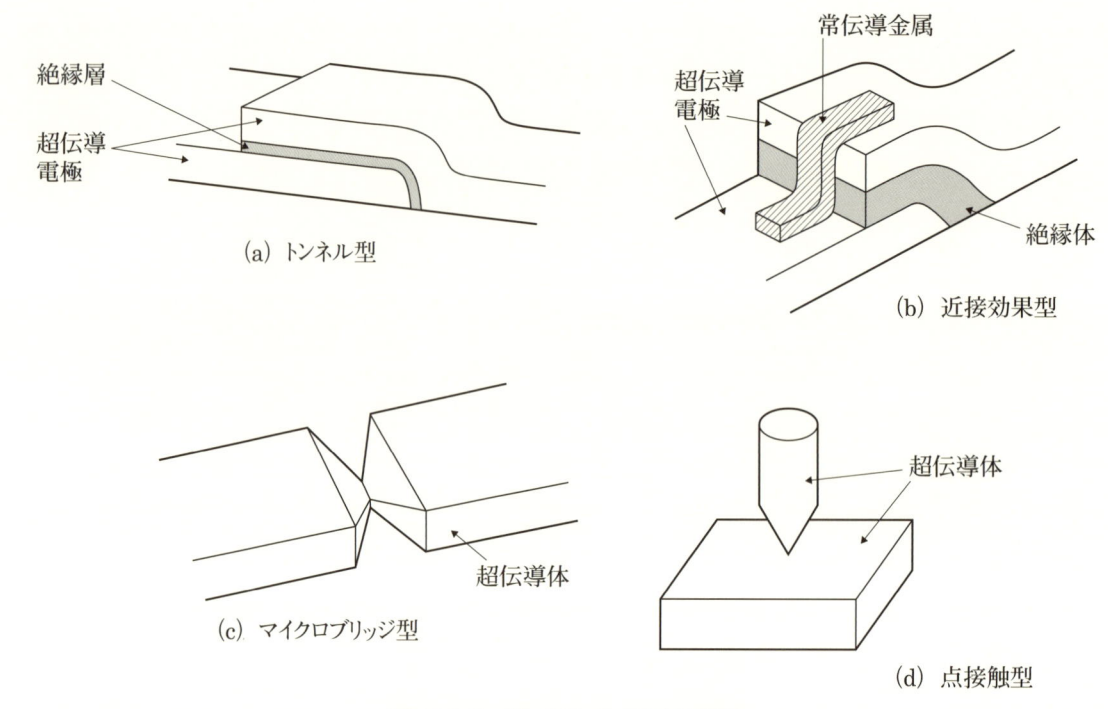

図12.3.6 ジョセフソン素子の種類
(a) トンネル型
(b) 近接効果型
(c) マイクロブリッジ型
(d) 点接触型

ジ型素子と呼ばれている。また、同図（d）は2つの超伝導体を非常に小さな領域で接触させたもので、同図（c）と同様な原理で弱結合領域が形成されており、点接触型素子と呼ばれている。

ジョセフソン素子は、2つの電極を持った2端子素子であり、素子に流した電流 I と電極間の電圧 V の間の直流 I–V 特性は、図12.3.7 に示すように、一定の電流に対して電圧が二価となる。直流電圧 V_{dc} が0の分岐は、抵抗0の超伝導状態に対応し、その場合、印加した電流はすべて超伝導トンネル電流として流れる。一方、V_{dc} が0でない分岐は、印加電流の大半が常伝導トンネル電流として流れた場合で、有限の抵抗が発生した状態である。抵抗0の状態は、印加電流があり、臨界電流 I_0 以下の場合のみ存在する。

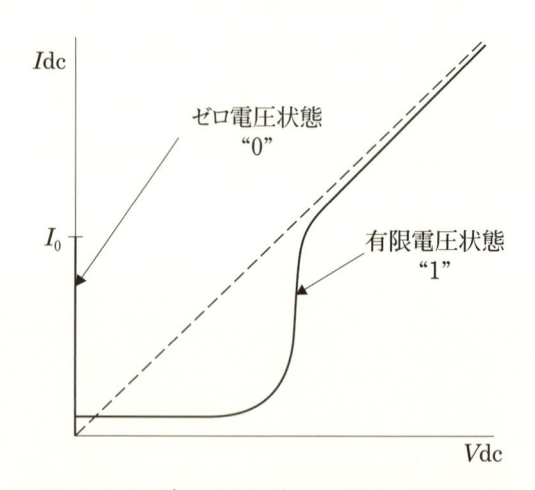

図12.3.7 ジョセフソン素子の電圧−電流特性
ゼロ電圧状態 "0"
有限電圧状態 "1"

12.4　超伝導材料

1911年に超伝導現象が発見されてから数十年間は新物質の探求が主で、応用面に関する研究・開発はほとんど行われなかった。実用化に向けての開発が始まったのは1960年代に入ってからである。

超伝導体の実用化にあたり、その性能が優れていること、つまり Tc、Hc、Jc のそれぞれが高いことは重要であるが、さらに加工性および経済性がよいことも大切な条件となる。性能が優れていても硬くて脆い素材は用途に応じ線材化や薄膜化が困難であり、この形状化のために特殊な技術開発が必要とされている。代表的な超伝導線材を表12.4.1に示す。

表12.4.1　代表的な超伝導材料の Tc と Hc_2

物　質	Tc [K]	Hc_2 [T] (4.2 K)
Nb-Ti 合金	9	11.5
Nb_3Sn	18	26
V_3Ga	15	24
Nb_3Ge	23	37
NbN（薄膜）	17	30
$PbMo_6S_8$	14	50

（製法、純度、形状等により異なる場合がある）

超伝導体は元素超伝導体、合金超伝導体、化合物超伝導体、その他有機物も含めた特殊な超伝導体に分類されるが、ここでは合金超伝導体と化合物超伝導体について簡単な解説をする。

12.4.1　合金超伝導体

合金超伝導体材料は1000種以上見つかっており、Hc_2 が大きく、加工性および経済性がよく、また取り扱いが容易であるため、早い段階で実用化に向けた開発が進められた。代表的なものとして、Pb-Bi 合金（8.8 K）、Nb-Ti 合金（9.9 K）、Nb-Zr 合金（11 K）などである。中でもNb-Ti 合金はマグネット用線材の中心的存在となっている。

Pb-Bi 合金は、Pb 合金系や Nb 系のジョセフソン素子の上部電極としてよく使用されていた。

Nb-Ti 合金は超伝導線材として最も大量に使用されている材料である。（Ti：35～40％）の組成で Tc が最大値（10.1 K）、（Ti：65～70％）の組成で Hc_2 が最大値（11.5 T）をそれぞれ示すが、実用化の組成は加工性および特性を考慮して（Ti：50～80％）となっており、（Ti：60％）が主流となっている。

Nb-Ti 合金の線材化は、まず Nb-Ti 合金のインゴットを作製し、これを直径数 mm の棒状に加工する。この合金棒を銅パイプに入れ複合棒としたものを数百本まとめてさらに銅パイプに組み込む。これを押出し-引抜き加工により極細加工を施す。これによって銅母体の中にNb-Ti 合金の極細芯が多数（数万本）埋め込まれた状態の線材（極細多芯線）が作製される。なお、極細化の際にねじり加工が加えられるが、これは超伝導体内部での電磁界分布を均一化するためである。

12.4.2　化合物超伝導体

　一般に、化合物超伝導体の T_c と H_{c2} は合金系と比べて高いので、高磁界発生用マグネットに適している。しかし、機械的に脆く加工性の悪いことが欠点であり、実用化にあたり線材化方法を工夫する必要がある。代表的なものとして、A15型立方結晶構造を持つ Nb_3Sn (18.0 K) と V_3Ga (16.5 K) があるが、線材化方法として以下に述べる表面拡散法、複合加工法、インサイチュー (in situ) 法などがある。

12.4.2（1）　表面拡散法

　まず、Nb の金属テープを溶融した Sn の中に通すことにより表面に Sn メッキを施す。次にこれを適当な温度のもとで熱処理すると、金属テープ（Nb）とメッキ層（Sn）との間の拡散反応によって、金属テープ両面に Nb_3Sn 層が生成される。なお、安定化のためにテープ両面に Cu が被覆されている。表面拡散法により作製された素材は薄いテープ状であるため、マグネットに巻き込む際のひずみが小さく、比較的小型のマグネットに採用されている。

12.4.2（2）　複合加工法

　Cu-Ga 合金に V 棒を多数挿入し、この複合体に熱処理（500℃）を施しながら必要な寸法まで線材化する。これに 600〜650℃の熱処理を加えると、Cu-Ga 合金中の Ga のみが V 棒と反応して、V 棒の界面に V_3Ga 層を生成する。結果的に V_3Ga 極細芯を多数含んだ線材が作製される。

　Nb_3Sn についても、Cu-Sn 合金中に Nb 棒を多数挿入し、V_3Ga と同様の製法により線材化することができる。以上述べた複合加工法は、化合物超伝導体の線材製法の主流となっており、ブロンズ法とも呼ばれている。

12.4.2（3）　インサイチュー法

　Cu および Nb を溶解し 2 元素合金を作製すると、この合金は Cu 母相内に Nb 相が晶出した二相分離型構造になっている。Cu-Nb 合金は加工性が非常によいので、線状およびテープ状への加工が容易であり、このとき合金内の Nb 相も細長く引き伸ばされている。そこで、この細長い Nb 相に対して Sn を外部から拡散反応させると、やはり線状の Nb_3Sn が生成される。つまり、Cu 母相内に、多数の繊維状の Nb_3Sn を含んだ線状材料あるいはテープ状材料が作製される。

　Nb_3Sn と V_3Ga 以外の化合物超伝導体としては、Nb_3Sn と同じ A15 型結晶構造を持つ Nb_3Al (18.5 K) や Nb_3Ge (23.9 K) などがあり、これらの T_c と H_{c2} はいずれも Nb_3Sn より

も高く、実用材料として有望視されている。しかし、これらの化合物の場合、融点（約 2000℃）直下の高温のみで A15 型構造が安定であるが、溶融法で作製した結晶は Ge の欠損が存在するため Tc が 6 K 以下である。非平衡条件下の作製法である薄膜作製法や溶液急冷法、レーザ・クエンチ法などで 17〜23 K の Tc が得られている。

　NaCl 型構造を持つ NbN、NbC、MoC などの化合物は、A15 型金属間化合物についで高い Tc を持っている。中でもスパッタ法で作製された NbN 薄膜は Tc が 17 K、Hc_2 が 30 T と超伝導体としての性能が高く、また耐応力特性や耐放射線特性も優れている。

　$PbMo_6S_8$ に代表されるシュブレル型化合物は A15 型金属間化合物より機械的に脆いが、Tc に比べて Hc_2 が約 50 T ときわめて高いため、高磁界発生用材料として期待されている。

12.4.3　酸化物超伝導体

　超伝導が発見されてから、臨界温度 Tc は少しずつ向上し、1973 年に Nb_3Ge において Tc が 23 K に達した。しかし、これ以後 10 年以上の間、Tc に関して有力な物質は発見されなかった。

　1986 年に層状ペロブスカイト型構造を持つ $(La_{1-x}-M_x)_2CuO_4$ 酸化物（M = Ca、Sr、Ba）が発見された。これ以後、高い Tc を持つ物質がつぎつぎに発見され、1987 年には液体窒素中（77 K）で超伝導を示す $YBa_2Cu_3O_{7-x}$ 系酸化物が発見された。さらに、1988 年の Bi 系および Tl 系酸化物の発見によって Tc は 100 K を超えた。表 12.4.2 におもな酸化物系超伝導材料の Tc を示す。

表 12.4.2　酸化物系超伝導材料の Tc

物　質	Tc [K]
$LiTi_2O_4$	12
$BaPb_{1-x}Bi_xO_3$	13
$(La_{1-x}M_x)_2CuO_4$ M = Ca、Sr、Ba	40
$YBa_2Cu_3O_{7-x}$	92
$Bi_2Sr_2CaCu_2O_8$	90
$Bi_2Sr_2Ca_2Cu_3O_8$	110
$TlBa_2Ca_2Cu_3O_9$	120

　従来の超伝導材料は液体ヘリウム（4.2 K）中で用いられていたが、液体ヘリウムは供給面やコスト面などで問題がある。液体ヘリウムに比べて、液体窒素は供給が容易であり、コストが安く、また取り扱いが容易である。臨界温度が 77 K を超える酸化物超伝導体の場合は、液体窒素中での使用が可能であり、実用化されれば経済面や操作面でかなり有利となる。しかし、酸化物系超伝導体は極めて脆いために、薄膜化や線材化が困難であり、現在、実用化に向けてさまざまな方法が試みられている。一方、酸化物超伝導体の超伝導機構に関しては、新しい理論的解明が必要であり、現在この方面の研究も精力的に進められている。

12.5　超伝導材料の応用

12.5.1　高磁界の発生

電磁石の巻線として超伝導材料を用いると、従来のような銅線を用いた場合と比較して、電力の損失がなく高密度の電流（$10^2 \sim 10^4$ 倍）を流すことができるので、高い磁界を容易に発生させることができる。この高磁界の応用例は以下のとおりである。

12.5.1（1）　研究用超伝導磁石

実験室では主として物性研究に用いられるが、形状は超伝導線材をコイル状に巻いたソレノイド形状のものが多い。電磁石の巻線には Nb-Ti 合金、Nb_3Sn、V_3Ga などの超伝導材料が用いられ、特に V_3Ga 線材の場合には 20 T 近い磁界が得られる。また、常伝導磁石と組み合わせることによって、30 T を超える高磁界を発生するハイブリッド型の電磁石も開発されている。

12.5.1（2）　NMR 分析装置

原子核が持つ磁気モーメントは、磁界内で特有な運動（歳差運動）を行う。この運動に対してある固有な振動数の電磁波を照射すると、エネルギー吸収がおこる。この現象を NMR（核磁気共鳴：Nuclear Magnetic Resonance）と呼び、この NMR の測定によって物質内の分子構造などを解明することができる。このときの分析精度は、外部磁場の強さや均一度に依存するため、超伝導磁石が採用されている。

12.5.1（3）　MRI-CT（磁気共鳴断層映像装置：Magnetic Resonance Imaging-Computed Tomography）

核磁気共鳴の原理を利用して生体内の水素原子核の分布が測定でき、これによって生体組織の映像を得ることができる。NMR の場合と同様に、高磁界を発生する超伝導磁石を用いることにより、分解能の優れた画像が得られる。

12.5.1（4）　電子顕微鏡

磁気レンズを超伝導化することによって、装置の小型化と分解能の優れた画像が得られる。

12.5.1（5）　磁気浮上列車

レール上を車輪走行する従来の列車の場合、速度の限界は 350［km/h］くらいといわれている。これ以上の高速化の実現に対して、地上より列車を浮上させる方法があり、この浮上のた

めに磁気力を採用したのが磁気浮上列車である。具体的には、車体に搭載した超伝導磁石が、地上に設置した常伝導コイルに生じる誘導磁界から受ける反発力を利用し、列車を浮上させる。なお、列車の推進力には、地上に設置したリニアモータを利用している。磁気浮上列車の開発は単なる高速化の実現だけでなく、騒音問題の解決にもつながっている。

12.5.1（6）電磁推進船

船舶に搭載された超伝導磁石が作る強力な磁界を海水に加え、同じく船舶に取り付けられた電極により海水中に電流を流すと、海水は磁界から電磁力を受ける。その結果、船舶は電磁力と逆向きに推進力を受けることになる。スクリューによる推進と比較して、完全密閉型にできること、操作が容易であること、無振動、無騒音などのメリットがある。

12.5.1（7）加速器

加速器は電子や陽子などの荷電粒子を高速度で衝突させ、さまざまな原子核の反応を調べる装置であり、これには粒子を加速するための磁石や粒子を識別するための磁石など、多くの磁石が使われている。粒子の持つエネルギーが高くなるほど強い磁石を必要とするため、従来の銅線を用いた電磁石に代わり、超伝導磁石が採用されるようになってきた。

12.5.2　電力関係への応用

発電、送電、電力貯蔵等の電力システムへの応用として、超伝導体の利用が進められている。代表的なものを以下に述べる。

12.5.2（1）発電機

現在、同期発電機が超伝導化の対象になっているが、具体的には界磁コイル（回転子コイル）を超伝導化した発電機が開発されている。この超伝導化により大幅に小型・軽量化ができ、また大きな出力が得られる。さらに、高効率および高安定度等の利点も期待できる。なお、超伝導化が従来の発電機より経済的に有利になるのは、出力が数百［MW］以上の場合といわれている。

12.5.2（2）核融合炉

核融合反応を引きおこすためには、高温プラズマを炉内に一定時間閉じ込める必要がある。この閉じ込めには磁界が使われるが、銅線を用いた電磁石では、核融合炉の出力以上の電力を消費するために採算がとれない。そこで、超伝導磁石の採用が不可欠となる。

12.5.2（3） MHD（電磁流体）発電

強い磁界内で高温のプラズマガスを運動させると、起電力が生じ発電することができる。これをMHD発電と呼ぶが、この発電効率を高め、経済的メリットを得るためには、超伝導磁石の強磁界の利用が不可欠となる。

12.5.2（4） 送電ケーブル

現在の送電ケーブルは電気抵抗を持つために、ジュール熱の発生により約6％のエネルギー損失が生じるといわれている。送電ケーブルを超伝導化することにより、送電効率をかなり高めることができるが、ケーブル全体を極低温に冷却する必要があるために、コスト面で割高になってしまう欠点がある。コスト面と送電効率の兼ね合いから、数［GW］以上の送電において超伝導ケーブルが有利といわれている。

12.5.2（5） 電力貯蔵

巨大な超伝導コイルに電流を流すと、ジュール熱の発生がないためにコイル内を永久的に電流が流れ、結果的に電力貯蔵ができる。例えば、夜間の余剰電力を超伝導コイル内に貯蔵し、昼間の需要の多いときに取り出すことにより、効率よく電力を使用することができる。超伝導を利用した電力貯蔵システムでは、90％以上の貯蔵効率が見込まれており、揚水発電の効率60〜70％よりかなり高い。

12.5.2（6） 限流器

超伝導の応用として限流器がある。限流器とは電力系統における落雷や短絡事故等による事故電流を瞬時に抑制し、遮断を容易にする電力機器のことである。液晶パネル工場では1回の瞬低（0.2〜0.3秒程度の瞬間的な電圧降下）や短絡事故で数億円の被害が予想されており、事故電流への対応として、限流器の活用が期待されている。図12.5.1は事故電流が流れたときに、超伝導状態から常伝導状態に転移することを利用した、SN転移型超伝導限流器の例である。

12.5.3　エレクトロニクス分野への応用

エレクトロニクスへの応用の中心となるジョセフソン素子は、その背景に固体物理学、低温工学、素子作製技術といった分野を含んでいる。応用は図12.5.2に示すような多分野にわたっている。その応用分野は次の4種類に大別される。

(1) 電圧標準
(2) 磁気センサー（SQUID）

12.5 超伝導材料の応用

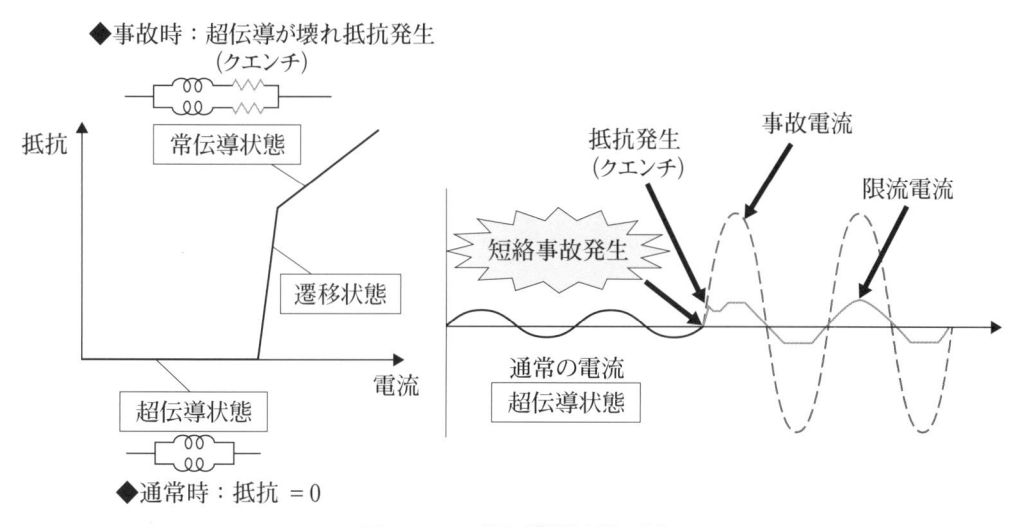

図 12.5.1 超伝導限流器の例

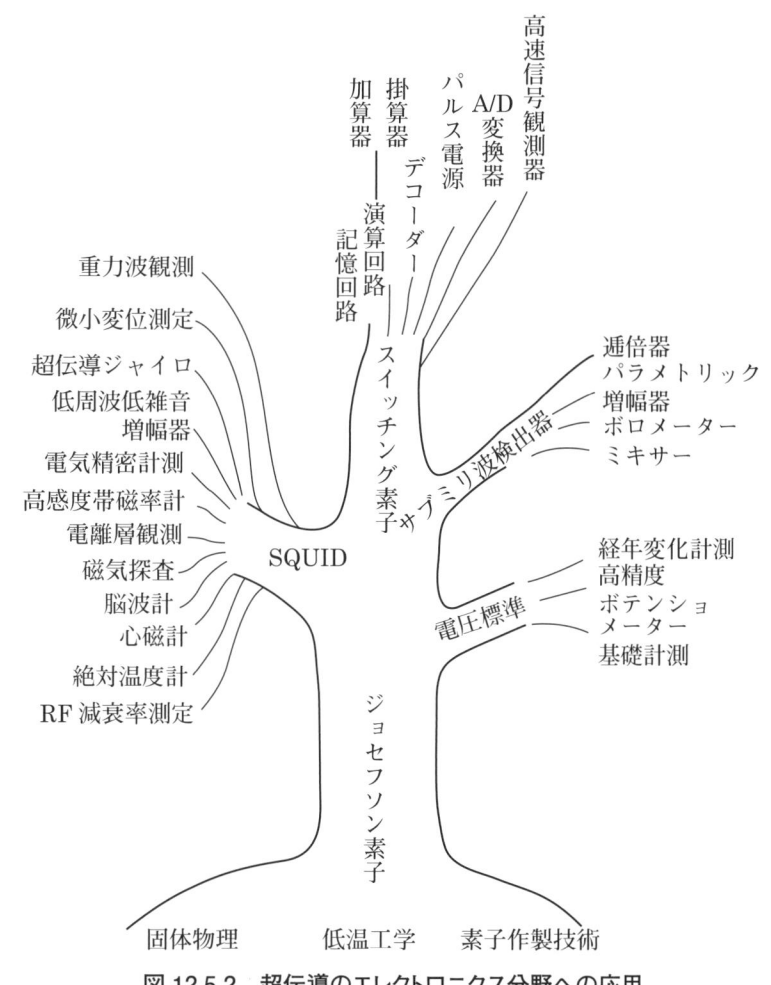

図 12.5.2 超伝導のエレクトロニクス分野への応用

(3) サブミリ波検出器
(4) 高速スイッチング素子

　電圧標準は1977年からジョセフソン方式が国家標準として用いられている。磁気センサーは、従来のセンサーより100倍以上の分解能を持ち、周波数応答も高くとれるため、人体の心臓の筋電流によって生じる磁界や、脳より生じる磁界の検出などの多くの分野で活用され始めている。

　サブミリ波検出器としては、周波数特性、分解能に優れているが、強い非線形性によって特性解析や安定な素子作製技術が精力的に研究されている。

　高速スイッチング素子としては、速さ、消費電力で半導体素子を大きく上回る特性を示しているが、安定な素子作製技術と、磁束を用いる新しい論理方式が精力的に研究されている。

演習問題 12.1
常伝導と超伝導の違いを述べよ。

演習問題 12.2
電子対はどのようにしてできるかを述べよ。

演習問題 12.3
超伝導の臨界3値とは何かを述べよ。

演習問題 12.4
マイスナー効果とは何かを述べよ。

演習問題 12.5
第1種超伝導体と第2種超伝導体の違いを述べよ。

演習問題 12.6

磁束の量子化とは何かを述べよ。

演習問題 12.7

ジョセフソン効果とは何かを述べよ。

第 13 章

磁性体

物質の磁性には、主として電子の軌道運動および電子スピンに基づく永久磁気双極子（permanent magnetic dipole）モーメントが関与し、磁界により生じる誘導磁気モーメントは反磁性の原因となる。原子やイオンの磁気双極子モーメントには、軌道磁気モーメントとスピン磁気モーメントの磁界方向成分が合成されて現れるが、固体では軌道が凍りついて配向できず、軌道磁気モーメントが外部に現れない場合が多い。物質の磁性は、永久磁気双極子モーメントの間にはたらく相互作用のあり方により、常磁性・強磁性・反強磁性・フェリ磁性などに分けられる。工学的に重要なのは強磁性体とフェリ磁性体である。

13.1 磁性体の磁化

磁性体というと、工学的には強磁性体を意味する場合が多い。これは技術的応用の頻度や学問発達の歴史的過程などによるものと考えられるが、物質はすべて多かれ少なかれ磁性を持ち、外部磁界が加わると磁化する。あらゆる物質はすべて1と異なる比透磁率を持つが、1より小さい比透磁率を持つ磁性体（反磁性体）が存在する。磁性現象を微視的にみると、電子の軌道運動、電子スピン、および原子核スピンが磁性の原因としてあげられる。まず磁化と比透磁率の関係について述べる。

真空中において磁界の強さ（magnetic field）を H とするとき、磁束密度（magnetic flux density または magnetic induction）B は、

$$B = \mu_0 H \tag{13.1.1}$$

で与えられる。H の単位は[A/m]、B の単位は[Wb（ウェーバ）/m^2]または[T（テスラ）]である。μ_0 は真空の透磁率で

$$\mu_0 = 4\pi \times 10^{-7} \quad [\text{H（ヘンリー）/m}]$$

なる定数である。

次に、この磁界中に磁性体（magnetic substance）をおくと、磁性体は磁化され磁気モーメント（magnetic moment）を持つようになる。磁性体の単位体積当りの磁気モーメントを磁化の強さ（intensity of magnetization）と呼び、M で表わすことにする。そのとき磁束密

度 B は、
$$B = \mu_0(H+M) = \mu_0 H + J \tag{13.1.2}$$
で与えられる。また
$$M = \chi H \tag{13.1.3}$$
$$B = \mu H \tag{13.1.4}$$
$$J = \mu_0 M \tag{13.1.5}$$
で定義される χ をその物質の磁化率（magnetic susceptibility）、μ を透磁率（permeability）、J を物質が磁化された時に有する磁気量として磁気分極（[Wb/m^2]または[T]）と呼ぶ。

13.2 磁性体の分類

物質をその磁性によって分けると、次のようにいくつかに分類することができる。まず、物質を構成する原子が永久磁気双極子を持つものと、持たないものとに大別される。永久磁気双極子とは誘電体の場合の有極性分子のように、外部磁界のない場合においても原子自体が持っている磁気モーメントである。ついで永久磁気双極子を持つ物質は、双極子の間の相互作用のいかんによって、さらにいくつかに分けることができる。これらを分類すると次のようになる。

(1) 反磁性（diamagnetism）　磁界中において磁界と逆方向に弱い磁化を示すもので、永久磁気双極子を持たない物質がこの性質を示す。

(2) 常磁性（paramagnetism）　磁界中において弱い磁化を示すもので、磁化率が温度によって変化する。これは永久磁気双極子を持つが、双極子間の相互作用が弱く、ほとんど無視できる場合で、磁界を加えない状態では無秩序な配列をしている。

(3) 強磁性（ferromagnetism）　磁界中できわめて強い磁化を示し、磁界を除いても磁化が残留する。元素では Fe、Co、Ni、Gd および Dy がこの性質を示す。双極子が互いに平行に整列するように作用するものである。

(4) 反強磁性（antiferromagnetism）　見かけは常磁性に似ているが、隣接する双極子が互いに反平行に整列しようとするもので、磁気モーメントは打ち消しあって磁化はなくなる。

(5) フェリ磁性（ferrimagnetism）　双極子の配列は反強磁性と同じであるが、隣接双極子の磁気モーメントの大きさが異なるため、その差に相当するかなりの大きい磁化を持ち、強磁性体に似た性質を示す。

図 13.2.1 に常磁性以下の各種の磁性における永久磁気双極子の配列を模型的に示した。反磁性はすべての物質が持っている性質であるが、永久磁気双極子を持つ物質では、その方の効果が大きいため見かけ上、反磁性が現れないだけである。実用の磁性材料として役に立つのは強磁性とフェリ磁性である。

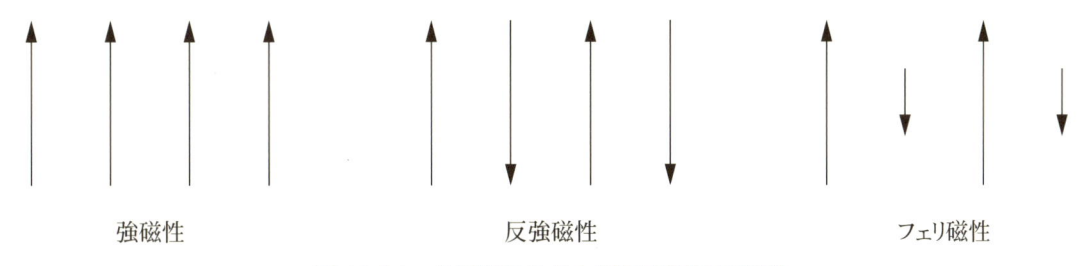

図 13.2.1　各種磁性の永久磁気双極子の配列

強磁性　　　　　　反強磁性　　　　　　フェリ磁性

　また強磁性体は、磁区（magnetic domain）と呼ばれる小さな領域の集合体として扱うことができる。一つひとつの磁区の内部では、各原子の磁気モーメントはすべて同一方向にそろっており、その結果、磁区全体の磁化は飽和している。各磁区の磁化がばらばらな方向を向いているとき、強磁性体全体の磁化はゼロとなる。

　磁区と磁区の境界を磁壁（domain wall）という。外部磁界をかけると、この磁壁が移動することによって、強磁性体全体は磁化を持つようになる。隣り合う磁区の向きが逆向きのとき、磁壁内部での各磁気モーメントの向きは図 13.2.2 に示すように、一方の磁区内の磁化の向きから他方の磁区内の向きへと、連続して変化している。

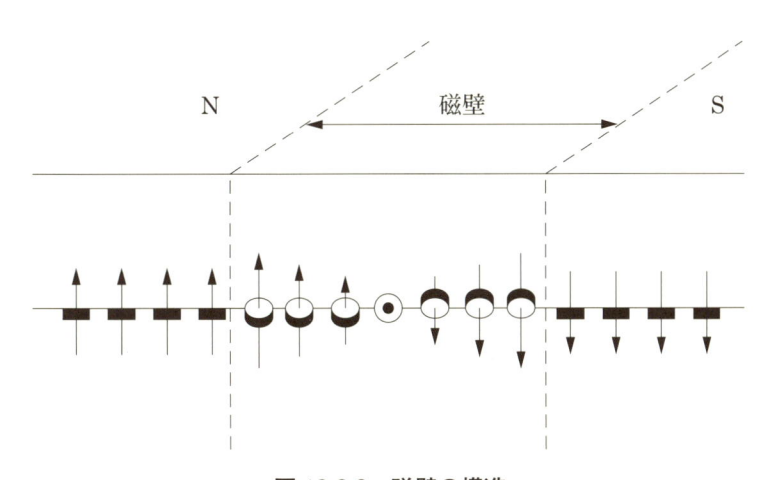

図 13.2.2　磁壁の構造

13.3　原子の磁気モーメント

　物質におけるいろいろの磁気的性質が、おもに原子の持つ永久磁気双極子に基いていることを述べた。このような原子の永久磁気双極子が、原子の構造といかに結びついているかを考える。

　電流が流れると磁界ができる。電流が閉回路を流れているとすると、この電流のループは等

価的に板状磁石と見なすことができ、この磁気モーメント μ_m は電流の大きさ I、ループの面積を S とすると

$$\mu_m = \mu_0 IS \tag{13.1.6}$$

によって与えられる。この式は外部磁界が電流ループに作用する力を考えることにより、導くことができるが、詳細は電磁気学の他書を参照されたい。

すなわち、磁性の根源は電流で、原子の磁気モーメントを考えることは原子内における電流、すなわち電荷の運動を調べればよいことになる。原子は静止しているものとすると、このことは原子内の電荷の角運動量を考えることとなり、原子内の電荷の角運動としては、

(1) 電子の軌道運動
(2) 電子のスピン
(3) 原子核のスピン

の3つが存在する。原子核のスピンは、核の質量が電子の質量の約 10^3 倍程度であるため、電子の磁気モーメントに比べてはるかに小さく、普通の取り扱いでは無視することができる。

13.4 磁性材料の種類

磁性材料はその性質によって大別すると、回転機や変圧器の磁心に用いられる高透磁率材料（軟質磁性材料）と、電気計器などに用いられる永久磁石材料（硬質磁性材料）に分けることができる。軟質とか硬質とかは、その材料を磁化するときの難易を意味するもので、保磁力の大小によって決まる。

高透磁率材料としては、一般に比透磁率 μ_r、飽和磁束密度 B_s が大きく、ヒステリシス損やうず電流損の小さいことが望まれる。ヒステリシス損やうず電流損を小さくするのには、材料として保磁力の小さいもの、抵抗率の大きいものを選ぶ以外に、さらに材料を薄板にして積み重ねたり、材料を細粉とし粒間を絶縁しながら押し固めたもの（圧粉心）などを使用する。通信機用コイルの磁心などでは、飽和磁束密度は小さくても、弱い磁界で大きな比透磁率を持つものや、比透磁率が磁界によって変わらないもの（恒透磁率材料）などが要求される。

永久磁石材料としては、残留磁束密度 B_r ならびに保磁力 H_c の大きいことが必要である。しかし、B_r は材料によりそれほど差はないので、よい永久磁石を作ることは、結局、H_c の大きな材料を見つけ出すということになる。また、永久磁石は一度磁化した後は長年そのまま用いることが多いので、とくにその安定性が重要な問題となる。

これらの目的に用いられる磁性材料は、強磁性材料である鉄、コバルト、ニッケルを主成分とする合金あるいはフェライトのような酸化物が主である。しかし、その磁気的性質は、熱処理の方法や圧延などの機械的加工によって著しく異なるので、使用目的に応じた処理方法が必

13.5 高透磁率材料

13.5.1 鉄系材料

鉄はその磁性が比較的優れており、打ち抜きや曲げなどの加工や熱処理なども簡単であるうえ、価格も安いため磁心材料として広く用いられている。

(1) 純鉄

鉄の磁性はC、Mn、Si、N、O、S、Pなどの不純物によって著しい影響を受ける。磁化特性にとくに悪い影響を与えるものは、C、S、Oで、Mn、Si、Cu、Al、Asなどはそれほど敏感ではない。Si、Al、Asが適量含まれているときは、C、Oなどの悪影響を取り除いて磁性が向上することもある。工業的には全く不純物を含まない純鉄を造ることは不可能で、普通、純鉄と呼ばれているのは不純物の少ない鉄のことである。

(2) 炭素鋼

純鉄よりC含有量の多いもので、構造用として市販されている軟鉄はCが0.2％前後であるが、電気機器用にはとくに0.05～0.1％程度の極軟鋼を多く用いる。しかし、機械的強さを必要とする部分には、通常の軟鋼やさらに炭素量の多いものを用いる。

(3) 鋳鉄、鋳鋼

鋳造材料のうち、鋳鉄は磁気特性がきわめて悪く、鋼性鋳鉄、可鍛鋳鉄、鋳鋼の順に磁性はよくなる。磁気回路に用いられる鋳鋼はCが0.18％以下のものがよく、900℃以上で十分焼きなましすれば軟鋼と同程度の磁性を示す。

(4) ニッケル-クロム鋼

元来、構造用鋼であるが、高速度タービン発電機の回転子のように、とくに機械的強度を必要とするところに用いられる。

13.5.2 けい素鋼

FeにSiを加えると磁性がよくなることが19世紀の終わりに発見され、Siの添加とともに異方性が少なくなり、溶解中Siの一部が脱酸剤としても作用し、Feの磁性が著しく改善される。また、抵抗率の増大により、うず電流損が減少する。しかし、一方ではSi含有量の増加とともに脆くなり、圧延、打抜きなどの加工が困難になるので、普通は1～4％前後のSi含有量のものが広く用いられる。

けい素鋼は鋼板または鋼帯として電気機器の鉄心材料に広く用いられており、その製造法により熱間圧延けい素鋼帯、冷間圧延けい素鋼帯および方向性けい素鋼帯に大別される。

方向性けい素鋼帯で用いられる Fe の単結晶は、(100) 方向が最も容易に磁化される。けい素鋼の単結晶も、Fe の単結晶と同様な磁化特性を持っているので、もし何らかの方法で、鋼板の結晶粒の方向をそろえ、磁界を作用させる方向に容易磁化方向を一致させることができれば、鋼板の磁性を改善することができる。一方、金属の塑性変形では、結晶に特有なすべり面があり、結晶を引っ張って変形させると、すべり面が回転し結晶の方向がそろってくる。これを焼きなましすると、方向はそのままで再結晶が行われ、砕かれた結晶が融合する。これを繰り返すことにより、結晶方向をそろえることができる。

このような考えのもとに、1935 年、**ゴス（N.P.Goss）** は

(1) 厚さ 0.25mm まで熱間圧延
(2) 870℃で焼きなました後、酸洗い
(3) 厚さ 0.6〜1.0mm まで冷間圧延
(4) 870〜1000℃、水素中で焼きなまし
(5) 0.32mm まで冷間圧延
(6) 1100℃、水素中で焼きなまし

という方法により、圧延面が {100} 面、圧延方向が (100) 方向の配列を持つものを得ることができた。したがって圧延方向に磁界を加えるとき、最もよい磁性を示す。

市販の鋼帯は 3〜3.5％の Si を含むけい素鋼に、ほぼ上記の工程を施している。

13.5.3 鉄-ニッケル系合金

Ni を 35〜80％含む Fe-Ni 系合金は、いわゆるパーマロイと総称され、高透磁率材料の中でも最も高い比透磁率を示すものである。

パーマロイの組成として実用されているのは次の 3 つの群のものである。第 1 は弱磁界で高透磁率を示す 70〜80％ Ni の範囲のもの、第 2 は残留磁束密度が大きく高磁界での使用に適する 45〜50％ Ni 合金、第 3 は残留磁束密度、比透磁率ともに小さいが抵抗率が大きいので交番磁界での応用に適し、価格も安い 30〜45％ Ni 合金で、それぞれ JIS 規格で規定されている。

13.5.4 鉄-アルミニウム系合金

13.5.4（1） Fe-Al 系合金

Fe に Al を添加した場合の特性は Si の場合と大差がないうえ、Si の場合より含有量の多いものまで圧延することができる。Al の含有量の多いものは硬くかつ脆くて加工しにくいが、磁性がよく、かつパーマロイに比べて抵抗率が高く高周波まで使用でき、機械的強度にまさるなどの利点があり、加工技術の進歩とともに用いられつつある。

Fe-Al 系合金で実用されているものは、Al 16％ものと、Al 12～13％のものである。前者にはアルパーム（Alperm）、アルフェノール（Alfenol）などがあり、高周波用の磁心として用いられるほか、機械的にも丈夫でとくに耐摩耗性がきわめてよいので、磁気記録、録画用のヘッドとして重要な材料となっている。

13.5.4 (2) Fe-Si-Al 系合金

センダスト（Sendust）といわれ、Fe の磁性に及ぼす Si と Al の効果をあわせ持つようなものを得ようとする研究から生まれたものである。代表的な組成は Si 9.6％、Al 5.4％、残余 Fe の合金である。この合金は非常に硬くかつ脆くて普通は圧延がほとんど不可能であるが、逆にその脆さを利用して圧粉磁心として用いられる。

13.5.5 フェライト

フェライトは Fe_2O_3 を主成分とするフェリ磁性酸化物で、酸化物であるため金属磁性体に比べて抵抗率が高く、高周波に適し、ラジオ、テレビ、通信機などのコイル用磁心、その他に広く用いられている。フェライトは陶磁器の一種で、普通、乾式法と呼ばれる次のような工程で製造されている。

成分金属酸化物 MnO と Fe_2O_3 混合 → 仮焼成（800～1100℃）
→結合剤添加・混合 → 加圧成形 → 本焼成（900～1400℃）

製品の磁性は原料の純度のみならず、粒度や反応方法によって著しい影響を受ける。

フェライトには種々のものがあるが、最も多く用いられているのが $Mn \cdot Fe_2O_3$ で表現されるスピネル型フェライトである。しかし、実用されているのは常磁性フェライト $ZnFe_2O_4$ との固溶体の形である複合フェライトで、このような形にすることにより、飽和磁化などを制御することができる。

13.6 永久磁石材料

強磁性体を外部磁界により磁化すると、磁界を取り去っても磁束が残る。永久磁石（permanent magnet）はこれを利用している。

永久磁石は、パソコン周辺機器や MRI（磁気共鳴画像診断装置）など現代社会に必須な電子機器の主要部に使われているだけでなく、ハイブリッドカーのモータへの需要も増大し、先端産業を担う機能性材料として価値を高めている。

永久磁石用の材料としては図 13.6.1 に示す、残留磁束密度 Br、保磁力 Hc ができるだけ大きいことが必要であり、さらに最大磁気エネルギー積 (BH)max を大きくするためにヒステ

第13章 磁性体

リシス曲線がなるべく角形に近いことが望ましい。

Br の大きさは材料の組成によりほぼ決まり、大して変えることはできないので、永久磁石材料の性能をよくするには Hc を大きくしなければならない。Hc を大きくするには、磁壁の移動や磁化ベクトルの回転がおこりにくいようにすればよく、いろいろな方法で内部応力を高めるとか、粒子を微細化するなどの手段がとられている。

次に永久磁石にとって重要なのは、その磁気的安定性が大きいことである。すなわち永久磁石の Br は、一般に磁化してから時間の経過とともに

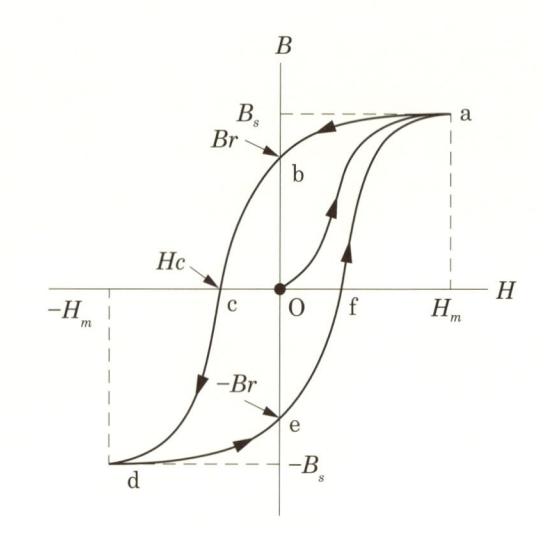

図 13.6.1　永久磁石材料のヒステリシス曲線

かなりの長時間にわたって変化した後、一定値に落ち着く。これには次の2つの原因がある。

(1) 材料の組織の変化によるもの。

(2) 外部からの磁界、機械的振動、温度などの影響によるもの。

(1)に対しては100℃付近で10数時間以上焼きもどしを行って金属組織を安定させ、(2)に対しては磁化後あらかじめ適当な強さの交流磁界を加えたり、繰り返し衝撃を与えるなどの方法で、Br が一定になってから使用するようにしている。

13.6.1 焼入硬化形材料

炭素鋼は変態点（純鉄の場合約903℃）以上では面心立方格子（γ 相)、以下では体心立方格子（α 相)が安定な結晶構造である。

炭素鋼を変態点以上の温度から水または油に焼き入れして急冷すると、α 相へは直接変態しないで中間の体心正方晶のマルテンサイトになる。この立方晶から正方晶への変態で、材料の内部には大きな内部応力が生じて硬くなり、保磁力が大きくなる。このようなマルテンサイト変態を利用するものを焼入硬化形磁石という。

炭素鋼は歴史的には最も早く製造された磁石鋼で、その後タングステン鋼、クロム鋼、コバルト鋼などが現れた。1919年、本多博士らにより発明されたKS鋼はCo35％を有するコバルト鋼の一種で、この形の磁石としては最も優れたものである。しかし、価格が高いので、その後Coの量を少なくした種々のものが作られている。また三島博士らによるAl約8％を含むMT鋼もある。

13.6.2 析出硬化形材料

　高温で高い溶解度を持つ成分を含んだ合金を急冷した後、焼きもどしを行うと、過飽和に溶解している相が微細な形で析出することにより、保磁力を高めることができる。この形の磁石を一般に析出硬化形磁石という。この磁石は、磁石の特性としては優秀であるが、きわめて硬くかつ脆いので、成形は鋳造で行い、加工も研磨を用いている。

13.6.2（1）　アルニコ系磁石

　1931年、三島博士により Ni 30％、Al 12％、Fe 58％の合金が優れた磁性を有することが発見され、MK鋼と名付けられた。その後、この合金に Co、Cu、Ti などの他元素を添加したり、熱処理方法を工夫するなどして磁性の改良がはかられ、アルニコ（Alnico）系磁石と呼ばれる一連の析出硬化形磁石が作られるようになった。アルニコというのは、もともと商品名であるが、成分を表わしているので一般に用いられるようになった。

　アルニコ系磁石の保磁力の発生は、高温相が強磁性の FeCo-rich 相と NiAl-rich 相の2相に分解するとき、FeCo-rich 相が形状異方性の高い細長い単磁区粒子になることに起因している。

　アルニコ系合金中のおもな磁石の成分は、Al 10〜12％、Ni 15〜20％、Co 5〜14％、Cu 0〜6％、残り Fe で、原料を溶解鋳造したのち、1200〜1250℃に再加熱し、適当な速度で冷却後、約600℃で6時間焼きもどしを行う。この過程で重要なのは冷却と焼きもどしである。冷却の場合、800〜900℃の温度では冷却速度が5℃/秒以下になるように調整することが必要で、この間に析出物の核が生成する。アルニコ系磁石の高保磁力の原因は、最初に析出物による強い応力によるものと考えられていたが、その後、磁気ひずみが0のものでも高い Hc を持つものがあることが明らかにされ、応力よりむしろ微細な析出粒子が単磁区構造を持っていることによると考えられている。

　つぎに冷却時に磁界を加えると、析出物の(100)軸が磁界の方向に成長し磁性が向上する。これがいわゆる異方性磁石である。さらに、鋳造するときに特殊な鋳型を用いて両端から冷却したり、帯溶融法を用いて結晶を柱状にそろえたものは特性がさらによくなる。

13.6.2（2）　Fe-Cr-Co 系磁石

　Fe-Cr-Co 系磁石は、アルニコ系磁石と同様、スピノーダル分解を利用して非磁性相である Cr 相中に FeCo 強磁性粒子を微細に析出させた組織を持つ磁石である。アルニコ系磁石と比較すると、その組織形態は、FeCo 粒子の分散媒体が NiAl 相から Cr 相に変わった磁石である。アルニコ系磁石と大きく異なるのは、アルニコ系磁石とほぼ同程度の磁気特性を有しながらも Co 量は半分程度と少ない。また現有の磁石の中で唯一、熱間加工、冷間加工ができる磁石である。

13.6.3 フェライト磁石

フェライト磁石は酸化第二鉄（Fe_2O_3）を主成分とする複合酸化物である。1933年、加藤、武井両博士によりコバルト・鉄酸化物（OP磁石）が永久磁石として優れた特性を有することを発表されたのが最初である。今日、世界各国で量産されているフェライト磁石は、1952年、フィリップ（Philips）社のヴェント（J.J.Went）らにより、詳細な研究発表がなされた六方晶系のマグネトプランバイト構造を持つBaフェライト、および1963年、ウエスチングハウス（Westinghous）社のコチャード（A.Cochardt）らの発表したSrフェライトである。このM型フェライト（Sr・Ba系）磁石は永久磁石全体の生産重量のうち95％にも達している。これは希土類系磁石に比べ(BH)maxは低いが、コストパフォーマンス（最大エネルギー積／重量当りの単価×比重）が優れているからである。

M型フェライト磁石の一般的な製造法を図13.6.2に示す。主原料である酸化鉄（α-Fe_2O_3）は、製鉄所の薄板工場で、鉄板の表面を塩酸で洗った際に発生する塩化鉄溶液を培焼し、次に水洗いによって塩素などの不純物を除くことで作られる。

原材料はBa・Srの炭酸塩（$BaCO_3$, $SrCO_3$）と酸化鉄（α-Fe_2O_3）と微量（1～3%）の添加物を混合し、空気中で反応焼成した後、これらを微粉砕の後、プレス成形し、この圧粉体を空気中で焼成することにより作製される。なお、等方性磁石はBa系フェライトが、異方性磁石はSr系フェライトが主流である。

これらの磁石の特性向上は、焼結密度を理論値に近づけ、結晶成長を防ぎ、異方性の場合には配向度をいかによくするかである。このために今日までに多くの添加物の効果について報告がある。添加物の効果としては次の2点が考えられ、実用化されてきた。

(1) 反応性向上による焼成促進には、アルカリ土類金属の硫酸塩、炭酸塩が有効である。
(2) 結晶粒の成長を抑え、保磁力を大きくするものとしては、シリカ、アルミナが用いられている。

これらの添加物は添加時期、添加量、複合添加、さらには均一に分散させることが重要である。

13.6.4 フェライトボンド磁石

ボンド磁石とは磁石用原料粉末（以下磁粉という）と樹脂、あるいはゴムをバインダーとした磁石の総称であり、磁粉の種類、バインダーの種類、成形方法等により、さまざまな種類のものがある。また、プラスチック磁石、プラスチックマグネット、プラマグ、樹脂複合磁石などと呼ばれることもある。

ボンド磁石の大きな特長として、次のようなことがあげられる。
(1) 寸法精度が優れており、後加工が不要。

(2) 割れ欠けが少ない。
(3) 複雑形状の製品が得られる。
(4) リサイクルが可能。
(5) 任意の磁力パターンの製品が得られる。

焼結磁石では焼結後の研削加工、製品組み込み前後の割れ欠け、アッセンブリー工程の煩雑さ等、種々の問題点があったが、ボンド磁石を用いることにより解決することができる。

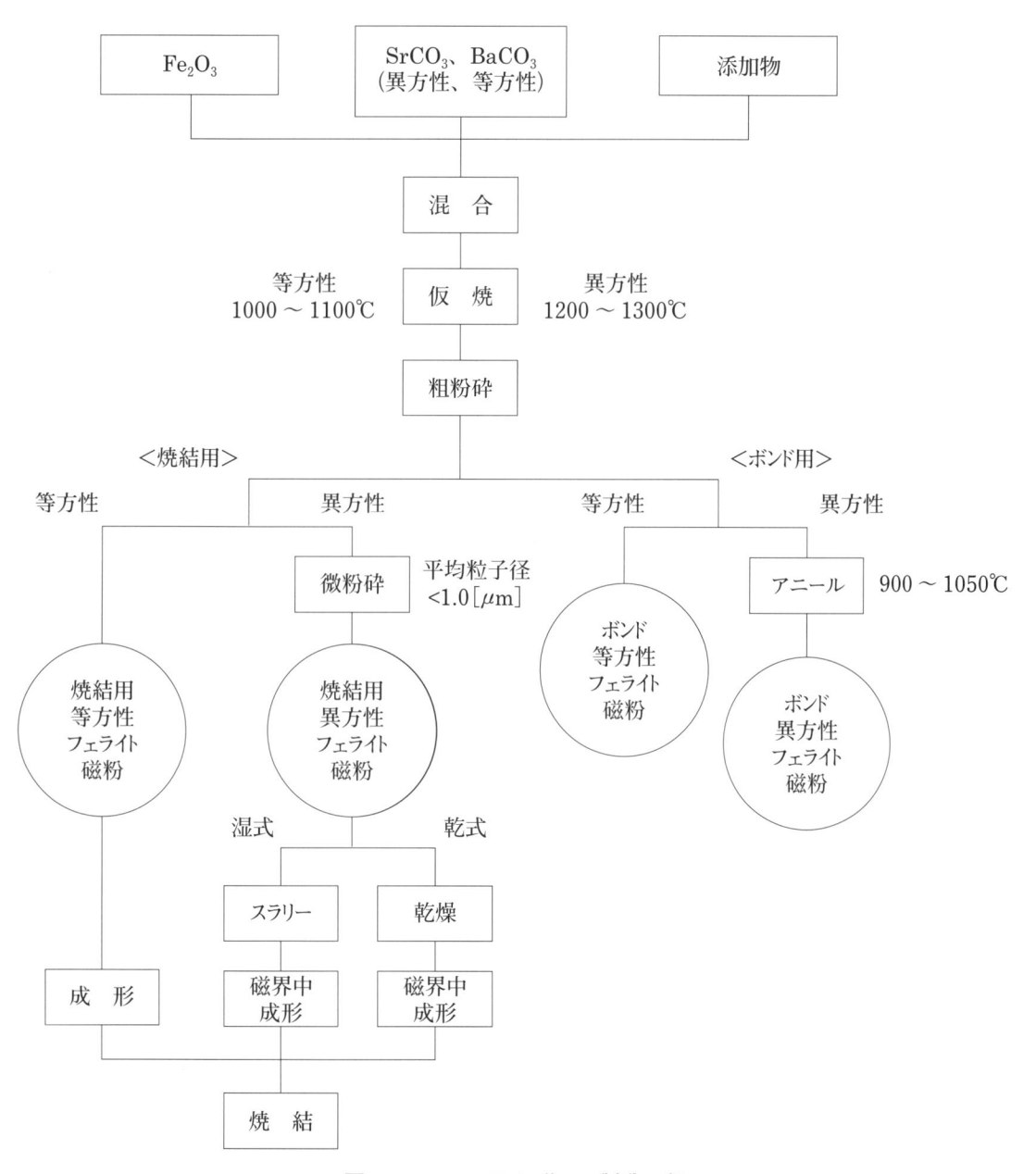

図 13.6.2 フェライト磁石の製造工程

ボンド磁石には以上のようなメリットがあり、このメリットを生かし、近年さまざまな分野へ応用されるようになってきた。特に自動車分野で焼結磁石からの置き換え、新たな磁気センサへの採用等、安全性、利便性、燃費向上等への積極的展開で新たな市場を拡大しつつある。

ボンド磁石用フェライト磁粉として重要な粒子の大きさ、形、飽和磁気分極は、配合から仮焼成で決まる。Fe_2O_3 と $SrCO_3$（$BaCO_3$）が反応し、M型（マグネトプランバイト型）構造を持つハードフェライトとなる。M型構造は鉄イオン、ストロンチウム（バリウム）イオン、酸素イオンで構成される。

通常、フェライト粉末の大きさをフェライトの単磁区粒子径（直径 1[μm] 程度）の大きさに近づけるための粉砕を行うが、粉砕が進むほど異方性ボンド磁石の配向度が高くなる。異方性用磁粉は最後の工程に 900～1050℃のアニール工程を入れている。アニールによって粉砕で受けた格子ひずみを除去し保磁力を回復させる。等方性用は仮焼成後粉砕したものをそのままボンド磁石に使用できる。

ボンド磁石コンパウンドの製造工程は概略、磁粉の表面処理、樹脂混合、混練の工程に分けられる。

無機物であるフェライトと有機物である熱可塑性樹脂は、そのままではなじみが悪い。このためシラン系、チタネート系、アルミニウム系等のカップリング剤を適宜選択し、フェライト粉末を表面処理する。カップリング剤で表面処理することで樹脂との濡れ性が向上し、成形時の加工性や、成形品の強度が改善される。カップリング剤の効果は、種類、添加量、温度等によって変化するため注意が必要である。

次に表面処理されたフェライト磁粉と、樹脂および添加剤を混合する。樹脂としてはポリアミド 6（PA6）、ポリアミド 12（PA12）、ポリフェニレンサルファイド（PPS）等が一般的である。

PA6 系は吸湿が大きいために寸法安定性に劣るが、耐熱性が比較的高く、強度も高いのが特徴である。このため、複写機やレーザプリンタのマグネットロールに多く利用されている。PA12 系は吸湿性が小さいために PA6 よりも寸法安定性に優れている。このため、エアコン用のファンモータ用ロータに多く使用されている。PPS 系は耐環境性に優れており、耐熱温度も高くハンダ・リフリーにも耐えることができる。このため自動車用途への適用事例が多い。しかし、フェライト粉末の含有量を高めることが困難であり、磁気特性が PA 系よりも低くなる。

このように添加剤は樹脂の熱安定性、柔軟性や成形加工性を向上させるために適宜選択して使用する。なお、ボンド磁石の磁気特性はおもに樹脂の配合量で調整されている。

混練工程はフェライト、樹脂、添加剤を混合したドライブレンドを溶融させ、せん断力を加える。これにより、樹脂中にフェライトを均一分散させる。混練温度や内圧の調整により流動

性を調整するが、過剰に圧力をかけると保磁力の低下が懸念される。

材料は混錬機のダイスよりストランド状に連続的に押し出され、冷却後にカッターによりペレット化（小片化）されるか、ダイスから出たところでカッティングしてペレット化される。混錬機は種々な形式のものがあるが、二軸の連続押出混錬機が一般的である。

熱可塑性樹脂を用いたフェライト系ボンド磁石は、おもに射出成形、押出成形により成形される。この他、カレンダーロール成形によるシート状ゴム磁石の成形法や、熱硬化性樹脂を用いた圧縮成型等の成形方法がある。

13.6.5 希土類磁石

希土類磁石とは、周期律表の下段番外に個別に記載されている希土類金属（rare earth metal）と Co や Fe との金属間化合物を主成分とする磁石のことである。室温以上で磁性を示す代表的な希土類化合物を表 13.6.1 に示す。実際に永久磁石として実用されているのは $SmCo_5$、$Nd_2Fe_{14}B$ などである。特に Nd-Fe-B 磁石（ネオジム磁石）は、携帯電話のスピーカーと振動モータ、ハードディスクドライブ（HDD）の駆動や回転用モータ、ハイブリッドカーの駆動用モータと発電機等の先端工業技術の重要な一部分となっている。

$SmCo_5$ は六方晶系の $CaCu_5$ 型結晶構造を有し、Sm は 1a、Co は 2c および 3g の 2 種のサイトを占める。$CaCu_5$ 構造を図 13.6.3 に示す。

表 13.6.1 代表的な希土類化合物の室温における自発磁気分極 J_s、キュリー温度 T_c

化合物	J_s [T]	T_c [K]
$NdCo_5$	1.23	910
$SmCo_5$	1.07	1020
YCo_5	1.06	987
$Pr_2Fe_{14}B$	1.55	565
$Nd_2Fe_{14}B$	1.61	585
$Sm_2Fe_{14}B$	1.51	621
$Y_2Fe_{14}B$	1.44	566
$Dy_2Fe_{14}B$	0.72	598
$Er_2Fe_{14}B$	0.95	557
$Sm(Fe_{11}Ti)$	1.14	584
$Y(Fe_{11}Ti)$	1.27	520
$Y(Co_{11}Ti)$	0.93	940
Nd_2Co_{17}	1.39	1150
Sm_2Co_{17}	1.22	1190
Dy_2Co_{17}	0.68	1152
Er_2Co_{17}	0.91	1186
Y_2Co_{17}	1.25	1167
Sm_2Fe_{17}	1	389
Y_2Fe_{17}	0.6	327
$Sm_2Fe_{17}N_3$	1.54	749
$Y_2Fe_{17}N_3$	1.46	694

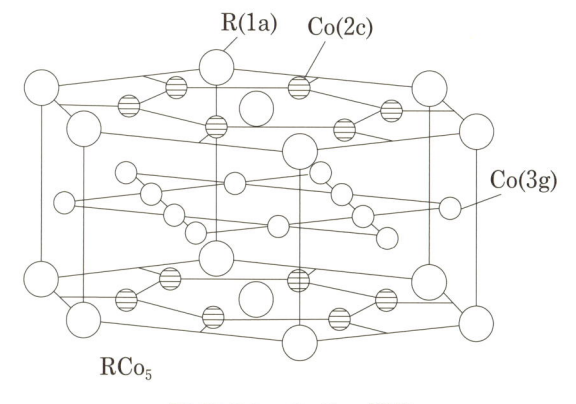

図 13.6.3 $CaCu_5$ 構造

第13章 磁性体

$Nd_2Fe_{14}B$ は図 13.6.4 に示す正方晶系の $Nd_2Fe_{14}B$ 型結晶構造である。ほう素は結晶構造を安定化し、Fe の 3d 電子バンド構造を変化させ、キュリー温度の上昇に寄与している。ほう素を炭素で全置換し、$R_2Fe_{14}C$ 化合物を生成することもできる。また $Nd_2Fe_{14}B$ 型化合物に Co、Mn、Cr、Al などの元素を添加すると、キュリー温度などの磁性に効果を与えることが知られている。さらに Nd サイトに Dy を 20〜30％添加すると、耐熱性向上と保磁力が高まることが知られている。

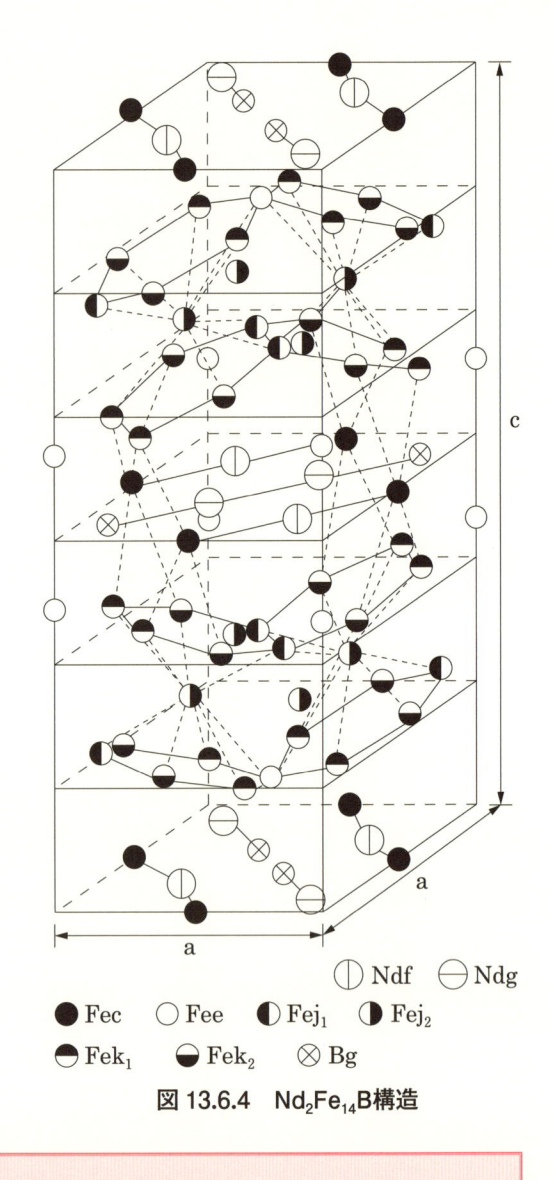

図 13.6.4　$Nd_2Fe_{14}B$ 構造

演習問題 13.1
磁性体の種類と特徴を述べよ。

演習問題 13.2
高透磁率材料（軟質磁性材料）の特徴を述べよ。

演習問題 13.3
永久磁石材料（硬質磁性材料）の特徴を述べよ。

演習問題 13.4
方向性けい素鋼帯とは何かを述べよ。

演習問題 13.5
ネオジム磁石とは何かを述べよ。

第 14 章

誘電体

本章ではおもに物質の誘電的性質について述べる。はじめに静電界において誘電体の内部に生じる各種分極について述べ、絶縁破壊を述べる。

14.1 誘電分極

図 14.1.1 に示すように、絶縁体を電界の中に置くと、その両端面に電荷が現れる。このような現象は誘電現象と呼ばれ、絶縁体をその誘電現象に注目するとき誘電体と呼ぶ。一般に絶縁体は同時に誘電体である。端面に電荷が現れるのは、誘電体の中で電界により正負の電荷が移動して内部に電気モーメントを生じるためで、これを誘電分極（dielectric polarization）と呼び、その大きさ P は単位体積に生じた電気モーメントの大きさで表わされる。誘電体中の電束密度（dielectric flux density）を D、電界の強さを E とするとき、電磁気学で導かれるように

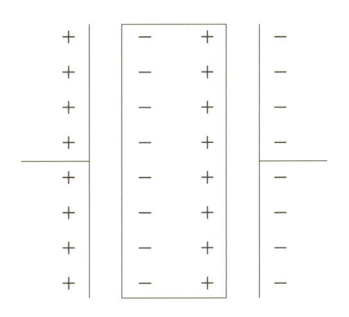

図 14.1.1 誘電分極

$$D = \varepsilon E \tag{14.1.1}$$

$$D = \varepsilon_0 E + P \tag{14.1.2}$$

なる関係がある。ここで、ε はその物質の誘電率（dielectric constant）、$\varepsilon_0 = 8.854 \times 10^{-12}$ [F/m] は真空の誘電率である。また、ε と ε_0 の比、$\varepsilon_r = \varepsilon/\varepsilon_0$ をその物質の比誘電率（relative dielectric constant）と呼ぶ。式（14.1.1）と（14.1.2）より

$$P = (\varepsilon - \varepsilon_0) E \tag{14.1.3}$$

比誘電率 ε_r を用いると

$$P = \varepsilon_0 (\varepsilon_r - 1) E = \varepsilon_0 \chi_e E \tag{14.1.4}$$

ここで

$$\chi_e = \varepsilon_r - 1 \tag{14.1.5}$$

は帯電率（electric susceptibility）と呼ばれる。

14.2 誘電分極の機構

14.2.1 誘電分極の種類

誘電体に電界を加えると、正負の電荷が移動して双極子モーメントを生ずるが、その機構については4種類のものを考えることができる。

原子は正電荷を持つ原子核とこれをとりまく負電荷を持つ電子雲よりなり、電界のない状態ではこれらの重心が一致して双極子モーメントを持たない。しかし外部より電界を加えると、電子雲が原子核に対してわずかに変位し、双極子モーメントを持つようになる。これを電子分極（electronic polarization）という。正負のイオンについてもこのことは同様であり、したがって電子分極はすべての物質に存在する分極である。

次にイオン結晶のように正負のイオンを内部に持つ誘電体では、電界によりそれぞれのイオンが反対方向に変位するので、双極子モーメントを生じる。この機構による分極はイオン分極（ionic polarization）または原子分極（atomic polarization）と呼ばれる。

分子の中にはその立体構造によって、電界のない状態ですでに双極子モーメントを持つ極性分子がある。外部電界のない場合、これらの永久双極子は無秩序に配列しているので、誘電体全体としては双極子モーメントを持たないが、電界を加えると永久双極子は電界方向に向くようになり双極子モーメントを生じる。これを配向分極（orientational polarization）という。

また、誘電体は不均質な場合、伝導によって電荷が移動し、異種物質の境界面に電荷が蓄積されることから生じる。これを界面分極（interfacial polarization）という。実際の材料は多かれ少なかれ不均質なものであるから、界面分極も大きさはともかく、常に生じる。

14.2.2 誘電分散

上記は静電界における分極の性質である。電子分極をはじめ、各種の分極がすべて現れるのは、静電界または電界の時間的変化のおそい準静電界の場合だけである。誘電体に加えられる電界の時間的変化が早くなるとき、例えば加えられる交番電界の周波数が高くなるとき、分極はしだいに現れにくくなる。これは各分極はそれが成立するのにはある時間を必要とし、電界の変化が比較的おそい間は十分その変化についていけるが、変化が速くなるとついていけなくなるからである。したがって、誘電率と周波数の関係を測定すると、図 14.2.1 のように、ある周波数 f_τ の付近で誘電率が減少する。一般に誘電率が周波数によって変化する現象は誘電分散（dielectric dispersion）と呼ばれるが、図 14.2.1 に示されるように、誘電率が周

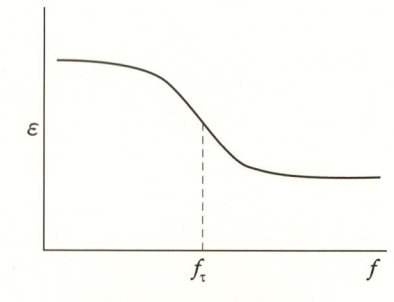

図 14.2.1 誘電分散

波数の増加とともに減少する場合は、異常分散（anomalous dispersion）と呼ぶこともある。

電界の変化に対応する分極の時間的変化の速さの度合いを定量的に表わすには、緩和時間（relaxation time）τ が用いられる。これは電界を除いたとき、分極がもとの値の $1/e$ に減少するまでの時間と定義されている。また

$$f_\tau = \frac{1}{2\pi\tau}$$

で定義される周波数 f_τ を緩和周波数（relaxation frequency）といい、誘電分散は f_τ の付近において生じる。

各種分極について分散を考えると、界面分極は自由イオンの移動によるものであるから、その動きは比較的ゆっくりしており、可聴周波数の領域で分散を生じる。次に双極子の回転による配向分極が無線周波数の領域で分散を生じる。原子や電子の振動に基づく原子分極、電子分極はさらに高い周波数まで電界に追随することができ、それぞれ赤外および紫外領域において分散を生じることになる。したがって、可視光の範囲で屈折率を測定すると、電子分極によるもののみが寄与していることになる。いまこれら各種の分極がすべて含まれているような誘電体を考え、誘電率 ε_r' の周波数による変化を描くと、図 14.2.2 のようになる。一般的に原子分極、電子分極の分散は明瞭に現れるが、その他の分極による分散は比較的だらだらとしたものになる。また、誘電分散とともにエネルギーの吸収がおこり、これらを表わす誘電損率 ε'' は図 14.2.2 に見られるように、分散周波数の付近で極大を示す。この損失はあたかも機械的振動系における摩擦損に類似するもので、分極が電界に完全に追随している間は摩擦が少なくエネルギー損失も少ない。一方、周波数が高くなり、分散が生じなくなれば損失もなくなり、分散周波数付近で極大を生じる。

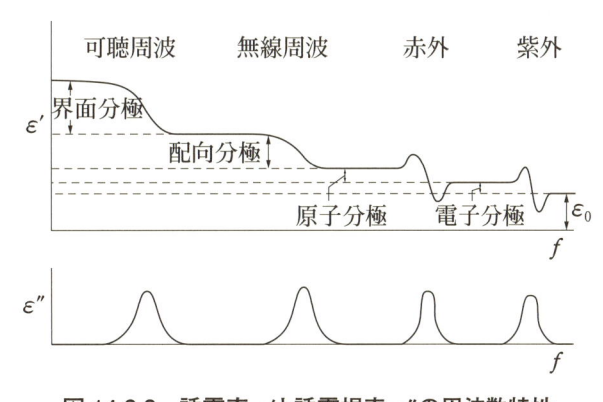

図 14.2.2 誘電率 ε' と誘電損率 ε'' の周波数特性

14.3 強誘電体

14.3.1 強誘電体の性質

ある種の物質では外部電界がなくても自ら分極する。これを自発分極（spontaneous polarization）という。この中で電界によって自発分極の向きが反転もしくは再配列するものを強誘電体（ferroelectric material）という。電界を印加しても絶縁破壊電界以下では自発分極の

向きが変わらないので、加熱すると電荷が現れてくるものがある。このような性質を焦電性（pyroelectricity）という。これは自発分極を打ち消すように表面に電荷が蓄積されているが、温度が上昇して分極が減少するので表面電荷が現れる現象である。前述の強誘電体に対し、自発分極の発生しない誘電体を常誘電体という。

強誘電体では印加電界Eと分極Pの特性は図14.3.1のようにヒステリシスを示す。すなわち、最初は試料としては分極はゼロであるが、電界Eの増加につれて分極Pは非直線的に変化しヒステリシス曲線を描く。$E=0$にしてもP_rなる分極が残る。このP_rを残留分極（remanent polarization）と呼ぶ。分極をゼロにするためには、逆方向に電界E_cを印加しなければならない。この電界を抗電界（coercive force）と呼ぶ。さらに電界を増すと分極は逆の方向に増し、そのあとは同じ経過を繰り返す。

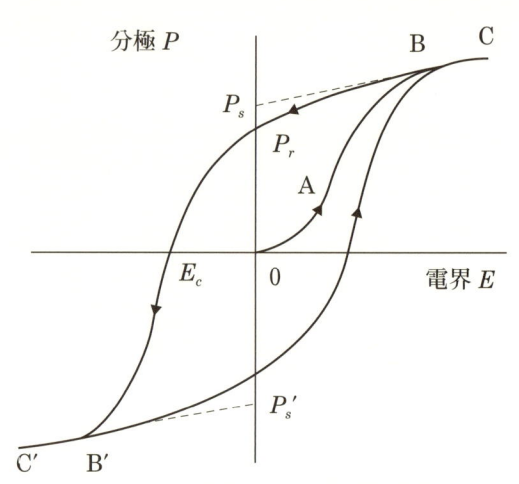

図14.3.1 強誘電体の分極Pと電界Eの特性

強誘電体がこのようなヒステリシスを示すことは、次のように考えられている。強誘電体の結晶は分域（domain）と呼ばれる多数の細かい領域に分かれ、それぞれの分域では双極子モーメントが全部同じ方向を向いて、電界を加えなくても自発分極を生じている。最初の試料では個々の分域の分極が勝手な方向に向いているので、結晶全体としては分極を持たない。電界を加えると電界の方向を向いた分極を持つ分域の体積が増し、ついには全体が1つの分域となって大きな分域値を示す。次に電界を取り去っても、分域の構造は、ほぼそのままの状態にとどまるので残留分極P_rを生じることになる。

また自発分極の大きさは、図14.3.1において直線BCの外そう値P_sによって与えられる。これは直線BCによる分極の増加は、電子分極、原子分極などの通常の分極によるものであり、全分極からその分を差し引くことに相当するからである。このようにして測定された自発分極P_sは、温度上昇によって急激に消失する。この自発分極が消失する転移温度T_cを強誘電キュリー温度（Curie temperature）と呼び、T_c以上では分極P-電界E曲線は直線となり、結晶は常誘電体となる。

14.3.2 強誘電体の構造・性質

強誘電体物質は現在かなりの数がある。それらの化学組成や結晶構造により、いくつかに分類される。ロシュル塩$NaK(C_4H_4O_6)\cdot 4H_2O$（酒石酸カリウムナトリウム）を代表する酒石酸

(a) 常誘電相における構造

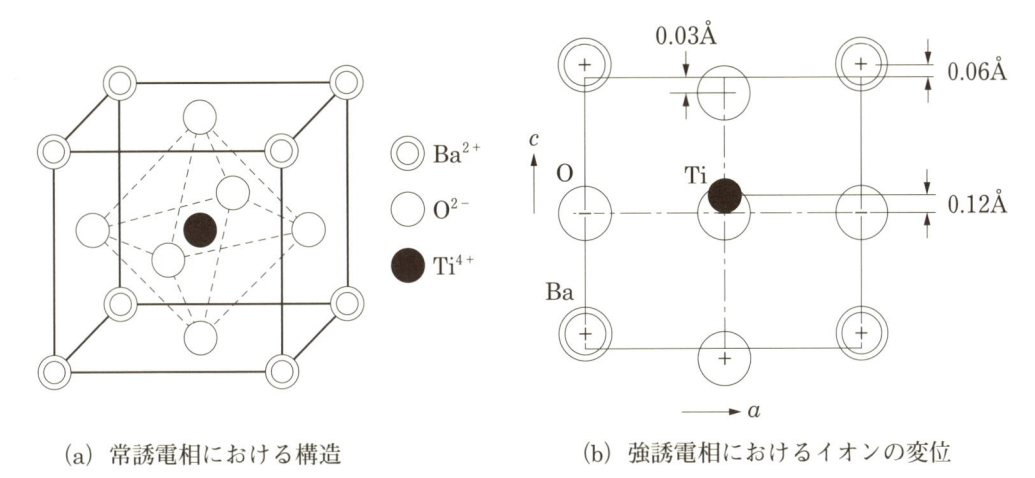

(b) 強誘電相におけるイオンの変位

図 14.3.2　$BaTiO_3$ の結晶構造

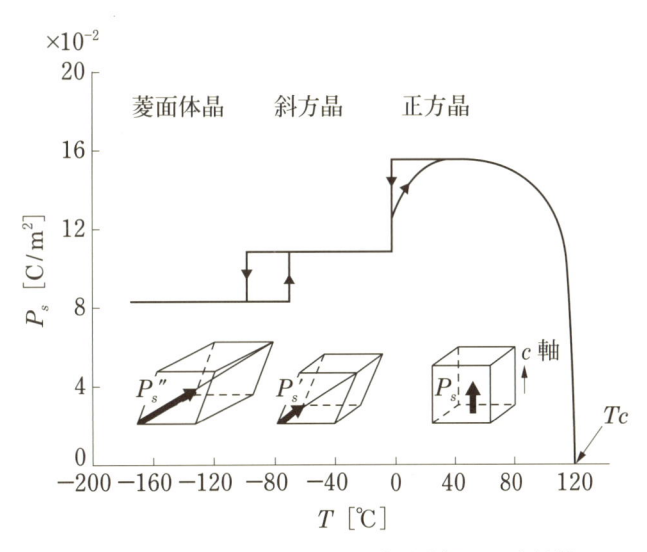

図 14.3.3　$BaTiO_3$ 単結晶の自発分極の温度特性

塩、第一リン酸カリウム KH_2PO_4 を代表とする第一リン酸塩、チタン酸バリウム $BaTiO_3$ が代表である酸素八面体などである。このうち工業的にもっとも重要で性質もよく調べられているのが $BaTiO_3$ である。

$BaTiO_3$ は 120℃ にキュリー点があり、120℃ 以上では常誘電体であり、図 14.3.2 (a) のような結晶構造をしている。すなわち、立方格子の隅を Ba^{2+} が占め、面心に O^{2-} があり、体心に Ti^{4+} が位置している。したがって Ti イオンは、6 個の O^{2-} で作られる八面体の中心に存在することになり、このことから酸素八面体と名付けられている。また、この構造は 4e という大きな電荷を持った比較的小さな Ti イオンが、かなり動きやすい空間に位置を占めていることとなり、$BaTiO_3$ の強誘電性に密接な関係を持っている。次に 120℃ 以下になると図 14.3.2 (b) に示すように、Ti イオンは立方格子のいずれかの軸の方向に変位し、このため結晶は双極子モーメントを持つようになり、自発分極を生じる。Ti イオン以外の他のイオンも変位し、これと同時に結晶は分極軸（c 軸）の方向に少し伸び、これと直角な方向には縮んで正方晶系となる。また、$BaTiO_3$ はさらに 2 つの転移点を持っている。その 1 つは 5℃ で Ti イオンは面対角線の方向に変位して、自発分極がその方向に向くとともに、

結晶は斜方晶系となる。他の1つは−80℃で自発分極は体対角線の方向に向き、結晶は菱面体晶系となる。これを図14.3.3に示す。

14.3.3　反強誘電体

強誘電体の内部では、双極子モーメントは図14.3.4（a）のように同じ向きに整列している。しかし、図14.3.4（b）のように双極子モーメントが反平行に整列するような物質も考えられる。これを反強誘電体（antiferroelectric material）と呼ぶ。ジルコン酸鉛 $PbZrO_3$ などがこのような性質を持っている。

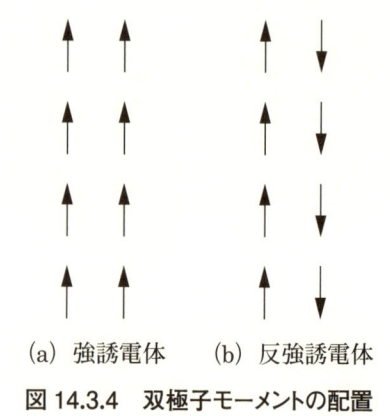

(a) 強誘電体　　(b) 反強誘電体

図14.3.4　双極子モーメントの配置

14.4　圧電効果と電気ひずみ

物体に電界を加えると、原子やイオンに双極子モーメントを誘起すると同時に、イオンを相対的に変位させる。したがって、電界を加えて試料を分極することにより、試料はわずかであるがひずむことになる。しかし、逆に機械的応力を加えてひずみを与えても、必ずしも双極子モーメントすなわち分極を生じるとは限らない。すなわち、全ての物質では誘電分極は機械的なひずみを生じる。逆に機械的なひずみは分極を生じるとは限らないが、分極が発生する場合、これを圧電効果（piezoelectric effect）と呼ぶ。また、全ての物質に共通した分極により、機械的なひずみを生じる効果を電気ひずみ（electrostriction）と呼ぶ。

純粋に電気ひずみ的な物質、すなわち機械的なひずみが分極を生じない物質では、ある方向に分極した場合の機械的ひずみと、逆方向に分極した場合の機械的ひずみとは同じである。このような物質の簡単な例は、図14.4.1（a）に示すように、鎖線で囲まれた結晶の基本単位が対称の中心を持っている。そのため張力や圧力を加えても分極を生じない。

次に分極 P の方向が変わると、機械的ひずみの符号も変わる物質がある。このような物質は図14.4.1（b）に示すように結晶構造が対称の中心を欠いており、機械的応力を加えると分極を生じる。例えば x 方向に引張るときは θ が増して y 軸の正方向に分極が生じるが、圧縮するときは θ が減少して y 軸の負方向に分極する。

このように圧電性であるためには、結晶の対称が中心を欠いていることが必要条件となり、電気エネルギーを機械エネルギーに変換し、またはその逆のエネルギー変換を行う変換器として、実用上重要である。

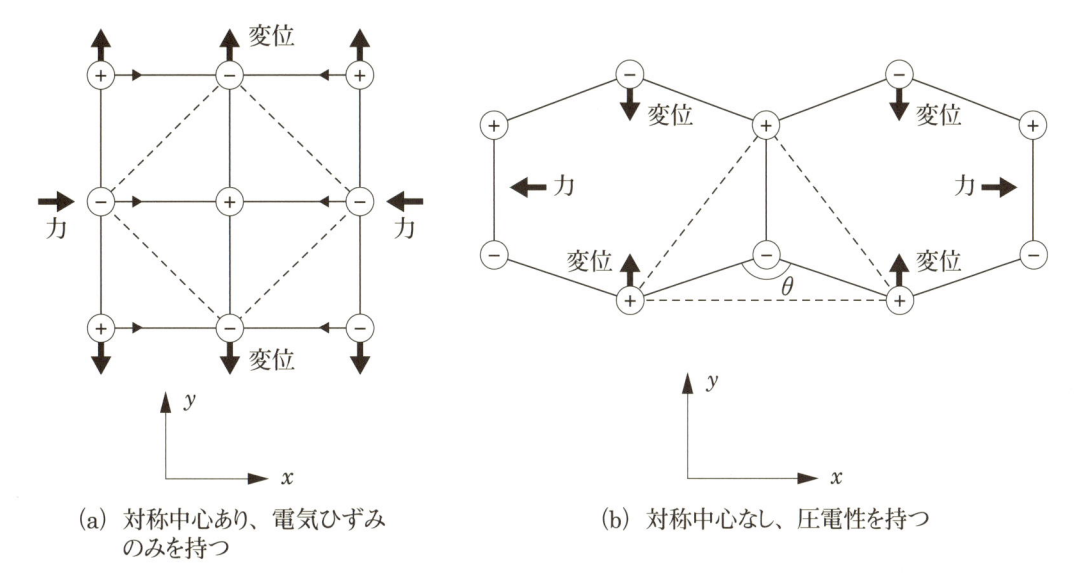

(a) 対称中心あり、電気ひずみのみを持つ

(b) 対称中心なし、圧電性を持つ

図 14.4.1　電気ひずみと圧電効果

14.5　誘電体の電気伝導

　誘電体を流れる微弱な漏れ電流を形成するものとしては、電子、正孔、イオンなどが考えられる。電子、正孔については帯構造からは絶縁体中を移動するものはきわめて少ないが、結晶構造の不安定性に基づくものが観測されている。しかし、普通、固体誘電体の漏れ電流を形成するものはイオンである場合が多い。

　一般に完全な結晶中をイオンが移動することは考えにくい。イオンが移動するためには結晶に何らかの欠陥が存在することが多い。電気伝導に関係する格子欠陥の典型的なものは2種類ある。1つは図 14.5.1 (a) に示すように、格子点から抜けたイオンが付近の格子間に割り込んだフレンケル（Frenkel）型である。他は図 14.5.1 (b) のように、格子点からイオン表面に抜け出して表面で格子を作るショットキー（Schottky）型で、この場合は結晶表面の電気的中性を保つために、陽イオンの空孔と負イオンの空孔が同時にできることになる。いずれにしてもイオンはこのような欠陥により移動する。

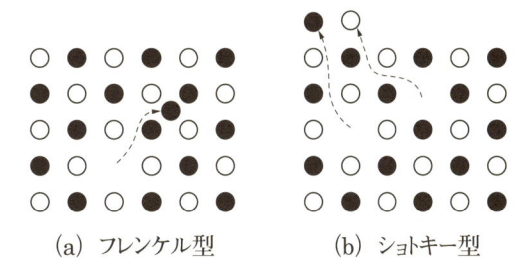

(a) フレンケル型　　(b) ショットキー型

図 14.5.1　結晶中の格子欠陥

　また、イオンはまわりのイオンによって作られるポテンシャルの谷間にあり、熱振動によってポテンシャルの山を越えることにより、谷間から谷間へと空孔をたどりつつ移動する。イオンが単位時間にポテンシャル障壁を越える確率は、イオンが障壁にぶつかる回数、すなわちイオンの振動数 ν とイオンが障壁以上のエネルギーを持つ確率 $\exp(-U/kT)$ の積に比例する。

第14章 誘電体

Uはポテンシャル障壁の高さである。これより、イオンが1つ山を越えると格子間隔aだけ移動することになるから、イオンの移動速度は

$$v = a\nu e^{-\frac{U}{kT}} \tag{14.5.1}$$

で表わされる。いま結晶にEなる電界が加わると、図 14.5.2 に示すように、電界方向にはポテンシャル$\frac{qEa}{2}$だけ上昇することになる。

ここでqはイオンの持つ電荷量である。その結果として、電界方向に移動するイオンの数は、反対方向に移動するイオンの数より増え、イオンの流れが生じる。

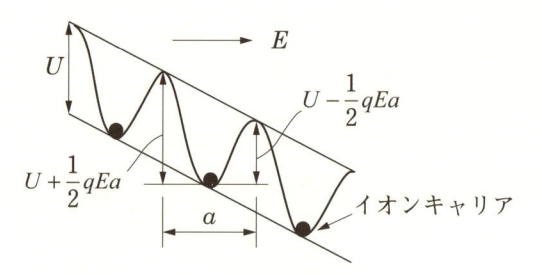

図 14.5.2 イオンの移動ポテンシャル

誘電体は普通、抵抗率が高く、誘電体内部を流れる電流が比較的微弱なため、誘電体の表面を流れる電流が問題となる。これが表面漏れ電流（leakage current）である。漏れ電流は試片の表面状態や、周囲の雰囲気の影響を受けるが、特に影響が大きいのは水蒸気の吸着で、湿度が高くなると漏れ電流が増大する。図 14.5.3 にその例を示す。また、この影響は表面が汚損や劣化しているときに、いっそう顕著になる。表面漏れ電流も普通その大部分はイオンの移動であり、水蒸気の吸着でイオンが解離して流れることが多い。

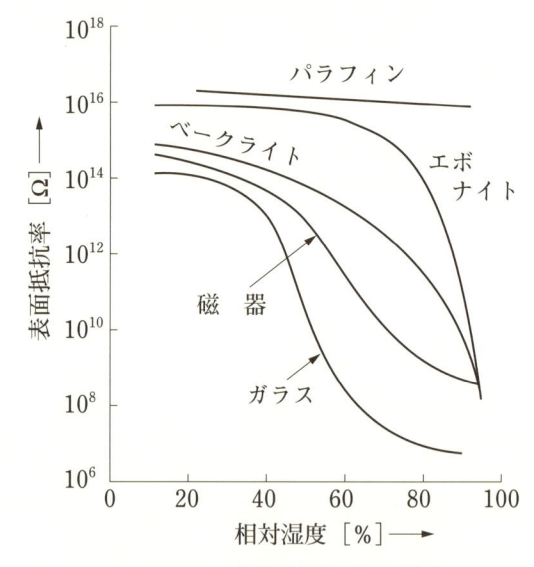

図 14.5.3 表面抵抗率の湿度特性

14.6 絶縁破壊

14.6.1 誘電体の絶縁破壊

普通の状態では誘電体は絶縁体であって、電圧を加えても流れる電流はきわめてわずかであるが、ある値以上の電圧を加えると急に大電流が流れて導体のようになる。この電圧を誘電体の絶縁破壊（dielectric breakdown）電圧といい、それに相当する電界をその物質の絶縁破壊の強さ（dielectric breakdown strength）と呼ぶ。図 14.6.1 は気体の場合の電圧－電流特性を模式的に示したもので、V_Bが絶縁破壊電圧、V_Bを絶縁物の厚さdで割った$E_B = V_B/d$が絶縁破壊の強さとなる。絶縁破壊の強さは一般に物質の種類、電極の形状、温度、圧力、印加電

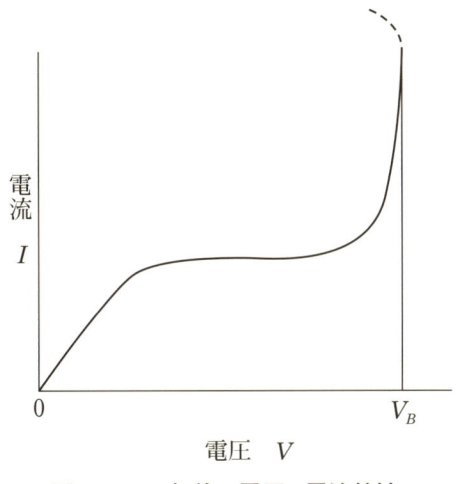

図 14.6.1　気体の電圧－電流特性

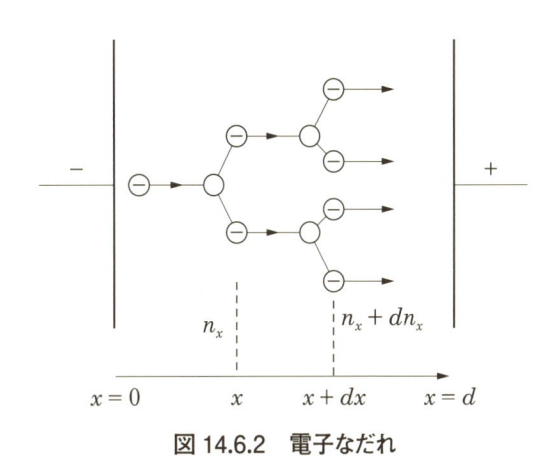

図 14.6.2　電子なだれ

圧波形などによって変化する。また、実際に製品における絶縁性の程度を示すには、耐電圧（withstand voltage）が用いられる。この電圧の値は、いろいろの条件を考えに入れて、実際に生じる絶縁破壊電圧以下に定められている。

14.6.2　気体の絶縁破壊

気体の絶縁破壊の機構は、定性的に次のように理解される。すなわち図14.6.2に示すように、電界により加速され大きなエネルギーを得た電子が、気体分子に衝突してこれを電離し電子を解放する。ここで2倍に増えた電子は再び加速されて、気体分子に衝突、電離を行い4個増えるというように、次々とネズミ算的にその数を増やし、膨大な数の電子群に成長するという過程で、これを電子なだれ（electron avalanche）という。気体が絶縁破壊をするときは、大きな音を発し、火花を伴うので火花放電（spark discharge）ともいう。

14.6.3　液体の絶縁破壊

液体の絶縁破壊は、液体が純粋なときと、不純物やガスを含むときでは様子が異なり、これらのものが含まれると、絶縁破壊電圧は非常に低下する。また、電極の形や電極間の距離、印加電圧の波形・周波数・上昇速度、さらに温度や気圧などによって、絶縁破壊の強さは左右される。

液体の絶縁破壊の原因については次のように説明されている。

(1) 絶縁油の場合には、電界によって油の中をイオンが動くとその通路が加熱され、そのため油の蒸気が発生し、この中で気体中の放電と同様な機構で火花放電が生じる。

(2) 電極の表面に吸着されているガスの膜が、ある程度以上の電界によって絶縁破壊して導電

第14章　誘電体

性になるとともに、ガスの半球が発生し、これが電極間に引きのばされて、このガス雰囲気中で放電がおこる。

(3) もともと油の中には小気泡が存在していて、この中で電離がおこるとその周囲が熱せられ、油の蒸気が発生し気泡が大きくなり、その中で電離衝突作用が発生して破壊する。

そのほか、油の中でも気体中の放電と同様に、電子が直接油の分子と電離衝突して破壊にいたるという考え方もある。

14.6.4　固体の絶縁破壊

固体の絶縁破壊は、その厚さ、水分その他の不純物の種類や分量、あるいは気泡や割れ目の有無などによって左右される。また、電極の形状・寸法、電極と絶縁物との接触状態、印加電圧の波形・周波数、さらに周囲の温度や媒質の種類などによっても非常に異なってくる。

絶縁破壊電圧は、ある厚さまでは厚さに比例して上昇するが、さらに厚くなると、厚さの増加の割合ほどには上昇しなくなる。その原因はいろいろあるが、1つには電極の縁にコロナ放電（**縁効果（edge effect）**）が発生するためである。これを防ぐには、媒質を変えたり、絶縁物の形状を変えて電極との接触をよくしたりする。図 14.6.3 にガラスの絶縁破壊電圧と厚さの関係を示す。

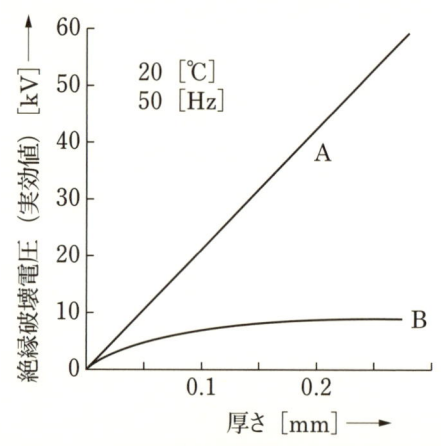

図 14.6.3　ガラスの絶縁破壊電圧と厚さとの関係
A：キシロールとアセトンの混合液中（縁効果を除いた場合）
B：油中（縁効果のある場合）

また、一般に交流電圧を加えたほうが直流電圧の場合よりも絶縁破壊電圧が低い傾向がある。さらに交流電圧の周波数が高くなると、誘電損のために温度が上昇して絶縁破壊電圧が低下する。

固体絶縁物の絶縁破壊の機構は非常に複雑で、熱破壊説と電気破壊説がある。

熱破壊説では、高電界によって絶縁物中のイオンや電子が移動し、それによって発生するジュール熱の量が、絶縁物から発散する熱量よりも多くなり、破壊すると説明されている。

電気破壊説では、気体の絶縁破壊の機構と同様に、絶縁物中の電子が、加えられた高電界によって十分なエネルギーを与えられ、絶縁物の原子に衝突して電子を原子核の束縛から解放し、これがごく短時間に次々と繰り返され、急激に電流が増加し破壊すると説明されている。

演習問題 14.1
誘電分極の種類を述べよ。

演習問題 14.2
強誘電体とは何かを述べよ。

演習問題 14.3
表面漏れ電流とは何かを述べよ。

演習問題 14.4
絶縁破壊電圧とは何かを述べよ。

第 15 章

その他の各種材料

15.1 導電材料

導電材料とは電気を流したときに電力損失が少ない性質を持つ材料のことであり、**金属および合金**が最も重要な役割を果たす。すなわち通電のみを目的とする場合は電気抵抗率 ρ の小さい Ag、Cu、Au、Al などの純金属が望ましいが、機械的強度や耐熱性が要求される場合は、導電率を多少犠牲にしても機械的強度の大きな合金が使用される。

金属に対するオームの法則は (4.1.6) 式で与えられるが、これを長さ $l[m]$、断面積 $S[m^2]$ の導体にあてはめると、導体の抵抗 $R[\Omega]$ は

$$R = \frac{1}{\sigma} \cdot \frac{l}{S} = \rho \frac{l}{S} \tag{15.1}$$

となる。$\rho[\Omega \cdot m]$ は体積抵抗率であり物質固有の値を持つ。この体積抵抗率は 0～200℃ 程度の温度範囲においては、温度の上昇に対して比例する。20℃ における体積抵抗率を $\rho_{(20)}$ とし、温度 $t[℃]$ におけるそれを ρ_t とすると

$$\rho_t = \rho_{(20)}\{1+\alpha(t-20)\} \quad [\Omega \cdot m] \tag{15.2}$$

が成り立つ。ここで α は体積抵抗率の温度係数といわれる。

(15.2) 式を抵抗値で書き直すと

$$R_t = R_{(20)}\{1+\alpha(t-20)\} \quad [\Omega] \tag{15.3}$$

となる。$R_{(20)}$ は 20℃ における抵抗値、R_t は $t[℃]$ における抵抗値である。

表 15.1 に主要金属の体積抵抗率、温度係数をその他の物理的特性とともに記述する。室温においては導電率が高い順に Ag、Cu、Au、Al、Fe となる。導体を抵抗材料や発熱材料として使用する場合は、体積抵抗率の比較的高い材料が望ましい。

金属合金を作製する際、単なる混合物を作った場合は、その組成比に応じて両成分の中間の性質が現れる。両成分が固溶体を作る場合は、その体積抵抗率は両成分のいずれの抵抗率よりも高くなり、抵抗率の温度係数は一般に成分金属のそれよりも小さくなる。

表 15.1　主要金属の物理的性質

金属	体積抵抗率 $\rho_{(20)}$ [$\mu\Omega \cdot$m] (20℃)	体積抵抗率の温度係数 α	比重	融点 [℃]	線膨張率 [10^{-6}] (20℃)	熱伝導率 [10^{-3} cal・cm^{-1}s^{-1}deg^{-1}]
Ag	0.0162	0.0038	10.5	960.8	18.9	1006
Cu	0.01692	0.00393	8.94	1083	16.6	918
Au	0.0244	0.00392	19.3	1063	14.2	705
Al	0.02828	0.0043	2.71	659	23.03	497
Fe	0.100	0.0065	7.874	1539	11.7	173

15.1.1　Cu および Cu 合金

　Cu（銅）は電線やケーブル材料としてよく用いられる。それらは、銅鉱石から抽出した粗銅を電気分解によって精錬した**電気銅**であり、その純度は 99.96～99.98％である。電気銅は酸素を 0.02～0.04％含んでおり、真空溶解によりこの酸素を 0.005％以下に抑えたものが**無酸素銅**である。無酸素銅は均一性がよく、かつ展延性、屈曲性、耐疲労性が優れており、コードや電子部品のリード線によく用いられている。

　銅の合金としては、Sn（すず）、Ag（銀）、Cr（クロム）、Be（ベリリウム）などとの合金が開発されており、用途に応じて適当な合金が選ばれる。

　Cu に 10％以下の Sn を入れ、さらに微量の P（リン）を加えたものが**リン青銅**であり、展延性、耐疲労性、耐食性に優れている。リン青銅は、導電率は銅にくらべて 20％以下と小さくなるが、弾性と耐摩耗性に富んでおり、バネ材料など機械的用途に使用されることが多い。Cu に Ag を 3～5％入れた **Cu-Ag 合金**は、400℃で焼きなましすることにより機械的強度が上昇する。また導電率は銅の 90％程度もあり、耐熱性や高い抗張力を示すので、通信線やリード線に用いられている。Cu に Cr を 0.5％程度含ませた **Cu-Cr 合金**は 1000℃で焼き入れした後、400～500℃で焼きなましして硬化させたもので、導電率は銅の 90％程度と高く、機械的強度や耐熱性も優れており、通信線、点溶接電極材料、負荷の大きなモータの巻き線用導体などに使用されている。Cu に 2～3％の Be を入れた **Cu-Be 合金**は、315℃前後で焼きなましすることにより硬化する。弾性や耐摩耗性が大きいので、バネ材料や軸受などに使用されている。

15.1.2　Al および Al 合金

　アルミニウム（Al）は、鉱物の**ボーキサイト**を原料として、これを水酸化ナトリウムで処理し、アルミナを分離した後、溶融し電気分解を行うことにより得られ、純度が 99.65％以上のものを導電材料として使用する。導電率が Cu の約 60％であるが、比重が Cu の約 1/3 であるため、同一重量で比較した場合、その電気抵抗は Cu より小さい。このようにアルミニウムは

軽量であり、機械的強度も比較的優れているので、送電線、アンテナ、電力ケーブルなど種々の目的に利用されている。

一般にアルミニウムは、引っ張り強度がそれほど強くなく、また耐食性や耐熱性に難点がある。アルミニウムの導電率を著しく低下することなく、これらの欠点を補う方法として種々の合金が作られている。抗張力を強くした代表的なものが**ジュラルミン**である。これはアルミニウムに亜鉛（Zn）、マグネシウム（Mg）、銅（Cu）をそれぞれ数％ずつ入れたアルミニウム合金であり、アルミニウム合金の中で最高の強度を持っている。ジュラルミンはその強度と軽さから、航空機（YS-11機は総ジュラルミン製）、ケース（ジュラルミンケース）、携帯電話本体などの材料に用いられている。

15.2 抵抗材料

抵抗材料は導電材料と逆で、導電率が低く（抵抗率が高く）、抵抗率温度係数が小さく、他の金属に対する熱起電力が小さいものが必要であるが、さらに耐食性があり機械的強度が強いことも要求される。抵抗材料としては、**金属抵抗材料と非金属抵抗材料**がある。

15.2.1 金属抵抗材料

Cu（銅）にMn（マンガン）を10～15％、Ni（ニッケル）を1～5％添加した**マンガニン**は抵抗率が0.45[$\mu\Omega$m] もあり、純粋のCuの約25倍も高い（15.1参照）。かつ室温での抵抗の温度係数が5×10^{-6}程度でCuの1/1000以下と極めて小さく、さらに銅に対する熱起電力も2[μV/℃]以下と微小であるので、**標準抵抗用材料**として**標準抵抗器並びに精密測定器**などに広く用いられる。

CuとNiの組成比率を55：45にした**コンスタンタン**はその抵抗率が0.5[$\mu\Omega$m]と高く、室温での抵抗の温度係数は10^{-5}と小さい。この組成にさらに1％程度のMnを加えると、抵抗の温度係数はほとんどゼロにすることができる。耐食性にも富むため精密抵抗材料として用いられる。また熱起電力が銅に対して50[μV/℃]もあるので、標準抵抗材料としては使用されないが、CuやFe（鉄）を相手とした熱電対用材料として用いられる。

Niが80～85％、Cr（クロム）が15～20％の**ニクロム**は抵抗率が1.0[$\mu\Omega$m]と非常に大きいため、発熱素子として1000℃の温度範囲まで用いることができ、電熱線や電気ストーブなどによく使われる。またニクロムのNiの代わりにFeを用い、さらに数％のAlを加えた**カンタル**は抵抗率が1.4[$\mu\Omega$m]もあり、比較的低価格な発熱体として用いられ、その最大使用温度は1300～1350℃である。

単体金属の発熱体材料としてはW（タングステン）が2500℃、Mo（モリブデン）が

1650℃、Pt（白金）が1600℃使用可能で、タングステンは電球や真空管のフィラメントとして使用されている。

15.2.2 非金属抵抗材料

非金属抵抗材料としては、**炭素を主体**としたものが多く用いられている。炭素には結晶質炭素（黒鉛）とアモルファス炭素とがあり、その抵抗率が金属に比べると100倍程度も大きいので、抵抗体として利用できる。

炭素皮膜抵抗体は、炭素粉末に結合剤を加え、それを基体上に塗布し焼結して作られた皮膜抵抗体で、結合剤としてはフェノール系樹脂などが用いられる。廉価であるため、一般的に幅広く使われている抵抗体である。

ソリッド抵抗体は炭素の微粒子を絶縁性の結合剤中に分散させ、所要の形に加熱圧縮成型したもので、結合剤としてはフェノール系樹脂や陶土が用いられる。ソリッド抵抗体は小型大容量のものが得られ、得られる抵抗値の幅が数 $[\Omega]$ 〜数 $[M\Omega]$ と広く、高周波特性がよいという特徴があり、炭素皮膜抵抗体と同様、回路用小型抵抗器として用いられる。

サーミスタは thermally sensitive resistor の略で、半導体の抵抗が温度によって著しく変化する性質を利用したものである。半導体の導電率は (6.1.16) 式で与えられ、一般には温度上昇とともに大きくなっていく。すなわちその抵抗率は温度上昇とともに小さくなっていく。この負の温度係数を大きくするために、Ni、Mn、Co（コバルト）、Fe などの金属酸化物半導体を混合して焼結したものを抵抗材料として用いる。サーミスタは温度制御用回路や温度補償用回路、定電圧装置、低周波発信器など種々の用途に用いられている。

15.3 新炭素材料

ここでは最近話題になっているフラーレンやカーボンナノチューブなどの**新炭素材料**について概説する。

炭素（C）のみで構成されていて物質としては異なる構造をしているものを**炭素の同素体**といい、ダイアモンド、グラファイト、フラーレン、カーボンナノチューブなどがある。

15.3.1 ダイアモンドとグラファイト

2.3で述べたようにダイアモンドは sp^3 混成軌道から成り立っており、一方、グラファイトは sp^2 混成軌道と $2p_z$ 波動関数から成り立っている。ダイアモンドは図9.1.3に示したダイアモンド構造をしているが、グラファイトは図15.3.1に示した構造をしている。図より分かるように、C原子は xy 平面内では正六角形の頂点に位置し、正六角形は敷き詰められている。

平面内のC同士は共有結合で非常に強く結び付いている。一方、これらの六角形網平面は xyz 方向に図のように重積している。図では z 方向でどのように重積しているかを分かりやすくするために、(x, y) 座標が同一のC原子を破線で結び、同一の色に塗ってある。この六角形網平面間は 結合しており、結合力は弱い。

図15.3.1　グラファイトの構造

15.3.2　フラーレン

従来はCの同素体としてはダイアモンドとグラファイトしか知られていなかったが、1985年にサッカーボールの形をした分子である**フラーレン C_{60}** が発見された。これは図 15.3.2 に示す構造をしており、12個の正五角形と20個の正六角形が縫い合わされた構造で、頂点の数が60個あって60個のC原子がこれらの頂点に対応する位置を占めている。大きさは直径 0.71[nm] である。個々のフラーレンは常温で毎秒 $10^8 \sim 10^9$ 回転という高速で回転している。またフラーレンにカリウム（K）やバリウム（Ba）などの金属を混ぜると、**低温超伝導を示す**ことが観測されている。さらにフラーレンの表面にフッ素や塩素原子をくっつけた化合物や、原子や分子を内部に閉じ込めたフラーレンも作製可能となり、新たな物質を作り出す新材料の可能性を秘めている。

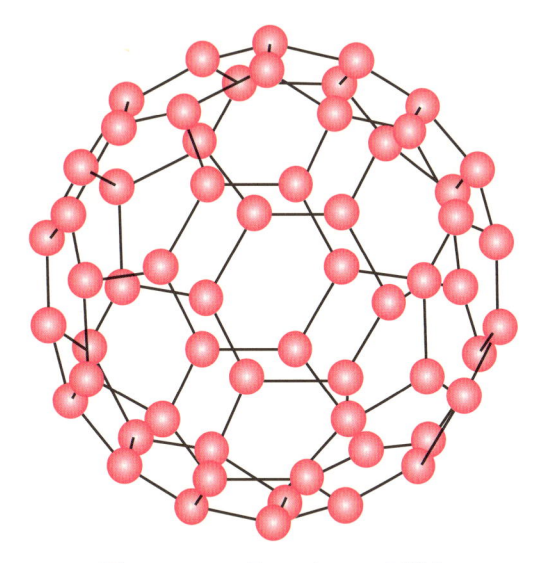

図 15.3.2　フラーレン C_{60} の構造

なおフラーレンには C_{60} 以外に C_{70}、C_{74}、C_{76}、C_{78} …なども発見されているが、これらもすべて5員環と6員環から成り立っている。

フラーレンの用途としては、超潤滑剤や医薬への応用が期待されている。

15.3.3　カーボンナノチューブ

カーボンナノチューブは、C原子が正六角形に配置されたグラファイトシートを円筒状に巻いたもので、図 15.3.3 にその構造を示す。図のようにグラファイトシートを円筒上に巻いて作製し、両端はフラーレンの半球のような構造で閉じられている。したがって両端に5員環を

6個ずつ持っている。その直径は0.7～70[nm]で長さが数十[μm]である。カーボンナノチューブは1991年、日本の飯島澄男氏によって発見された。

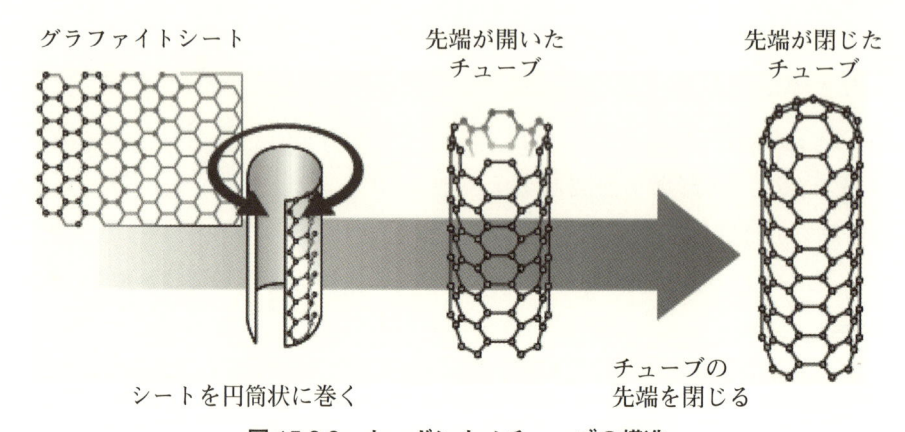

図15.3.3　カーボンナノチューブの構造
（「独立行政法人　新エネルギー・産業技術総合開発機構ホームページ」より転載）

カーボンナノチューブの特徴としては、
(1) 非常に細くて軽いが、高い機械的強度を有する（鋼鉄の約20倍の強度）。
(2) 熱伝導率が高く、銅の約10倍もある。
(3) 巻き方によって導体にも半導体にもなる。
(4) 水素などのガスをよく吸着する。

などがある。

カーボンナノチューブの製法としては、
(1) アーク放電法
(2) レーザアブレーション法（Nd:YAGレーザ光を、金属触媒と混同した炭素棒に照射し、瞬時に蒸発させてカーボンナノチューブを作製する方法）
(3) 化学気相成長（CVD）法

などがある。ここでは1例として、(1)のアーク放電法に関して説明する。図15.3.4にその装置の概略図を示す。Fe、Ni、Coなどの金属触媒と混合したグラファイト棒を電極として用い、He（ヘリウム）またはAr（アルゴン）ガス雰囲気中でアーク放電を行わせると、陰極堆

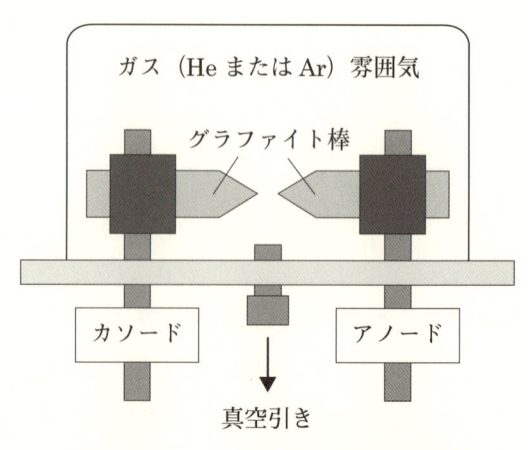

図15.3.4　アーク放電法の装置概略図

積物の中にカーボンナノチューブが含まれる。できたナノチューブの直径は 0.7 〜 1.5[nm] である。

　カーボンナノチューブの応用としては、その軽さと強靭性を利用して**テニスラケット、ゴルフクラブ、自動車のバンパー**などに**強化剤**として配合されている。また半導体として**高速スイッチング素子や高密度集積回路**への応用、電圧印加により 5 員環からの電子の放出を利用した**ナノチューブディスプレー**（電界放出ディスプレー：**Field Emission Display**）などが試作されている。さらに表面積が大きく、水素ガスをよく吸着するという性質を利用して水素吸蔵材料として注目されており、**燃料電池の電極**として期待されている。

　なおカーボンナノチューブは、発ガン性やアスベストに似た健康被害を及ぼす可能性があることも報告されており、安全性の検討も今後必要になってくる。

＜参考文献＞

(1) 田中哲郎 著『近代固体電子工学』、電気書院（1970）

(2) 山中俊一、日野太郎 著『近代電気材料工学』、電気書院（1970）

(3) H. C. Casey, Jr. & M. B. Panish ; Heterostructure Lasers, Part A, B, Academic Press（1978）

(4) S. M. Sze ; Physics of Semiconductor Devices (2nd edition), John Wiley & Sons, Inc（1981）

(5) D.A.Cardwell, D.S. Gingley; Handbook of Superconducting Materials, Institute of Physics Publishing（2003）

(6) 水野博之 監修、平尾孝ほか 編『イオン工学ハンドブック』、イオン工学研究所（2003）

(7) 田中哲郎 著『電子・通信材料』、コロナ社（1967）

(8) 米津宏雄ほか 編『光デバイス精密加工ハンドブック』、オプトロニクス社（1998）

(9) 桜井良文、龍岡靜夫 監修『光メモリー・光磁気メモリー総合技術集成』、サイエンスフォーラム社（1983）

(10) 米津宏雄 著『光情報産業と先端技術』、工学図書（1997）

(11) 上田大助 監修、伊藤國雄ほか 著『情報通信の新時代を拓く 高周波・光半導体デバイス』、電子情報通信学会（1999）

(12) 菊池誠、垂井康夫 編『図解 半導体用語辞典』、日刊工業新聞社（1968）

(13) 潮秀樹 著『よくわかる量子力学の基本と仕組み』、秀和システム（2004）

(14) 國岡昭夫、上村喜一 著『新版 基礎半導体工学』、朝倉書店（1985）

(15) 小長井誠 著『半導体物性』、培風館（1994）

(16) 佐藤勝昭、越田信義 著『応用電子物性工学』、コロナ社（1989）

(17) 油利正昭ほか 著『光ディスク用半導体レーザー』、Matsushita Technical Journal、Vol.52 No.1. pp.194~198（2006）

(18) 伊原英男、戸叶一正 著『超伝導材料』、東京大学出版会（1987）

(19) 岸野正剛 著『超伝導エレクトロニクスの物理』、丸善（1993）

(20) 中村彬 著『クライオエレクトロニクス入門』、オーム社（1980）

(21) 早川尚夫 編『超高速ジョセフソン・デバイス』、培風館（1986）

(22) 佐川眞人ほか 編『永久磁石』、アグネ技術センター（2007）

(23) 北田正弘、樽谷良信 著『超伝導を知る事典』、アグネ承風社（1991）

(24) 中澤達夫ほか 著『電気・電子材料』、コロナ社（2005）

(25) 日野太郎ほか 著『電気・電子材料』、森北出版社（2003）

(26) 一ノ瀬昇 著『電気電子機能材料』、オーム社（2004）

付 録

付録 1　14 種のブラベー格子

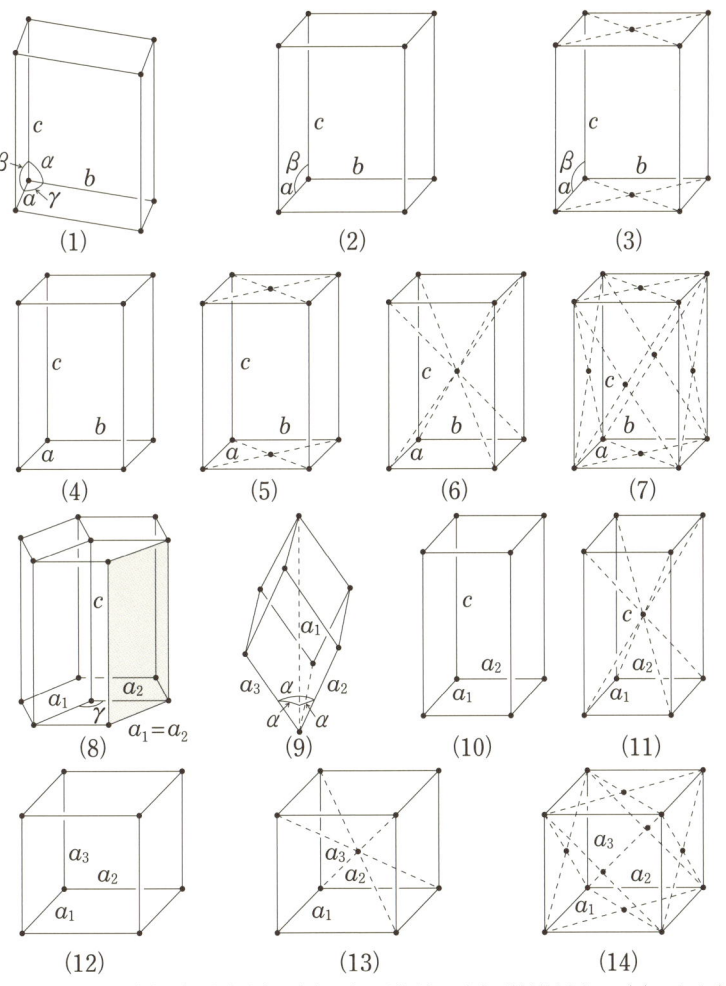

(1)　単純三斜　(2)　単純単斜　(3)　底心単斜　(4)　単純斜方　(5)　底心斜方
(6)　体心斜方　(7)　面心斜方　(8)　六方　(9)　菱面体　(10)　単純正方
(11)　体心正方　(12)　単純立方　(13)　体心立方　(14)　面心立方

図 A1.1　単位細胞で示した 14 のブラベー格子

付録1

結晶系の格子定数と空間格子

晶系	軸の長さ	軸角	空間格子
立 方	$a=b=c$	$\alpha=\beta=\gamma=90°$	単純、体心、面心
正 方	$a=b\neq c$	$\alpha=\beta=\gamma=90°$	単純、体心
六 方	$a=b\neq c$	$\alpha=\beta=90°、\gamma=120°$	単純
三 方	$a=b=c$	$\alpha=\beta=\gamma\neq 90°$	単純
斜 方	$a\neq b\neq c$	$\alpha=\beta=\gamma=90°$	単純、底心、体心、面心
単 斜	$a\neq b\neq c$	$\alpha=\beta=90°\neq\gamma$	単純、底心
三 斜	$a\neq b\neq c$	$\alpha\neq\beta\neq\gamma\neq 90°$	単純

付録2　格子振動と比熱

ここでは格子振動と比熱に関して詳しく考える。

[1] フォノン

格子振動に対する運動方程式は（4.3.1）式で与えられ、古典力学でのその解は（4.3.2）式で与えられる。したがって、その運動エネルギー T、および位置エネルギー V は各々次式で与えられる。

$$T = \frac{1}{2}Mv^2 = \frac{1}{2}M\left(\frac{dx}{dt}\right)^2 = \frac{1}{2}M\omega^2 A^2 \sin^2 \omega t \tag{A2.1}$$

$$V = \frac{1}{2}fx^2 = \frac{1}{2}M\omega^2 A^2 \cos^2 \omega t \tag{A2.2}$$

したがって、全エネルギー E_{total} は

$$E_{total} = T + V = \frac{1}{2}M\omega^2 A^2 \tag{A2.3}$$

となり、振幅の2乗に比例する。

次に調和振動子の問題を、量子力学的に解くことを考える。この場合、シュレーディンガーの方程式は次式で与えられる。

$$\frac{d^2\psi}{dx^2} + \frac{2M}{\hbar^2}(E-V)\psi = \frac{d^2\psi}{dx^2} + \frac{2M}{\hbar^2}\left(E - \frac{1}{2}M\omega^2 x^2\right)\psi = 0 \tag{A2.4}$$

これをエネルギー E について解くと

$$E_n = \left(n + \frac{1}{2}\right)h\nu \quad (n = 0, 1, 2, \cdots) \tag{A2.5}$$

となり、**振動子のとりうるエネルギーは量子化**される。この振動子はエネルギー $h\nu$ だけ吸収または放出することにより、量子数 n の値が1だけ異なる状態へ遷移できる。このように格子振動を量子化して粒子として見たものを**フォノン（音子）**と呼ぶ。フォノンのエネルギーの最小単位は $h\nu$ である。（A2.5）式で $n=0$ としたときのエネルギー

$$E_0 = \frac{1}{2}h\nu \tag{A2.6}$$

を**零点エネルギー**と呼ぶ。このエネルギーは絶対零度においても保存されるので、格子振動子は絶対零度においてもこのエネルギーに対応する零点振動の振幅を持つことになる。

[2] 格子振動による結晶の比熱（アインシュタイン（Einstein）モデル）

アインシュタインは、**格子振動をそれぞれ独立に振動する周波数が ν の調和振動子の集合**

付録2

体として結晶の比熱を計算した。以下この計算法について述べる。

いま温度 T においてエネルギー E の状態を占める確率、すなわち占有確率が**ボルツマン（Boltzman）統計**に従うとすると

$$P(E_n) = C\exp\left(-\frac{E_n}{kT}\right) = C\exp\left(-\frac{nh\nu}{kT}\right) \tag{A2.7}$$

$$\sum_n P(E_n) = 1 \tag{A2.8}$$

となる。ここに $P(E_n)$ はエネルギー E_n の状態を占める確率であり、(A2.5) で与えられるエネルギーである。簡単のため零点エネルギーはひとまず無視して考える。

$h\nu/kT = x$ とおき、(A2.7) 式を (A2.8) 式に代入すると

$$\sum_{n=0}^{\infty} Ce^{-nx} = C(1 + e^{-x} + e^{-2x} + e^{-3x} + \cdots) = C\frac{1}{1-e^{-x}} = C\frac{e^x}{e^x - 1} = 1 \tag{A2.9}$$

となり、これより C の値を求めると

$$C = \frac{e^{h\nu/kT} - 1}{e^{h\nu/kT}} \tag{A2.10}$$

となる。したがって調和振動子の平均エネルギー $<E>$ は

$$<E> = \sum_{n=0}^{\infty} E_n P(E_n) = C\sum_{n=0}^{\infty} nh\nu e^{-nh\nu/kT} \tag{A2.11}$$

から求められる。$h\nu/kT = x$ とおき、(A2.11) 式を計算すると

$$<E> = C\sum_{n=0}^{\infty} nkTx e^{-nx} = CkT(xe^{-x} + 2xe^{-2x} + 3xe^{-3x} + \cdots) = CkTx(e^{-x} + 2e^{-2x} + 3e^{-3x} + \cdots)$$

$$= -CkTx\frac{d}{dx}(e^{-x} + e^{-2x} + e^{-3x} + \cdots) = -CkTx\frac{d}{dx}\left(\frac{e^{-x}}{1-e^{-x}}\right) = -CkTx\frac{d}{dx}\left(\frac{1}{e^x - 1}\right)$$

$$= -CkTx \times \frac{-e^x}{(e^x-1)^2} = \frac{e^x - 1}{e^x} \times kTx \times \frac{e^x}{(e^x-1)^2} = \frac{kTx}{e^x - 1} \tag{A2.12}$$

となる。最初に無視した零点エネルギーを考慮すると結局、調和振動子の平均エネルギー $<E>$ は次式で与えられることが分かる。

$$<E> = \frac{1}{2}h\nu + \frac{h\nu}{e^{h\nu/kT} - 1} \tag{A2.13}$$

結晶の比熱は $\frac{\partial <E>}{\partial T}$ で求められる。格子振動をそれぞれ x、y、z 方向に独立に振動する調和振動子の集合体として考えているので、**定積比熱**は**アボガドロ数**[1] を N_0 として 1 モル当り

$$C_V = 3N_0 \frac{\partial <E>}{\partial T} = 3N_0 k \left(\frac{h\nu}{kT}\right)^2 \frac{e^{h\nu/kT}}{\left(e^{h\nu/kT}-1\right)^2} = 3Rf_E(x) \tag{A2.14}$$

$$f_E(x) = \frac{x^2 e^x}{\left(e^x-1\right)^2}, \quad x = \frac{h\nu}{kT} \tag{A2.15}$$

となる。(A2.14) 式における R は**気体定数**[2] である。(A2.15) 式で与えられる $f_E(x)$ はアインシュタイン（Einstein）関数と呼ばれる。いま

$$h\nu = k\Theta_E \tag{A2.16}$$

で定義されるアインシュタイン（Einstein）温度を導入すると、(A2.14) 式より

$$\frac{C_V}{3R} = f_E\left(\frac{\Theta_E}{T}\right) \tag{A2.17}$$

と書け、アインシュタイン関数は温度 T における比熱と $3R$ の比を与えることが分かる。

アインシュタイン関数を Θ_E/T の関数として図 A2.1 に示す。デューロン・ペティ（Dulong-Petit）の法則では、固体の比熱が高温では 1 モル当り $3R$ に等しい。また固体の低温での比熱は、実験結果ではおおむね $\exp(-h\nu/kT)$ に比例する。これらの事実は (A2.14) 式を用いて証明することができる。

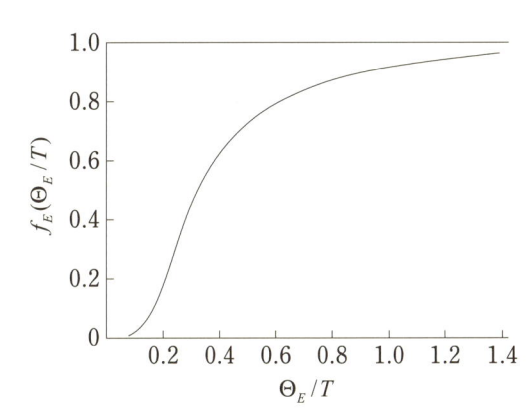

図 A2.1　アインシュタイン関数

演習 A2.1

(A2.14) 式を用いて、次の証明を行え。
(1) 固体の比熱が高温では 1 モル当り $3R$ に等しい。
(2) 固体の低温での比熱は、実験結果ではおおむね $\exp(-h\nu/kT)$ に比例する。

---

1) 物質1モル中に含まれている構成要素の数をアボガドロ数という。その数は $N_0 = 6.022 \times 10^{23} \left[\text{mol}^{-1}\right]$ である。
2) 1モルの理想気体においては、ボイル・シャールの法則より $PV = RT$ が成り立つ。ここで P は圧力、V は体積、T は絶対温度である。R は気体定数と呼ばれる定数である。気体定数 R はボルツマン定数 k とアボガドロ数 N_0 の積に等しく、その値は $R = 8.3145 \left[\text{J}\cdot\text{K}^{-1}\text{mol}^{-1}\right]$ である。

[3] 格子振動による結晶の比熱（デバイ（Debye）モデル）

　アインシュタインのモデルは実験事実をかなり説明することができたが、温度が０K付近でC_Vが温度の３乗に比例することを説明できなかった。デバイは量子統計を用いてアインシュタインの理論を改良した。すなわちアインシュタインのモデルでは格子振動をそれぞれ独立に振動する周波数がνの調和振動子の集合体と仮定したが、デバイは**格子振動を互いに振動数が異なる$3N$個の弾性振動の波**と考えた。

　いま３次元での弾性波の変位をu、音速をC_sとすると波動方程式は次式で与えられる。

$$\frac{\partial^2 u}{\partial x^2} + \frac{\partial^2 u}{\partial y^2} + \frac{\partial^2 u}{\partial z^2} = \frac{1}{C_s^2}\frac{\partial^2 u}{\partial t^2} \tag{A2.18}$$

結晶の体積が１辺がLの立方体と考えると、弾性波は立方体の壁で完全に反射し、その振幅が０となる定在波となる。したがって（A2.18）式の解は

$$u(x,y,z,t) = A\sin(n_x\pi x/L)\sin(n_y\pi y/L)\sin(n_z\pi z/L)\cos(2\pi\nu t) \tag{A2.19}$$

で表わされる。ただし$\nu = C_s/\lambda$である。またn_x、n_y、n_zは正の整数である。（A2.19）式を（A2.18）式に入れると次の関係が得られる。

$$n_x^2 + n_y^2 + n_z^2 = \left(\frac{2\nu L}{C_s}\right)^2 = \left(\frac{2L}{\lambda}\right)^2 \tag{A2.20}$$

（A2.20）式は直交座標系において、図A2.2に示すように半径$r = \dfrac{2\nu L}{C_s}$の球を表わしている。許容された弾性振動の波の数、すなわち振動モード数$dn = Z(r)dr$は、同図の半径rと$r+dr$の間に挟まれた球殻の体積の1/8になる。1/8になるのはn_x、n_y、n_zが全て実数のためである。したがって

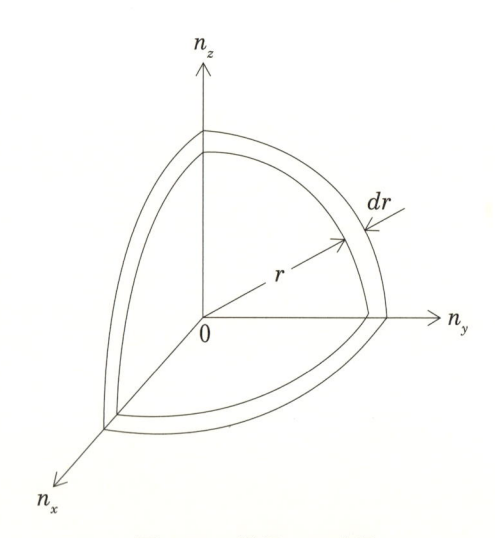

図A2.2　半径rの球殻

$$dn = Z(r)dr = \frac{1}{8}\times 4\pi r^2 dr = \frac{4\pi L^3}{C_s^3}\nu^2 d\nu = \frac{4\pi V}{C_s^3}\nu^2 d\nu \tag{A2.21}$$

となる。ここに$V = L^3$は結晶の体積である。振動モードの数は$3N$個であるので、許されるνの値には上限があり、適当なνの値で切断しなければならない。また弾性波には横波と縦波があり、両者に対する波の伝搬速度が異なる。横波と縦波の伝搬速度をそれぞれC_t、C_lとすると、ある振動数の波に対して２つの横波と１つの縦波が存在し、振動数の最も低いものから$3N$個を選ぶと、最大振動数ν_Dは（A2.21）式を用いて

$$\int_0^{\nu_D} dn = 4\pi V\left(\frac{2}{C_t^3} + \frac{1}{C_l^3}\right)\int_0^{\nu_D}\nu^2 d\nu = 3N \tag{A2.22}$$

より求められる。その結果

$$\nu_D^3 = \frac{9N}{4\pi V}\bigg/\left(\frac{2}{C_t^3} + \frac{1}{C_l^3}\right) \tag{A2.23}$$

となる。振動数のそれぞれに対応して、それと同じ振動数の調和振動子が1個ずつあるので、格子振動のエネルギー E は（A2.21）式および（A2.23）式を用いて次のように求められる。

$$E = \int_{\nu=0}^{\nu_D} E(\nu)dn = \int_{\nu=0}^{\nu_D}\frac{h\nu}{e^{h\nu/kT}-1}dn = 4\pi V\left(\frac{2}{C_t^3}+\frac{1}{C_l^3}\right)\int_0^{\nu_D}\frac{h\nu}{e^{h\nu/kT}-1}\nu^2 d\nu$$

$$= 9N\left(\frac{kT}{h\nu_D}\right)^3 kT\int_0^{x_m}\frac{x^3 dx}{e^x-1} = 9N\left(\frac{kT}{h\nu_D}\right)^3 kTf_D(x) \tag{A2.24}$$

$$f_D(x) = \int_0^{x_m}\frac{x^3 dx}{e^x-1} \tag{A2.25}$$

ただし $x = \frac{h\nu}{kT}$、$x_m = \frac{h\nu_D}{kT}$ である。いま

$$h\nu_D = k\Theta_D \tag{A2.26}$$

で定義されるデバイ（Debye）温度 Θ_D を用いると、積分の上限は $x_m = \Theta_D/T$ となる。

デバイ関数を Θ_D/T の関数として図 A2.3 に示す。同図にはアインシュタイン関数も比較のため示されている。デバイ関数を用いると高温ではその比熱が $3R$ になり、極めて低温では温度の 3 乗に比例することが証明できる。

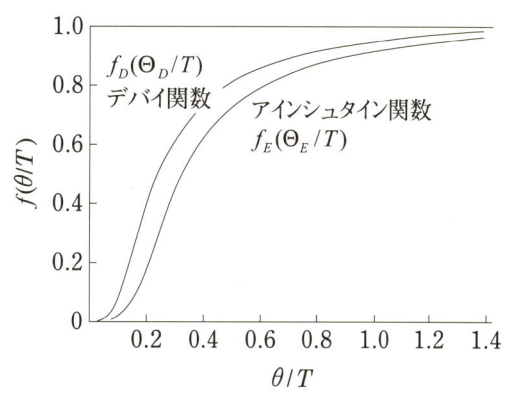

図 A2.3 デバイ関数とアインシュタイン関数の比較

演習 A2.2

（A2.24）式を用いて、次の証明を行え。
(1) 固体の比熱が高温では 1 モル当り $3R$ に等しい。
(2) 固体の低温での比熱は T^3 に比例する。

---

[4] 不連続結晶格子における格子振動モード

デバイの理論は結晶を弾性的な連続体として取り扱っているが、振動数が高くなると波の波長が格子間隔と同程度になるので、もはや結晶を連続体として扱うことができず、**結晶格子の**

付録 2

不連続性を考慮する必要がある。ここでは不連続な実際の結晶における格子振動モードについて考える。

いま図 A2.4 に示すように無限に長い 1 次元の格子について考える。この場合、隣りあう格子間にのみフックの法則が成り立つとすると、n 番目の粒子の変位量 x_n に対する運動方程式は

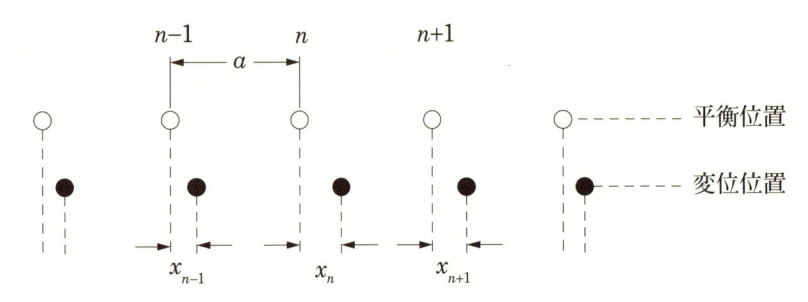

図 A2.4　同種原子よりなる 1 次元格子の振動

$$M\frac{d^2 x_n}{dt^2} = -f(x_n - x_{n-1}) - f(x_n - x_{n+1}) = f(x_{n-1} + x_{n+1} - 2x_n) \tag{A2.31}$$

となる。ここで f は（4.3.1）式に示した復元力定数である。

この式を**進行波の形**で解くことを考える。したがって解の形を

$$x_n(t) = e^{-i\omega(t - na/C_s)} = e^{-i(\omega t - qna)} \tag{A2.32}$$

として解くことにする。上式で a は格子定数、$q = \omega/C_s$ は波数ベクトルである。(A2.32) 式を (A2.31) 式に代入して解くと

$$\omega = \omega_m \sin\left(\frac{qa}{2}\right), \quad \omega_m = \left(\frac{4f}{M}\right)^{\frac{1}{2}} \tag{A2.33}$$

が得られる（〔演習 A2.3〕参照）。これを図示したのが図 A2.5 である。すなわち進行波の角周波数は波数ベクトルとともに図のように変化し、音速 $C_s = \omega/q$ は q が大きくなるほど、言い換えれば波長 λ が短くなるほど小さくなる。この型の格子振動は**音響姿態（acoustical mode）**の格子振動と呼ばれる。ω は q の周期関数であるから、通常は $-\pi/a \leq q \leq \pi/a$ の範囲をとり、これを**第 1 ブリルアン（Brillouin）帯域**という。伝搬しうる波の振動数には最大振動数 $\nu_{\max} = \omega_{\max}/2\pi = (1/\pi)(f/M)^{\frac{1}{2}}$ が存在し、$\lambda = 2a$ のときに生じる。

次に質量 m および M を持つ 2 種の原子が図 A2.6 のように交互に配列して 1 次元格子を作っている場合を考える。この場合も隣りあう格子間にのみフックの法則が成り立つとすると、次の連立方程式が成り立つ。

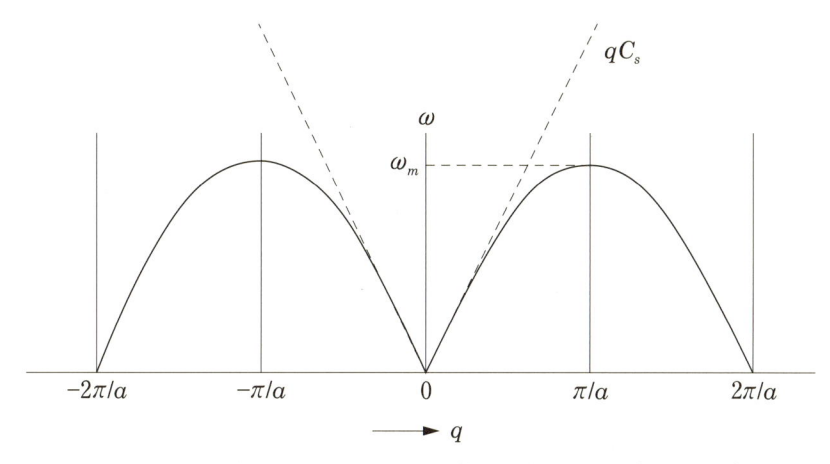

図 A2.5　同種原子よりなる 1 次元格子の格子振動（音響姿態）

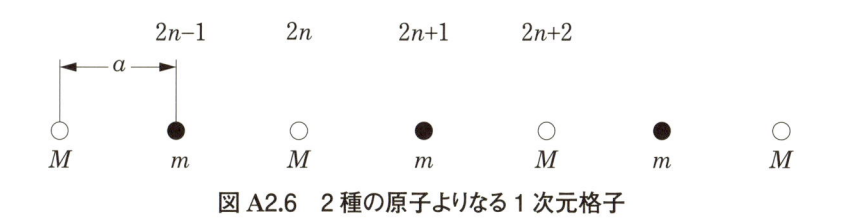

図 A2.6　2 種の原子よりなる 1 次元格子

$$M\frac{d^2 x_{2n}}{dt^2} = f(x_{2n-1} + x_{2n+1} - 2x_{2n}) \tag{A2.34}$$

$$m\frac{d^2 x_{2n+1}}{dt^2} = f(x_{2n} + x_{2n+2} - 2x_{2n+1}) \tag{A2.35}$$

この連立方程式を進行波の形で解くと、次の関係が得られる。

$$\omega^2 = f\left(\frac{1}{m} + \frac{1}{M}\right) \pm f\left[\left(\frac{1}{m} + \frac{1}{M}\right)^2 - \frac{4\sin^2 qa}{Mm}\right]^{\frac{1}{2}} \tag{A2.36}$$

ω は正でなければならないので、1 つの q の値に対して 2 つの角周波数 ω_0 と ω_a が存在する。(A2.36) 式から求められた $\omega - q$ の関係をグラフ化したものが図 A2.7 である。$M > m$ と仮定すると、$q = 0$ では

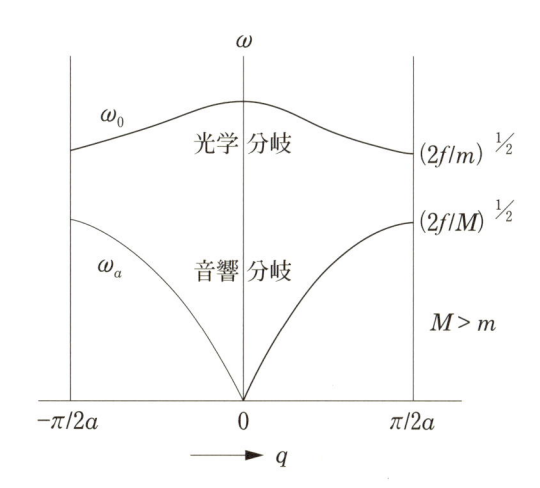

図 A2.7　格子振動における音響分岐と光学分岐

付録2

$$\omega_0 = \left[2f\left(\frac{1}{m}+\frac{1}{M}\right)\right]^{\frac{1}{2}}, \quad \omega_a = 0 \tag{A2.37}$$

となり、$q = \pm\pi/2a$ に対しては

$$\omega_0 = \left(\frac{2f}{m}\right)^{\frac{1}{2}}, \quad \omega_a = \left(\frac{2f}{M}\right)^{\frac{1}{2}} \tag{A2.38}$$

となる。ω_a に対するものを音響分岐（acoustical branch）、ω_0 に対するものを光学分岐（optical branch）と呼ぶ。

原子の運動で考えると、音響分岐においては図 A2.8(a)に示すように隣りあう2種の原子は同方向に運動し、光学分岐においては同図(b)に示すように互いに反対方向に動く。イオン結晶においては通常赤外領域に強い吸収を示すが、これは赤外線が同図(b)に示すモードの格子振動を励起するためで、光学分岐は光学姿態（optical mode）とも呼ばれる。赤外線吸収のおこる周波数は(A2.37)式の第1式で近似でき、この吸収に対応する光学姿態の振動では、正イオン格子が負イオン格子に対して2種のイオンの重心が静止しているように振動する。したがって光学姿態の格子振動は、有極性結晶中に誘起双極子モーメントを生じる。

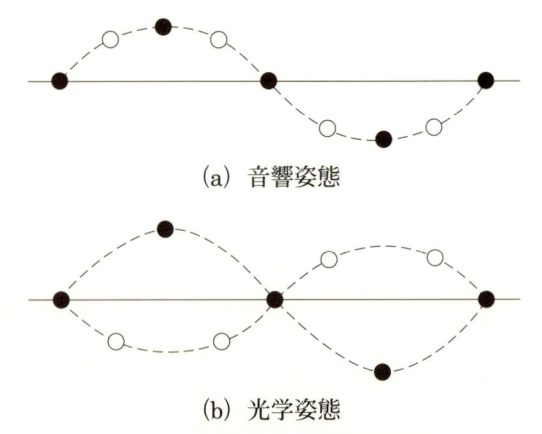

(a) 音響姿態

(b) 光学姿態

図 A2.8 　格子振動における音響姿態と光学姿態（横波）

格子振動は、温度上昇とともにその振幅が増大し、電子の移動を妨げ、固体の比熱や熱伝導率、自由電子の散乱、音波の伝搬などに大きな影響を与える。

演習 A2.3

(A2.31) および (A2.32) 式を用いて (A2.33) 式を誘導せよ。

付録3　ブロッホ関数、クローニッヒ・ペニーのモデル、ブリルアン領域

ブロッホ (Bloch) 近似法とは周期的ポテンシャル中の電子の運動を扱う方法で、電子に対する結晶のポテンシャルの正しい形が与えられれば、これをシュレーディンガーの波動方程式

$$\left[\frac{\hbar^2}{2m}\left(\frac{\partial^2}{\partial x^2}+\frac{\partial^2}{\partial y^2}+\frac{\partial^2}{\partial z^2}\right)\right]\psi(x,y,z)+(E-V)\psi(x,y,z)=0 \tag{A3.1}$$

に代入して解くと、電子の波動関数とエネルギーが求められる。

まず、$V(\mathbf{r})=0$ すなわち**自由電子の場合を考える**。簡単のため1次元方向のみで考えると、定常状態においては (A3.1) 式の解は

$$\psi(x) = Ae^{ikx} + Be^{-ikx} \tag{A3.2}$$

$$k^2 = \frac{2mE}{\hbar^2} \tag{A3.3}$$

となる。この解より自由空間における電子の波動関数は、2つの同じ波数 k を持つ進行波を重ね合わせたものであることが分かる。自由電子のエネルギーは (A3.3) 式より

$$E = \frac{\hbar^2}{2m}k^2 \tag{A3.4}$$

となり、E は k に対して**放物線上に変化する**ことが分かる。それを図示したのが**図 A3.1** である。

次に**周期的ポテンシャル中の電子の運動を考える**。結晶中のポテンシャル $V(x,y,z)$ は、近似的に**図 A3.2** に示すように、結晶と同じ周期を持った周期的ポテンシャルであり、原子核の位置で最小をとり、核と核との中間で最大値をとると考えてよい。ブロッホは結晶格子の基本並進ベクトルを $\mathbf{a}$、$\mathbf{b}$、$\mathbf{c}$ として

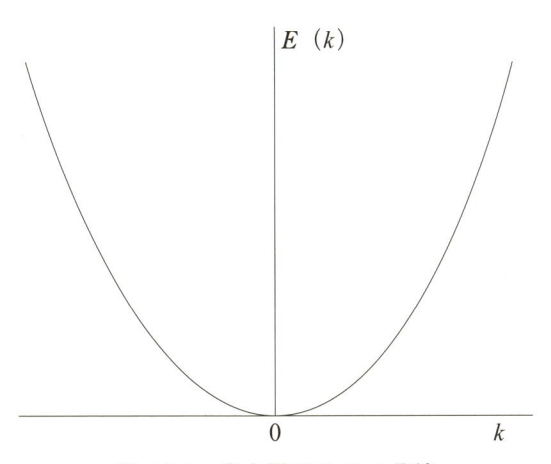

図 A3.1　自由電子の E–k 曲線

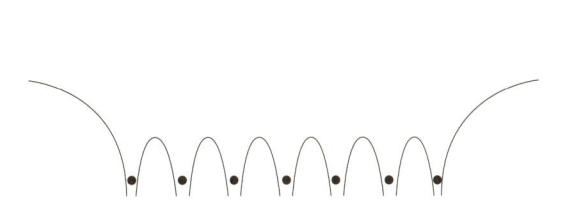

図 A3.2　結晶中のポテンシャルモデル図
（点は原子の位置を示す）

$$V(x,y,z) = V(\mathbf{r}) = V(\mathbf{r} + n_1\mathbf{a} + n_2\mathbf{b} + n_3\mathbf{c}) \tag{A3.5}$$

が成り立つとき、(A3.1) 式の解は次の形で与えられることを示した。

$$\psi_k(\mathbf{r}) = e^{\pm ikr} u_k(\mathbf{r}) \tag{A3.6}$$

$$u_k(\mathbf{r}) = u_k(\mathbf{r} + n_1\mathbf{a} + n_2\mathbf{b} + n_3\mathbf{c}) \tag{A3.7}$$

ここに n_1, n_2, n_3 は任意の整数である。これをブロッホ (Bloch) の定理という。ブロッホ (Bloch) 関数 $\psi_k(\mathbf{r})$ は平面波 e^{ikr} が格子の周期を持つ周期関数 $u_k(\mathbf{r})$ で変調されていることを示している。

簡単のため **1 次元**で考える。波動関数は、(5.1.2) 式で示される周期的境界条件を満たすと考える。すなわち

$$\psi_k(x + Na) = \psi_k(x) \tag{A3.8}$$

が成り立つとする。一方、結晶の周期性より波動関数は状態を a だけ平行移動しても、定数倍を除き、同じになるはずである。すなわち

$$\psi_k(x + a) = C\psi_k(x) \tag{A3.9}$$

が成り立つ。(A3.9) 式を繰り返すことにより

$$\psi_k(x + Na) = C^N \psi_k(x) \tag{A3.10}$$

が成立し、この式と (A3.8) 式を比較することにより

$$C^N = 1 \tag{A3.11}$$

となり、この解は

$$C = \exp(\frac{i2\pi n}{N}) \qquad (n = 1, 2, 3, \cdots, N)$$

となり、これを (A3.9) 式に代入すると、

$$\psi_k(x + a) = \exp(\frac{i2\pi n}{N})\psi_k(x) \tag{A3.12}$$

となる。(A3.6) 式のブロッホ関数を 1 次元で書き、$+x$ 方向の進行波を考えると

$$\psi_k(x) = u_k(x)\exp(ikx) \tag{A3.13}$$

となり、(A3.12) 式と (A3.13) 式より

$$\psi_k(x + a) = u_k(x + a)\exp[ik(x + a)] = \exp(\frac{i2\pi n}{N})u_k(x)\exp(ikx) \tag{A3.14}$$

この式が成り立つ条件は、次の 2 式が成り立てばよい。

$$k = \frac{2\pi n}{Na} \tag{A3.15}$$

$$u_k(x + a) = u_k(x) \tag{A3.16}$$

以上より周期的ポテンシャル中の波動関数は

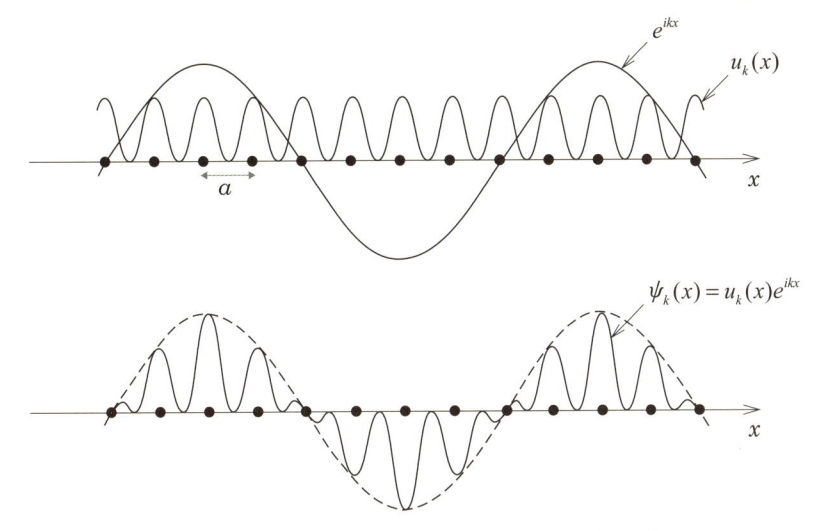

図 A3.3 ブロッホ関数（点は原子の位置を示す）

$$\psi_k(x) = u_k(x)\exp(\frac{i2\pi n}{Na}x) \qquad (n=1,2,3,\cdots,N) \tag{A3.17}$$

というブロッホ関数になる。(A3.17) 式を図示したのが図 A3.3 である。

(A3.15) 式より波数 k は厳密には不連続な値をとるが、実際の結晶中では原子の数 N は非常に多く、したがって、k の値は $0 \leq k \leq \dfrac{2\pi}{a}$ の連続的な値と考えてよい。エネルギー E の波数 k 依存性は周期的であるので、通常、波数 k の範囲は $-\dfrac{\pi}{a} \leq k \leq \dfrac{\pi}{a}$ をとり、これを第 1 ブリルアン（Brillouin）領域と呼ぶ（後述）。

ところで結晶中の実際のポテンシャルは図 A3.2 のようになっているが、クローニッヒ・ペニー（Kronig-Penny）のモデルでは、図 A3.4 のように長方形のポテンシャルが周期 a で並んでいると仮定して、シュレーディンガーの方程式を厳密に解いた。この場合のポテンシャルは、

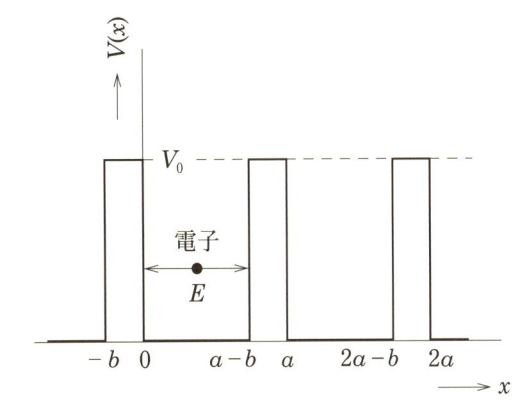

図 A3.4 クローニッヒ・ペニーのポテンシャル

$$V(x) = 0 \qquad (0 \leq x \leq a-b) \tag{A3.18}$$
$$V(x) = V_0 \qquad (-b \leq x \leq 0) \tag{A3.19}$$

であり、これを用いると (A3.1) 式のシュレーディンガーの方程式は、電子のエネルギーを

付録 3

E として、1次元では

$$\frac{d^2\psi_{k1}(x)}{dx^2} + \frac{2m}{\hbar^2}E\psi_{k1}(x) = 0 \qquad (0 \leq x \leq a-b) \tag{A3.20}$$

$$\frac{d^2\psi_{k2}(x)}{dx^2} - \frac{2m}{\hbar^2}(V_0 - E)\psi_{k2}(x) = 0 \qquad (-b \leq x \leq 0) \tag{A3.21}$$

となる。図 **A3.4** に示すように、電子は $0 \leq x \leq a-b$ の井戸型ポテンシャルの中に入っており、そのエネルギー E はポテンシャル障壁 V_0 より小さいとすると、(A3.20) 式および (A3.21) 式の第2項の係数はどちらも正の値となり、これらを

$$\alpha^2 = \frac{2mE}{\hbar^2}, \quad \beta^2 = \frac{2m}{\hbar^2}(V_0 - E) \tag{A3.22}$$

とおく。(A3.20) 式と (A3.21) 式に、ブロッホ関数 (A3.13) 式を代入して、その一般解を求めると、

$$u_{k1}(x) = A e^{i(\alpha-k)x} + B e^{-i(\alpha+k)x} \qquad (0 \leq x \leq a-b) \tag{A3.23}$$

$$u_{k2}(x) = C e^{(\beta-ik)x} + D e^{-(\beta+ik)x} \qquad (-b \leq x \leq 0) \tag{A3.24}$$

となる。ここで A、B、C、D は定数である。$x = 0$ で波動関数が滑らかにつながる必要があるため、

$$u_{k1}(0) = u_{k2}(0), \quad u_{k1}{}'(0) = u_{k2}{}'(0) \tag{A3.25}$$

また、$x = a-b$ と $x = -b$ で周期的境界条件が成立するので、

$$u_{k1}(a-b) = u_{k2}(-b), \quad u_{k1}{}'(a-b) = u_{k2}{}'(-b) \tag{A3.26}$$

(A3.25) 式と (A3.26) 式を (A3.23) 式と (A3.24) 式に代入して4つの連立方程式を作り、A、B、C、D がともに 0 にならない条件を求めると、

$$\frac{\beta^2 - \alpha^2}{2\alpha\beta}\sin\alpha(a-b)\sinh\beta b + \cos\alpha(a-b)\cosh\beta b = \cos ka \tag{A3.27}$$

が得られる。ここに

$$\sinh\beta b = \frac{e^{\beta b} - e^{-\beta b}}{2}, \quad \cosh\beta b = \frac{e^{\beta b} + e^{-\beta b}}{2} \tag{A3.28}$$

である。

クローニッヒとペニーはポテンシャル障壁として δ 関数の極限を考えた。すなわち $V_0 b$ を一定に保ったまま、$V_0 \to \infty$、$b \to 0$ の極限を考えた。この場合

$$\beta b = \sqrt{\frac{2m(V_0 - E)}{\hbar^2}} \cdot b \cong \sqrt{\frac{2mV_0 b}{\hbar^2}} \cdot \sqrt{b} \to 0 \tag{A3.29}$$

となり、(A3.28) 式より

$$\sinh\beta b \to 0, \quad \cosh\beta b \to 1 \tag{A3.30}$$

と近似できる。さらに $V_0 \gg E$ であるので、(A3.22) 式より $\beta \gg \alpha$ となり

$$\frac{\beta^2 - \alpha^2}{2\alpha\beta} \sin\alpha(a-b) \sinh\beta b \cong \frac{\beta^2}{2\alpha\beta} \sin\alpha a \cdot \beta b = \frac{\sin\alpha a}{2\alpha} \cdot \frac{2m}{\hbar^2} V_0 b \tag{A3.31}$$

となる。ここで

$$P \equiv \frac{a}{2} \cdot \frac{2m}{\hbar^2} V_0 b \tag{A3.32}$$

とおくと、(A3.27) 式は次のように書き換えることができる。

$$P \frac{\sin\alpha a}{\alpha a} + \cos\alpha a = \cos ka \tag{A3.33}$$

この式がエネルギー $E(=\frac{\hbar^2 \alpha^2}{2m})$ と波数 k との関係を与える式である。

(A3.33) 式の左辺を $P=3$ の場合を例にとって図示すると、図 A3.5 の太線のカーブになる。一方、右辺は $-1 \leq \cos ka \leq 1$ の範囲しかとり得ないので、(A3.33) 式の等式は、図で灰色に塗りつぶした αa の範囲でのみしか成り立たない。一方

$$\alpha a = \frac{\sqrt{2ma}}{\hbar} \sqrt{E} \tag{A3.34}$$

であるから、横軸はエネルギー E と考えてもよく、灰色で塗りつぶした部分は電子のとりうるエネルギー帯で許容帯となり、その他の部分はとることのできないエネルギー帯で、禁制帯となる。同図には横軸を ka でも示してある。この場合

$$ka = n\pi \qquad (n = \pm 1, \pm 2, \pm 3, \cdots) \tag{A3.35}$$

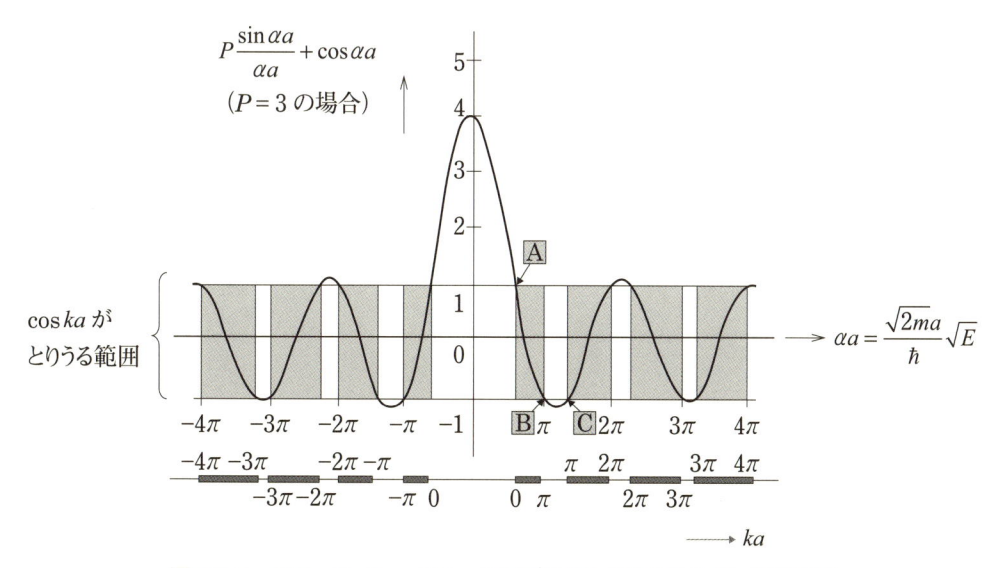

図 A3.5 クローニッヒ・ペニーのモデルにおけるエネルギー帯の形成

で禁制帯ができていることが分かる。

図A3.5で示したA、B、C点における電子のエネルギーEを求めてみる。

A点では$\cos ka = 1$であり、$ka = 0$すなわち$k = 0$である。この状態で方程式を解くと、$\alpha a = 1.976$となる。すなわち$k = 0$でもエネルギーは0ではなく（A3.22）式より、

$$E_A = \frac{\hbar^2}{2m}\left(\frac{1.976}{a}\right)^2 \tag{A3.36}$$

という有限の値が出てくる。これは（A3.4）式で表わした自由電子の$k = 0$でのエネルギー$E = 0$との大きな違いである。

B点では$\cos ka = -1$であり、$ka = \pi$すなわち$k = \pi/a$である。この状態で方程式を解くと$\alpha a = \pi$となる。この時の電子のエネルギーは

$$E_B = \frac{\hbar^2}{2m}\left(\frac{\pi}{a}\right)^2 \tag{A3.37}$$

となる。一方、C点でも$\cos ka = -1$であり$k = \pi/a$である。この場合（A3.33）式を解くと$\alpha a = 4.349$となり、電子エネルギーは

$$E_C = \frac{\hbar^2}{2m}\left(\frac{4.349}{a}\right)^2 \tag{A3.38}$$

となる。（A3.37）式と（A3.38）式を比べてみると、どちらも$k = \pi/a$であるが、エネルギーはE_CとE_Bの大きさの差がある。すなわち$k = \pi/a$においてエネルギーギャップが生じていることが分かる。このギャップは前述のように（A3.35）式で示したkで生じる。図A3.6に、$P = 3$の場合の$E-k$曲線を実線で示す。同図には自由電子の$E-k$曲線も破線で示してある。また右横にはエネルギー帯も表示してある。

（A3.33）式において、kを$\frac{2n\pi}{a}$ （$n = \pm 1, \pm 2, \pm 3, \cdots$）ずらしたとすると、

$$\cos\left(\left(k + \frac{2n\pi}{a}\right)a\right) = \cos(ka + 2n\pi) = \cos ka \tag{A3.39}$$

となり、右辺は変わらず、同一の電子状態になる。したがって、kを$\frac{2n\pi}{a}$ずらして全て$-\frac{\pi}{a} \leq k \leq \frac{\pi}{a}$の範囲に還元することができる。この領域を**第1ブリルアン領域**と呼ぶ。なお$-\frac{2\pi}{a} < k < -\frac{\pi}{a}$と、$\frac{\pi}{a} < k < \frac{2\pi}{a}$を合わせたものは**第2ブリルアン領域**と呼ばれ、一般に$-\frac{n\pi}{a} < k < -\frac{(n-1)\pi}{a}$と、$\frac{(n-1)\pi}{a} < k < \frac{n\pi}{a}$の$k$の領域は**第$n$ブリルアン領域**と呼ばれる。図

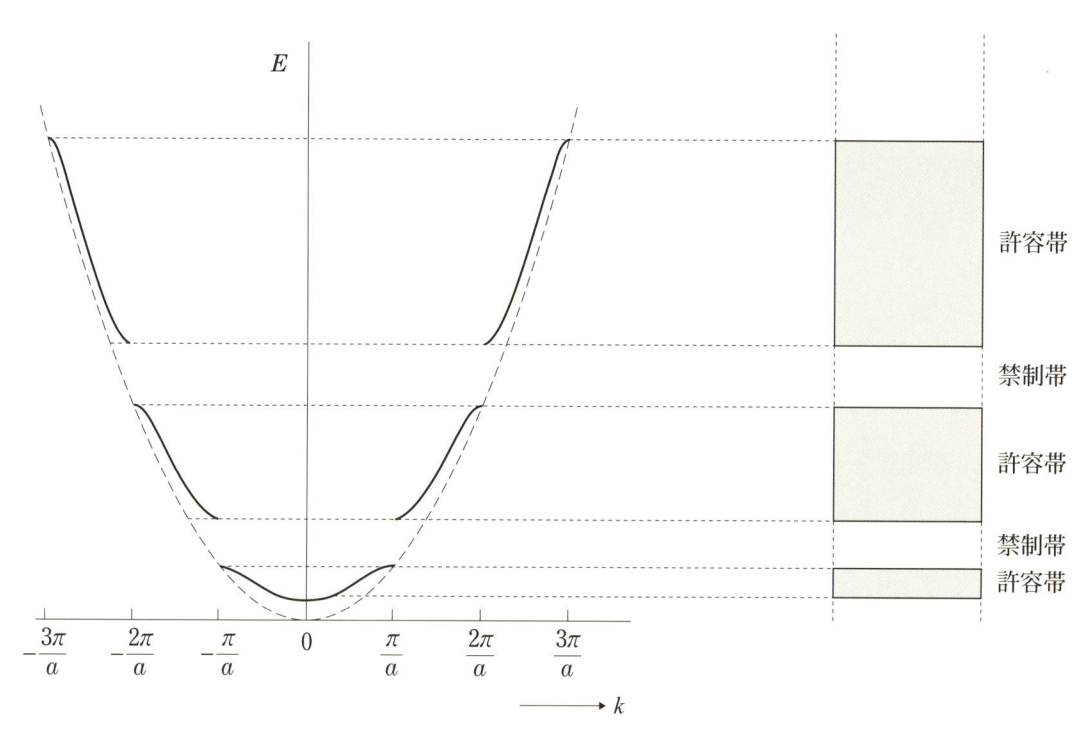

図 A3.6　エネルギー帯構造（破線は自由電子の $E-k$ 曲線）

A3.6 より明らかなように、ブリルアン領域内ではその帯域の境界は、帯域中での電子のとりうる最大エネルギーを与える。

2次元や3次元のブリルアン領域においても1次元の場合と同様に、帯域の境界はその帯域中で電子のとりうる最大エネルギーを与える。図 A3.7 は立方格子の2次元的第1ブリルアン領域とその帯域中での等エネルギー線を示したものである。エネルギーはおおむね k^2 に比例するので、E が大きくなるに従って等エネルギー円の密度が大となる。円が帯域の境界に達すると、1次元の場合と同じくエネルギーの不連続がおこる。ただし2次元の場合には、k_x や k_y の方向へはエネルギーが禁止されても、k_{xy} 方向にはさらに高いエネルギー状態が許容される。すなわち、k_{xy} 方向には $k_{xy}=\sqrt{2}\pi/a$ までエネルギー状態が許される。したがって、電子はこれらの状態が満たされるまで入りうる。

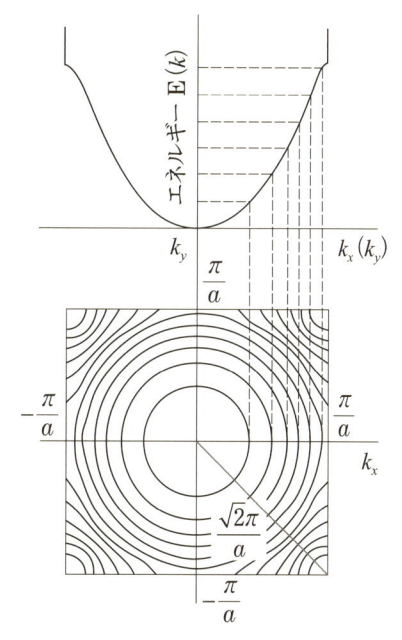

図 A3.7　立方格子の2次元的第1ブリルアン帯とその帯域内の等エネルギー線

付録3

ダイアモンド構造や閃亜鉛鉱構造の3次元のブリルアン領域を**図 A3.8** に示す。図に示すように、領域の中心 $\frac{2\pi}{a}(0,0,0)$ は **Γ 点**と呼ばれる。

また <111> 方向の領域の境界 $\frac{2\pi}{a}(\frac{1}{2},\frac{1}{2},\frac{1}{2})$ は **L 点**、<100> 方向の領域の境界 $\frac{2\pi}{a}(0,0,1)$ は **X 点**、<110> 方向の境界 $\frac{2\pi}{a}(\frac{3}{4},\frac{3}{4},0)$ は **K 点**と呼ばれる。

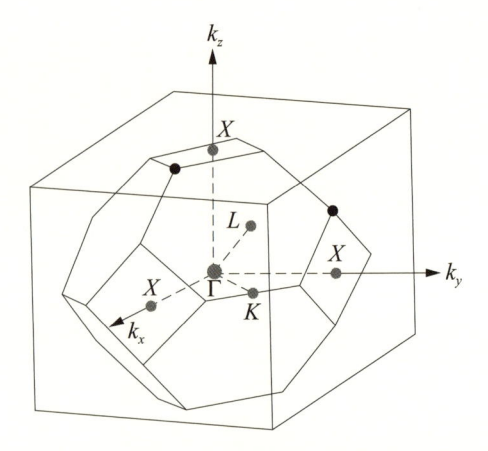

図 A3.8 ダイアモンド構造および閃亜鉛鉱構造の第1ブリルアン領域

次に k 空間の単位体積当りに収容しうる電子数を求めてみる。等エネルギー面は球面であるとすると、$T=0$ K では**図 5.1.4** のように $k=k_f$ まで電子が完全に満たされている。(5.1.8) 式と (5.1.11) 式の両方から E_{f0} を消去して n_e を求めると

$$n_e = \frac{4\pi}{3}k_f^3 \frac{2}{(2\pi)^3} \tag{A3.40}$$

が得られる。$\frac{4\pi}{3}k_f^3$ は k 空間における球の体積を表わすから、k 空間の単位体積当りには $2/(2\pi)^3$ の電子が収容されていることが分かる。

単純立方格子の第1ブリルアン領域の体積は**図 5.3.4** に示したように $(2\pi/a)^3$ である。したがって、第1ブリルアン領域に収容しうる電子の数 N は

$$N = 2/(2\pi)^3 \times (2\pi/a)^3 = 2/a^3 \tag{A3.41}$$

となる。単純立方格子では結晶の単位体積当りの原子数は $1/a^3$ であるから、結局、第1ブリルアン領域に収容しうる電子数は **1原子当り 2個**となることが分かる。このことは **5.3** で述べたように「1つのエネルギー帯には **2N 個の電子を収容できる**」という結論と同じことを述べている。この結論は、面心立方格子や体心立方格子などの他の単位細胞を持つ結晶においても成り立つ。

演習 A3.1

2次元の単純立方格子の、第1ブリルアン領域の隅における自由電子のエネルギーは、境界の中央におけるエネルギー値の何倍になるか。

付録4　CMOSインバータの原理と製法

MOS 型 FET は図 9.4.4(b)に示した NMOS-FET 以外に PMOS-FET がある。**図 A4.1(a)、(b)**にそれぞれの断面構造図を示す。NMOS 型ではゲート直下に n 型チャネルができ、PMOS 型では p 型チャネルができる。NMOS 型のバイアスした状態を**図 A4.2** に示す。**同図(a)**では

(a) NMOS 型電界効果トランジスタ　　(b) PMOS 型電界効果トランジスタ

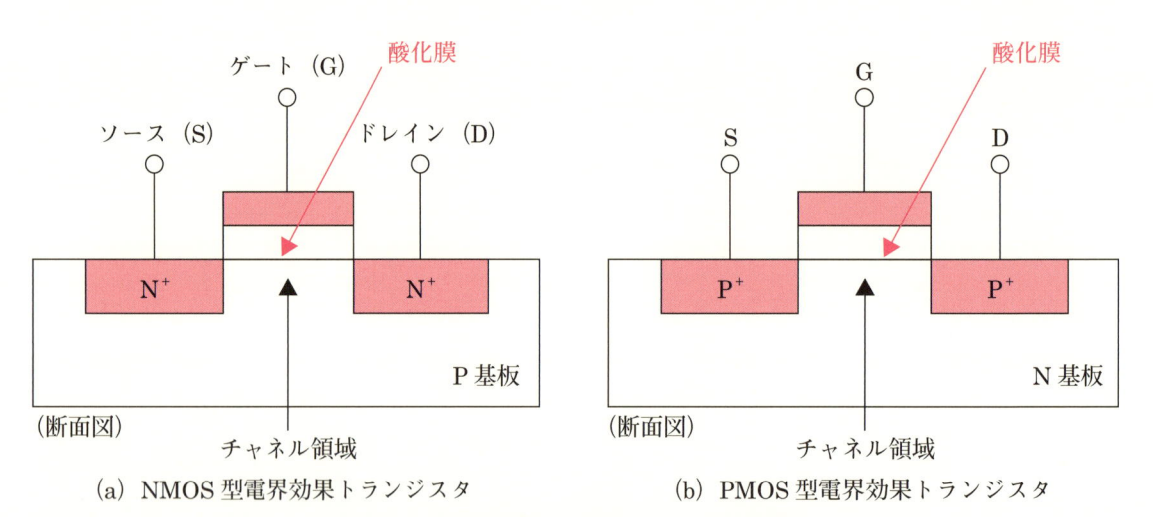

図 A4.1　MOS 型電界効果トランジスタの概念図

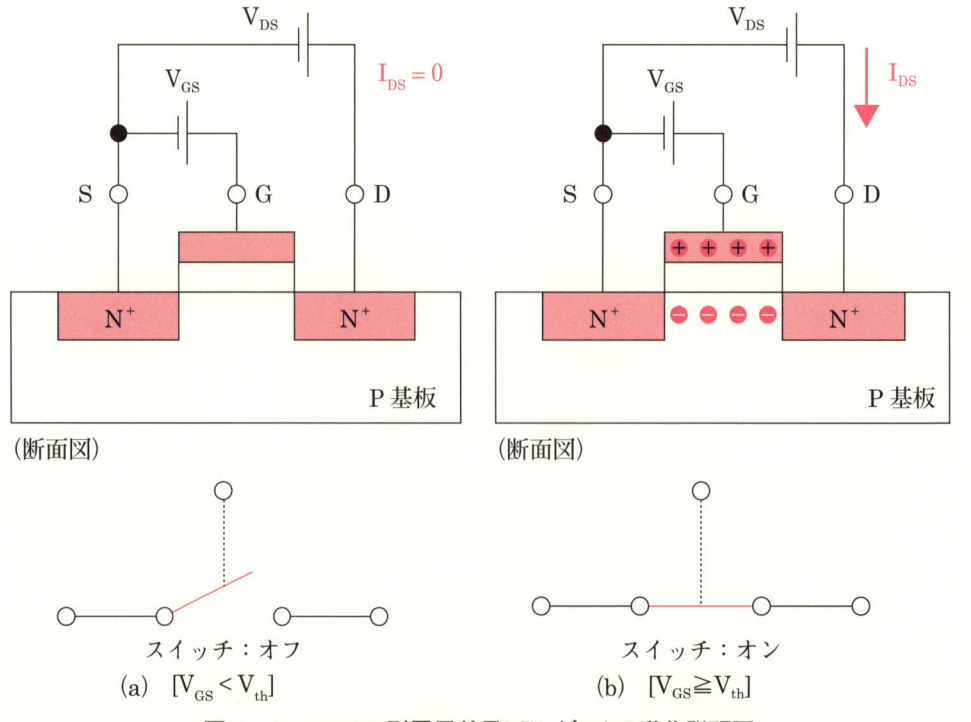

(a) $[V_{GS} < V_{th}]$　スイッチ：オフ

(b) $[V_{GS} \geqq V_{th}]$　スイッチ：オン

図 A4.2　NMOS 型電界効果トランジスタの動作説明図

ゲート電圧 V_{GS} が低いときで、ドレイン電流 I_{DS} は流れていない。V_{GS} を次第に高くしていきゲート直下に n 型チャネルが形成されると、同図(b)のように I_{DS} が流れ出す。この I_{DS} が流れ始めるときの V_{GS} を**しきい値電圧** V_{th} という。V_{th} 以上の電圧では V_{GS} の増加とともに I_{DS} も増加する。I_{DS} の有無をスイッチとして考えると、NMOS 型では V_{th} 以下ではスイッチがオフ状態で、V_{th} 以上ではオン状態になったと考えられる。一方、PMOS 型においては、そのバイアス状態は図 A4.3 のようになり、ゲートには負電圧が印加される。すなわち V_{GS} はマイナス

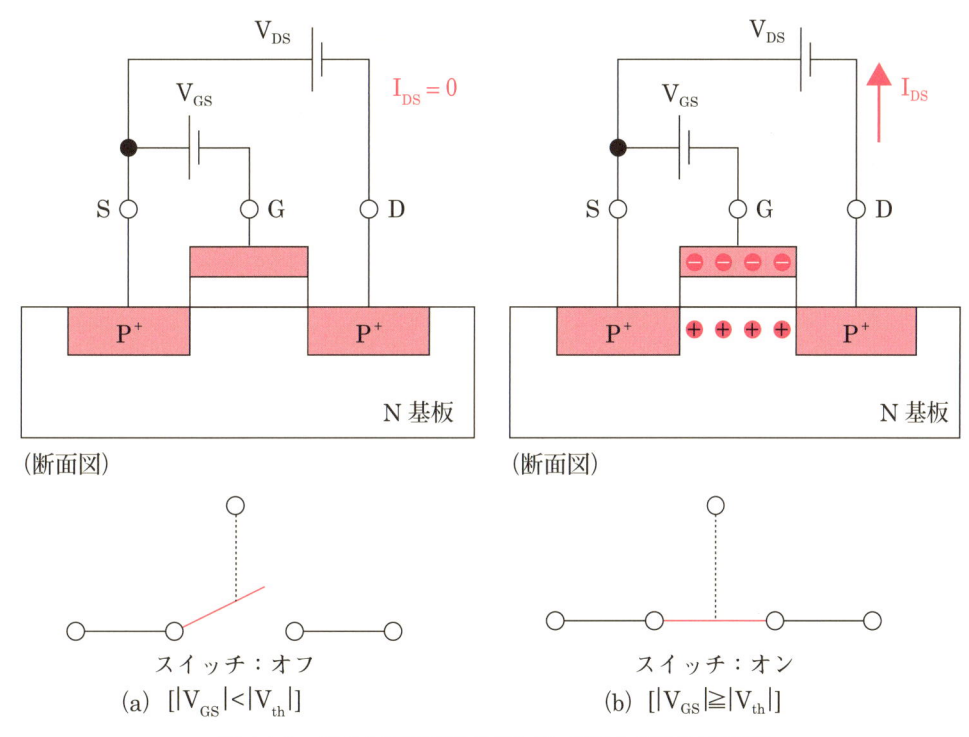

図 A4.3　PMOS 型電界効果トランジスタの動作説明図

である。この状態においても $|V_{GS}|$ が $|V_{th}|$ 以上になると同図(b)のように I_{DS} が流れる。ただし電流の方向は NMOS 型の方向と逆である。したがって PMOS 型では $|V_{GS}| \geq |V_{th}|$ において、スイッチはオン状態である。これら NMOS 型、PMOS 型の V_{GS}-I_{DS} 特性を同一グラフ上に描くと図 A4.4 のようになる。

この NMOS 型 FET と PMOS 型 FET を図 A4.5 のように接続した回路構成を CMOS イン

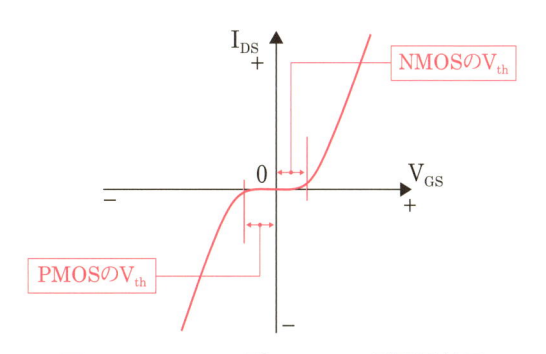

図 A4.4　NMOS 型・PMOS 型電界効果トランジスタの電圧－電流特性

バータと呼ぶ。**インバータとは入力信号を反転する回路**であり、入力がH（1に対応）のとき出力がL（0に対応）になり、入力がLのとき出力がHになる回路である。図においてV_{DD}、V_{SS}は電源線であり、V_{DD}はV_{SS}に対して3〜15V程度電位が高い。いま入力INにV_{DD}と同じ電位（H電位）を印加すると、PMOS型ではソース–ゲート間が同電位になるためオフになり、一方、NMOS型では高いゲート電圧がかかるためオンになる。そのため出力OUTの電位はV_{SS}とほぼ同電位（L電位）になる。すなわち入力が1のとき出力は0となる。また入力INにV_{SS}と同じ電位（L電位）を印加すると、PMOS型では高い逆方向ゲート電圧のためオンになり、NMOS型ではソース–ゲート間が同電位になるためオフになる。そのため出力OUTの電位はV_{DD}とほぼ同電位（H電位）になる。すなわち入力が0のとき出力は1となる。

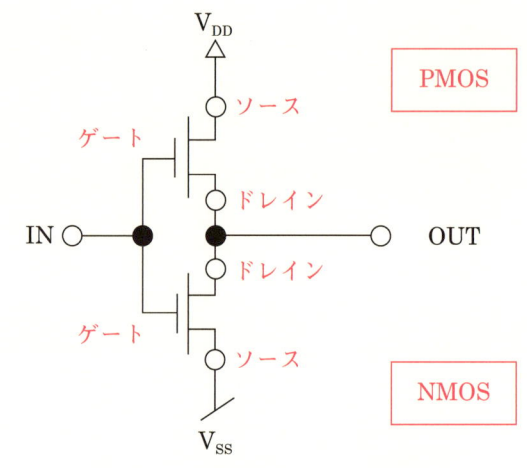

図A4.5　CMOSインバータ回路図

次にCMOSインバータの基本的な製法を**図A4.6**を用いて順を追って簡単に説明する。

(1) n-Si基板にイオン注入法を用いてPウェルを形成する。

(2) PMOS-FETとNMOS-FETの分離のため、絶縁分離用選択酸化膜（SiO_2膜）を形成する。

(3) ゲート酸化膜（SiO_2膜）とゲート用ポリシリコンの配線を形成する。

(4) Pウェル領域をマスキング（酸化膜などで覆う）し、n-Si基板にp型不純物であるボロンを拡散してソース、ドレインを形成する。

(5) N基板領域をマスキング（酸化膜などで覆う）し、Pウェル領域にn型不純物であるリンを拡散してソース、ドレインを形成する。

(6) 層間絶縁膜を形成し、ソース、ドレインの上にコンタクト用ホールを開ける。

(7) メタルフォトマスクを用いてアルミ配線膜を形成する。

(8) 最後に保護膜（SiO_2膜またはSi_3N_4膜）を形成する。

付録4

(a) シンボル

(b) レイアウト平面図

- (3) ポリシリコン
- (3) ゲート G
- (3) ゲート G
- (5) ソース S
- (5) ドレイン D
- (4) ソース S
- (4) ドレイン D
- (7) 金属配線

(c) 断面図

- (3) ポリシリコン
- (1) P ウェル形成
- (3) ゲート絶縁膜(SiO$_2$)
- (2) 絶縁分離用選択酸化膜(SiO$_2$)
- (6) コンタクトホール
- (8) 保護膜(SiO$_2$)
- (7) 金属配線(アルミニウム)
- (6) 層間絶縁膜(SiO$_2$)

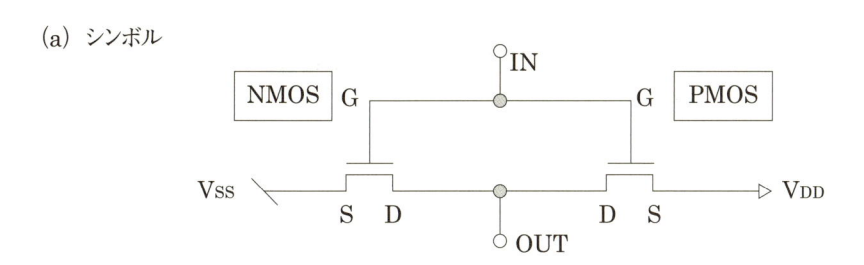

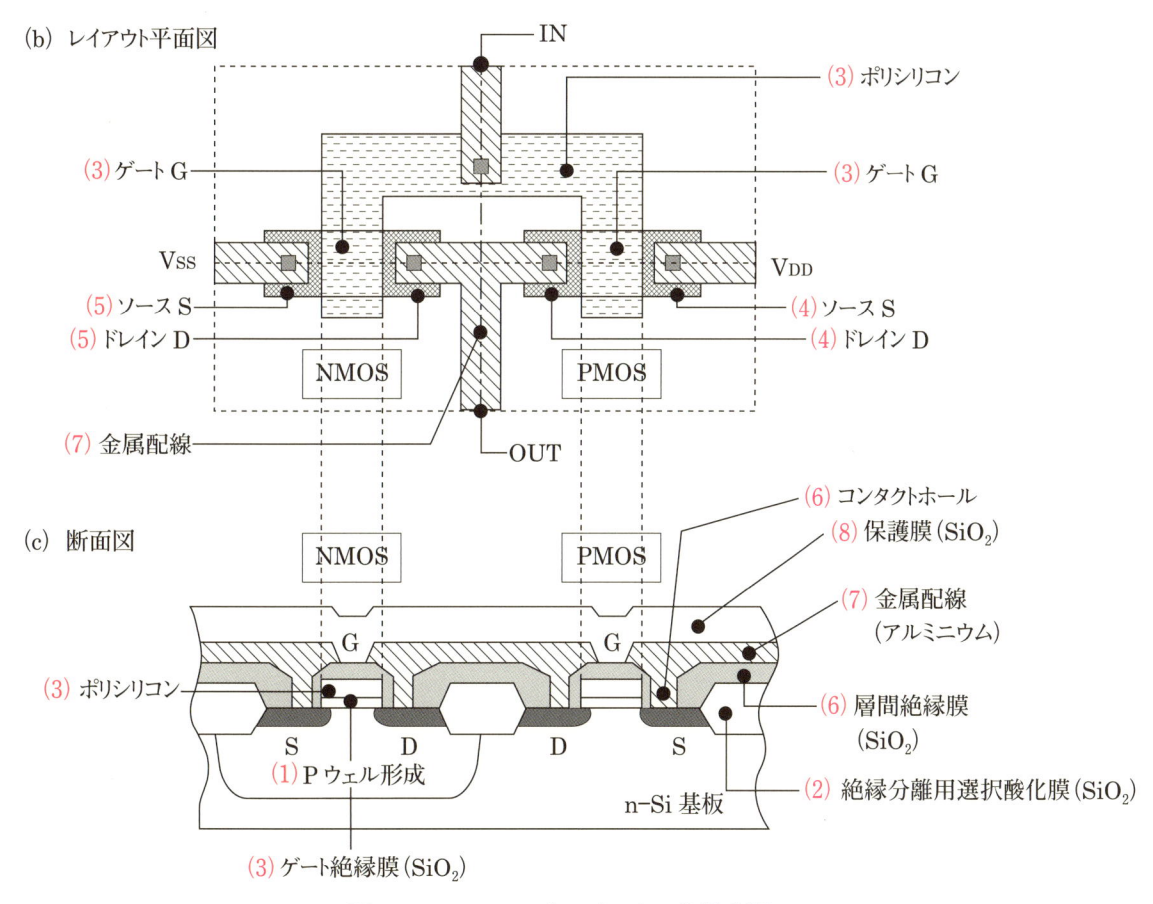

図 A4.6 CMOS インバータの作製手順

付録5　定常状態のシュレーディンガーの波動方程式の導出

一般に波の変位を u、波の伝搬速度を v とすると、3次元空間での平面波の**波動方程式**は次式で与えられる。

$$\frac{\partial^2 u}{\partial t^2} = v^2 \left(\frac{\partial^2 u}{\partial x^2} + \frac{\partial^2 u}{\partial y^2} + \frac{\partial^2 u}{\partial z^2} \right) \tag{A5.1}$$

いま時間に対して正弦波的に変化する解に着目し、$u = \psi e^{i\omega t}$ とおき、物質波の速度を光速 c で置き換えて整理すると、

$$\left(\frac{\partial^2}{\partial x^2} + \frac{\partial^2}{\partial y^2} + \frac{\partial^2}{\partial z^2} \right) \psi + k^2 \psi = 0 \qquad k = \frac{\omega}{c} \tag{A5.2}$$

となる。波の波長を λ とすると

$$k = \frac{\omega}{c} = \frac{2\pi\nu}{\lambda\nu} = \frac{2\pi}{\lambda} \tag{A5.3}$$

となる。

物質の運動エネルギーは、全エネルギー E からポテンシャルエネルギー V を差し引いたものだから、

$$E - V = \frac{mv^2}{2} = \frac{p^2}{2m} \tag{A5.4}$$

となり、(1.3.1) 式、(A5.3) 式および (A5.4) 式より

$$k^2 = \left(\frac{2\pi}{\lambda} \right)^2 = \frac{p^2}{\left(\frac{h}{2\pi} \right)^2} = \frac{2m(E-V)}{\hbar^2} \tag{A5.5}$$

となる。これを (A5.2) 式に代入すると

$$\frac{\hbar^2}{2m} \left(\frac{\partial^2}{\partial x^2} + \frac{\partial^2}{\partial y^2} + \frac{\partial^2}{\partial z^2} \right) \psi + (E - V) \psi = 0 \tag{A5.6}$$

となり、**定常状態のシュレーディンガーの波動方程式**が得られる。

なお、自由電子を考える場合は $V = 0$ である。

ちなみに、**非定常状態のシュレーディンガーの波動方程式**は、次式で与えられる。

$$-\frac{\hbar^2}{2m} \left(\frac{\partial^2}{\partial x^2} + \frac{\partial^2}{\partial y^2} + \frac{\partial^2}{\partial z^2} \right) \psi + V\psi = i\hbar \frac{\partial}{\partial t} \psi \tag{A5.7}$$

また波動関数 ψ とその複素共役関数 ψ^* の積は、**電子の存在確率** w を表わす、すなわち

$$w(x,y,z,t) = \psi^*(x,y,z,t)\psi(x,y,z,t) \tag{A5.8}$$

は時刻 t において、電子が点 (x,y,z) における単位体積内に存在する確率、すなわち確率密度を表わす。電子が全空間に存在する確率は 1 に等しくなければならないから、次式が成り立つ。

$$\int_{-\infty}^{\infty}\int_{-\infty}^{\infty}\int_{-\infty}^{\infty} \psi^*(x,y,z,t)\psi(x,y,z,t)dxdydz = 1 \tag{A5.9}$$

これを波動関数の規格化条件という。

付録6　各種半導体材料の格子定数とエネルギーギャップとの関係

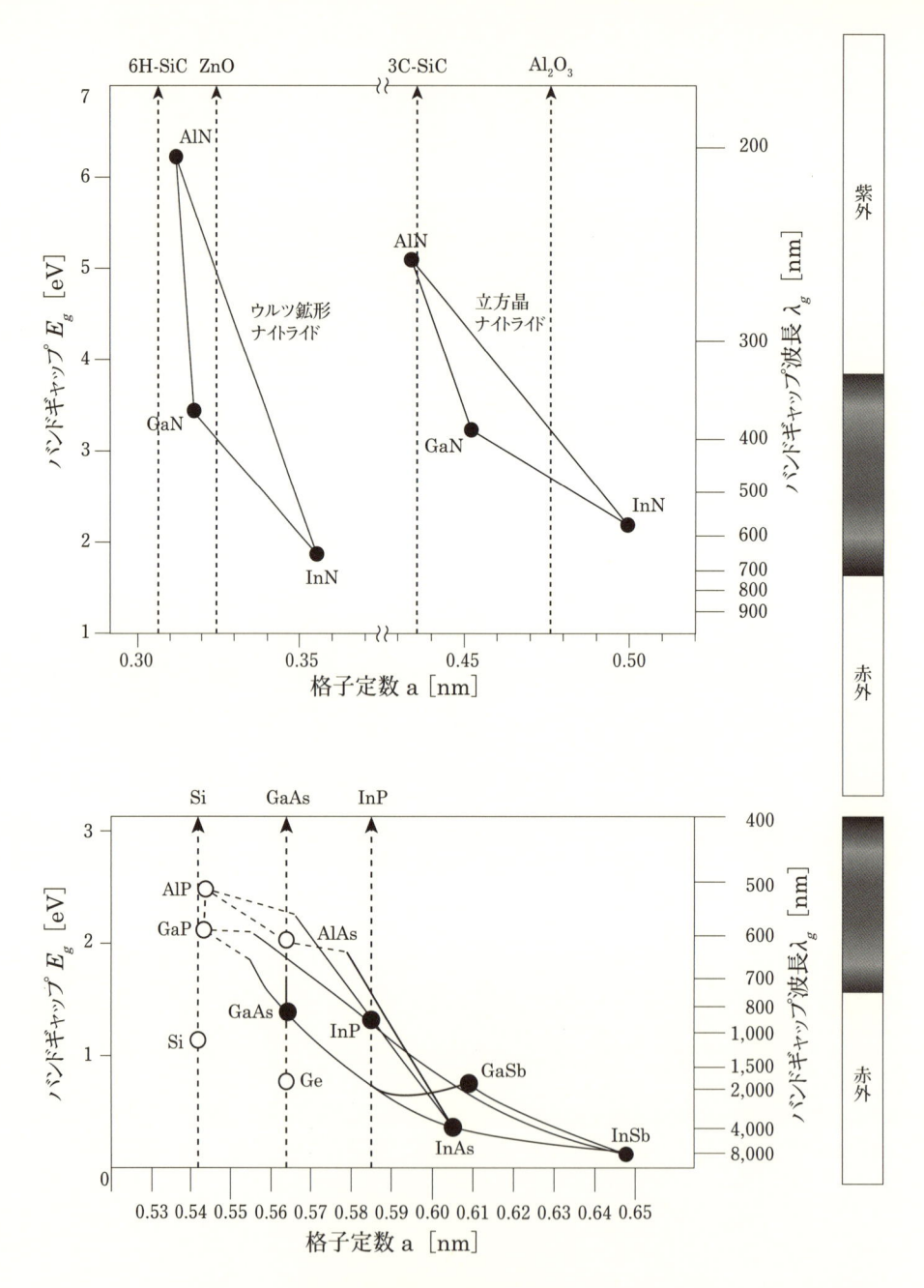

図 A6.1　各種半導体材料の格子定数とエネルギーギャップとの関係
（カラー口絵も参照のこと）

付録7 半導体レーザの特性

ここでは、10.7 に述べた製法で作製された半導体レーザを例にあげて、その基本特性を述べる。

[1] 電圧-電流特性

ダブルヘテロ構造の無バイアス時および順方向のバイアス時のバンド構造は図 10.4.2 に示されているが、このときの電圧-電流特性は図 A7.1 のようになる。順方向の立ち上がり電圧は活性層材料のバンドギャップにほぼ一致する。したがって、活性層が GaAs のときは約 1.4[V] で立ち上がる（GaAs のバンドギャップは室温で 1.43[eV] である）。半導体のバンドギャップは温度が上昇するにつれて狭くなっていくので、立ち上がり電圧も図のように温度上昇とともに下がっていく。

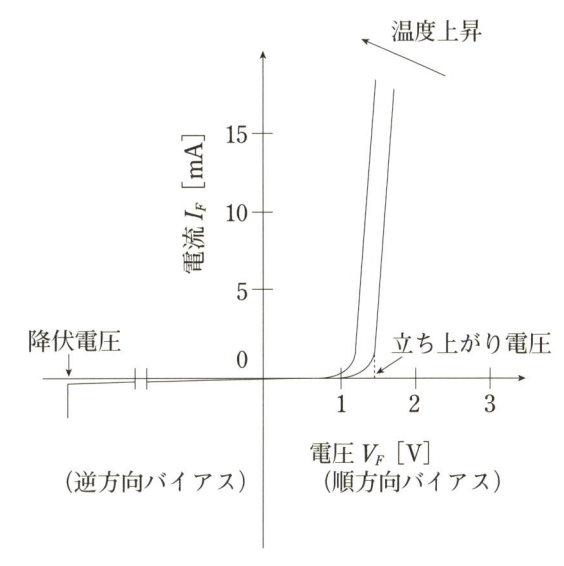

図 A7.1 電流-電圧特性

一方、逆方向にバイアスすると、数ボルト程度までは電流はほとんど流れないが、ある電圧値（降伏電圧）を超えると急速に電流が流れる。降伏をおこすとレーザ特性に劣化を生じることがある。

[2] 電流-光出力特性

半導体レーザの順方向電流とレーザ片端面からの光出力の関係を図 A7.2 に示す。図に示すように電流値が**しきい値電流** I_{th} に達するまでは自然放出光が出ているが、I_{th} に達するとキャリアの反転分布が生じ、利得は（10.5.12）式で示したしきい利得 g_{th} に達してレーザ発振が開始される。I_{th} 以上の電流では光出力は急速に増加し、発振光は電流値とともに直線的に増加する。この直線の傾き $\eta_D = \Delta L/\Delta I$ を**外部微分量子効率**という。これは電流のキャリア数の増分に対する外部へ放出されたフォトン数の増分の比を表わしている。

光出力が増加すると、図に示すようにある出力で光が急激に減少し、それ以降は同じ電流-光出力特性を示さなくなる

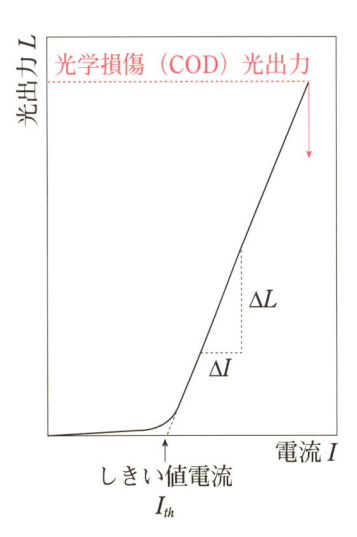

図 A7.2 電流-光出力特性

ことがある。これは**端面光学損傷**（**COD**：Catastrophic Optical Damage）と呼ばれるもので、キャビティ面が高い光密度によって、瞬間的に溶融破壊してしまうためにおこるものである。光ディスクへの信号の高速書き込みには、単一モードで高出力のレーザ光が必要になり、端面破壊レベルを大きくすることが重要になってくる。そのために、SiO_2 などの端面コート膜の厚さを制御して端面反射率を下げるなど、様々な工夫がなされている。

I_{th} および η_D は動作周囲温度に大きく依存する。電流-光出力特性の温度依存性の例を図 A7.3(a) に示す。この温度依存性は、利得係数およびキャリア閉じ込め効果の温度依存性が大きな原因と考えられ、温度とともに I_{th} は増加していく。I_{th} の温度依存性は

$$I_{th} = I_{th0} \exp(T/T_0) \tag{A7.1}$$

で表わされ、この T_0 を**特性温度**と呼ぶ。図 A7.3(b) にしきい値の温度依存性の例を示すが、この例での特性温度 T_0 は 160 K である。特性温度 T_0 は材料や各構造パラメータに大きく依存するが、その値が大きいほど温度変化が少なく実用上有利である。T_0 を大きくするには、**10.6** で述べたように、**量子閉じ込め効果**を用いて活性層での有効状態密度を階段状にするか、クラッド層と活性層とのエネルギーギャップの差をできるだけ大きくして、注入キャリアのオーバーフローを抑えるかの対策を講じるのが有効である。

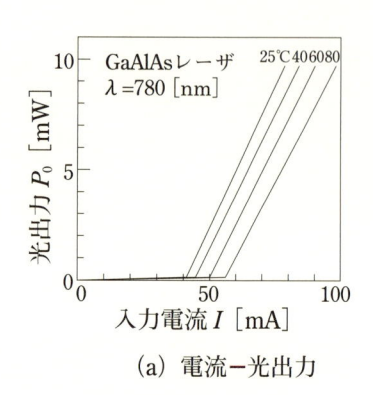

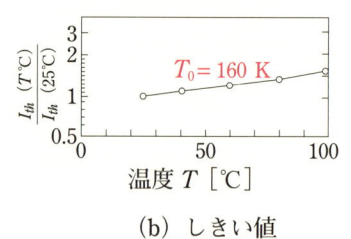

図 A7.3 温度依存性

[3] 放射ビーム特性

ストライプ型レーザの発振パターンはストライプ直下の活性層からスポット上に発振する。この端面近傍での発振パターンを**ニアフィールドパターン**（NFP：Near Field Pattern）または**近視野像**と呼ぶ。ストライプ幅が十分狭い（約 $2[\mu m]$ 以下）とき、NFP は単一スポット状に発振する。

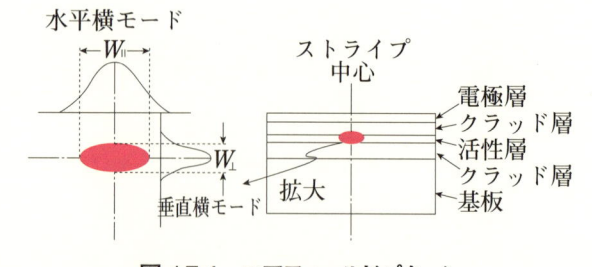

図 A7.4 ニアフィールドパターン

これを**単一横モード発振**という。通常のストライプ構造は活性層の厚さが $0.1[\mu m]$、ストライプ幅が $2[\mu m]$ 程度であるので、そのスポットの形状は図 A7.4 に示すように横に細長い TE_{00} **偏光モード**である（**TE** とは電磁波の電界成分が伝搬方向に対して垂直である波のこと。ストライプ型レーザの TE モードでは、電界成分は活性領域に平行な方向になっている）。

一方、この放射される光を数 cm 離れた遠方で見た放射光の形状と光強度分布を**ファーフィールドパターン**（FFP：Far Field Pattern）または**遠視野像**と呼ぶ。FFP は図 A7.5 に示したように縦長の楕円となる。これは発振スポットを孔とみて、通過回折した光の分布であるため、光波の回折効果によるものである。FFP の光強度分布は NFP の強度分布をフーリエ変換したものであり、**単一モード発振のときはガウス分布**となる。

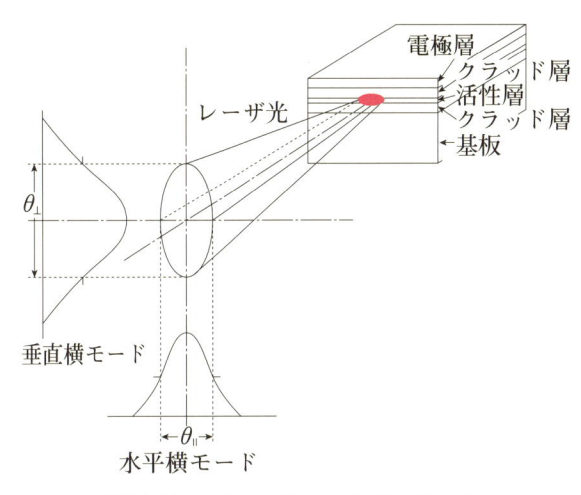

図 A7.5　ファーフィールドパターン

この FFP の光強度の垂直横モード広がり角 $\theta_\perp$ と、水平横モード広がり角 $\theta_\parallel$ の比（$\theta_\perp/\theta_\parallel$）を**楕円率**という。広がり角は一般に**半値全幅**（ピーク値の半分の強度における広がり角の全幅）で表わす。楕円率が 1 に比べて大きくなると、レーザの出力部に設置されるレンズとの結合効率が落ち、またレンズで絞った後のパターンは NFP と同じになるので、高密度の光ディスク装置で使用する際には、パターンの裾の光で隣の信号も読んでしまうなどの不都合が生じる。したがって、楕円率をできるだけ 1 に近づけるために、ストライプ構造に種々の工夫がなされている。

[4] 発振スペクトル

図 A7.2 に示した発振しきい値 I_{th} より低電流では、その発光は通常の LED と同じく自然放出光である。したがって、その発光スペクトルの半値全幅は通常の LED と同じく 10[nm] 前後あり、非常に広い。しきい値近傍になると、図 A7.6(b) に示すように、等間隔のモード間隔を持った数本の選択波長が現れる。この各発振モードを**縦モード**といい、そのモード間隔 $\Delta\lambda$ は同図(a)に示すようにキャビティ内で発生する定在波によって決定され、

$$\Delta\lambda = \lambda^2/2L[n-\lambda(dn/d\lambda)] \tag{A7.2}$$

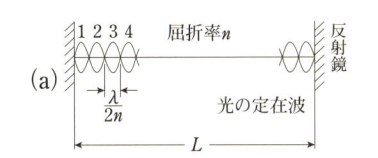

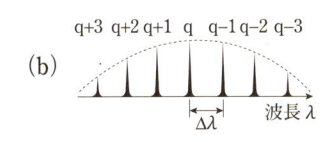

図 A7.6　キャビティ内の定在波と発振縦モード

で与えられる。ここに、L はキャビティ長、n は活性層の実効屈折率である。

図 A7.7 に電流値を増加していったときの発振モードの変化の 1 例を示す。しきい値から次第に電流値を大きくすると、同図①→②→③のように 1 つのモードに引き込まれて、単一縦モード発振しやすくなる。

(a) 電流-光出力特性

(b) 発振スペクトル

図 A7.7 発振スペクトルの電流による変化

図 A7.8 発振モードの温度依存性の例

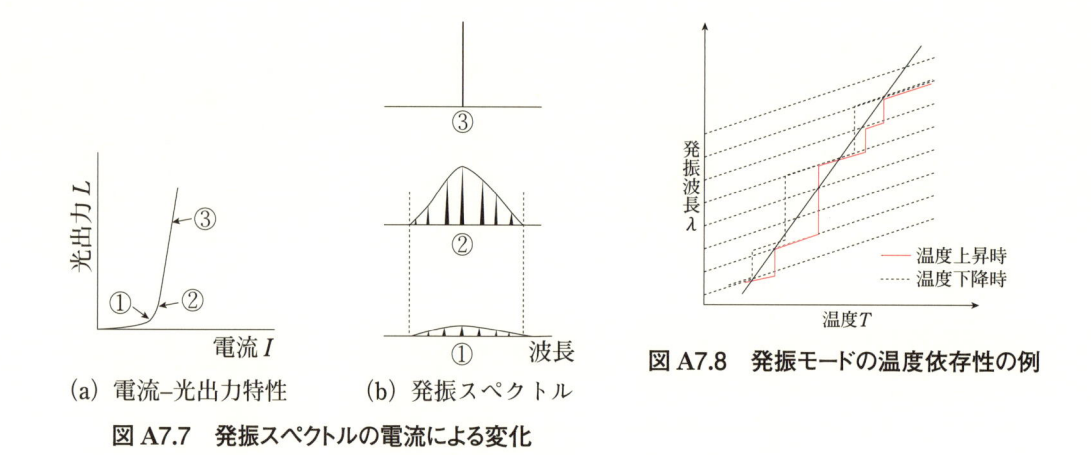

単一モード発振している場合でも、温度を変化させると縦モードのホッピングが生じる。これは温度によってバンドギャップが変化し、利得分布の温度依存性による主発振モードが移行することによる。図 A7.8 にその1例を示す。モードホップは数本離れたモードへ飛ぶこともある。また図のように、温度下降時に温度上昇時と同じモードにもどらず、**ヒステリシス**を描く場合もある。GaAs レーザにおいては、室温近傍での発振波長の温度依存性は、バンドギャップの温度依存性から計算すると約 0.28[nm/℃] である（[演習7.4] 参照）。

演習 A7.1

あるレーザのしきい値電流 I_{th} の値が、10℃で 33.5[mA]、30℃で 37.5[mA] であった。このレーザの室温近傍での特性温度はいくらか。

演習 A7.2

$\lambda = 780$[nm] で発振するレーザにおいてキャビティ長 $L = 300$[μm] とし、活性層の実効屈折率 $n = 3.6$ のとき、発振スペクトルの縦モード間隔はいくらになるか。ただし $dn/d\lambda$ は小さくて 0 であると仮定してよい。

演習 A7.3

しきい値 I_{th} が 20[mA] で、前面からの外部微分量子効率 η_D が 0.7[W/A] の半導体レーザの電流値 100[mA] における前面からの光出力はいくらになるか。ただし I_{th} における自然放出光は無視できるものとする。

演習 A7.4

GaAs のバンドギャップ E_g の温度依存性は

$$E_g = 1.519 - 5.405 \times 10^{-4} \times \frac{T^2}{T+204}$$

で与えられる。20℃および30℃における E_g を求めて、それを波長に換算し、その変化から室温近傍での発振波長の温度依存性は、約 0.28[nm/℃] となることを証明せよ。

解 答

解答 1.1

① $1[\text{eV}] = 1.602 \times 10^{-19}[\text{J}]$ であるから

$$1.602 \times 10^{-19} = \frac{1}{2}mv^2 = \frac{1}{2} \times 9.109 \times 10^{-31} v^2 \tag{1.1.11}$$

これより $v = 5.93 \times 10^5 [\text{m/sec}]$ となる。

② 陽子の質量は電子の質量の 1836 倍であるから

$$1.602 \times 10^{-19} = \frac{1}{2}Mv^2 = \frac{1}{2} \times 1836 \times 9.109 \times 10^{-31} v^2 \tag{1.1.12}$$

これより $v = 1.38 \times 10^4 [\text{m/sec}]$ となる。

解答 1.2

① (1.1.5) 式において $n=1$ とすると、$r_1 = 5.29 \times 10^{-11}[\text{m}]$ となり、これを (1.1.7) 式に入れると運動エネルギーが求まる。すなわち

$$E_{k1} = \frac{1}{2}mv^2 = \frac{1}{8\pi\varepsilon_0}\frac{e^2}{r_1} = \frac{1}{8\pi \times 8.854 \times 10^{-12}} \times \frac{(1.602 \times 10^{-19})^2}{5.29 \times 10^{-11}} = 2.18 \times 10^{-18}[\text{J}]$$

$$= \frac{2.18 \times 10^{-18}}{1.602 \times 10^{-19}}[\text{eV}] = 13.6[\text{eV}] \tag{1.1.13}$$

一方、ポテンシャルエネルギー E_{p1} は (1.1.6) 式より

$$E_{p1} = -\frac{1}{4\pi\varepsilon_0}\frac{e^2}{r_1} = -\frac{1}{4\pi \times 8.854 \times 10^{-12}}\frac{(1.602 \times 10^{-19})^2}{5.29 \times 10^{-11}} = -4.36 \times 10^{-18}[\text{J}]$$

$$= -\frac{4.36 \times 10^{-18}}{1.602 \times 10^{-19}}[\text{eV}] = -27.2[\text{eV}] \tag{1.1.14}$$

全エネルギー: $E_1 = E_{k1} + E_{p1} = -2.18 \times 10^{-18}[\text{J}] = -13.6[\text{eV}]$ \qquad (1.1.15)

② (1.1.4) 式より

$$v = \frac{\hbar}{mr_1} = \frac{1}{9.109 \times 10^{-31} \times 5.29 \times 10^{-11}} \times \frac{6.626 \times 10^{-34}}{2\pi} = 2.19 \times 10^6 [\text{m/sec}]$$

解答 1.3

軌道半径は (1.1.5) 式を、エネルギーは (1.1.10) 式を用いればよい。

$n = 1$　　$r_1 = 5.29 \times 10^{-11}$ [m]　　$E_1 = -13.6$ [eV]

$n = 2$　　$r_2 = 2.12 \times 10^{-10}$ [m]　　$E_2 = -3.4$ [eV]

$n = 3$　　$r_3 = 4.76 \times 10^{-10}$ [m]　　$E_3 = -1.51$ [eV]

$n = 4$　　$r_4 = 8.47 \times 10^{-10}$ [m]　　$E_4 = -0.85$ [eV]

解答 1.4

(1.2.4) 式を用いて計算する。

① $\nu = \dfrac{me^4}{8\varepsilon_0^2 h^3}\left|\dfrac{1}{i^2} - \dfrac{1}{j^2}\right| = \dfrac{9.109 \times 10^{-31} \times (1.602 \times 10^{-19})^4}{8 \times (8.854 \times 10^{-12})^2 \times (6.626 \times 10^{-34})^3}\left|\dfrac{1}{2^2} - \dfrac{1}{1^2}\right|$

$= 3.29 \times 10^{15} \times \dfrac{3}{4} = 2.468 \times 10^{15}$ [sec^{-1}]

$\lambda = \dfrac{c}{\nu} = \dfrac{3 \times 10^8}{2.468 \times 10^{15}} = 1.22 \times 10^{-7}$ [m] = 122 [nm]

② $\nu = 3.29 \times 10^{15} \times \left|\dfrac{1}{3^2} - \dfrac{1}{1^2}\right| = 3.29 \times 10^{15} \times \dfrac{8}{9} = 2.924 \times 10^{15}$ [sec^{-1}]

$\lambda = \dfrac{c}{\nu} = \dfrac{3 \times 10^8}{2.924 \times 10^{15}} = 1.03 \times 10^{-7}$ [m] = 103 [nm]

解答 1.5

基底状態と各励起状態のエネルギーは［解答 1.3］に求められている。したがって

基底状態→第 1 励起状態への励起エネルギー $E_{1\to 2} = E_2 - E_1 = -3.4 + 13.6 = 10.2$ [eV]

基底状態→第 2 励起状態への励起エネルギー $E_{1\to 3} = E_3 - E_1 = -1.51 + 13.6 = 12.09$ [eV]

基底状態→第 3 励起状態への励起エネルギー $E_{1\to 4} = E_4 - E_1 = -0.85 + 13.6 = 12.75$ [eV]

解答 1.6

表 1.5.1 に示す 18 個の量子状態が可能である。

表 1.5.1　$n=3$ のときの可能なすべての量子状態

n の値	3								
l の値	0	1			2				
m_l の値	0	-1	0	1	-2	-1	0	1	2
s の値	$+\frac{1}{2}, -\frac{1}{2}$	$+\frac{1}{2}, -\frac{1}{2}$	$+\frac{1}{2}, -\frac{1}{2}$	$+\frac{1}{2}, -\frac{1}{2}$	$+\frac{1}{2}, -\frac{1}{2}$	$+\frac{1}{2}, -\frac{1}{2}$	$+\frac{1}{2}, -\frac{1}{2}$	$+\frac{1}{2}, -\frac{1}{2}$	$+\frac{1}{2}, -\frac{1}{2}$
電子配置	3s	3p	3p	3p	3d	3d	3d	3d	3d

解答 1.7

周期表における原子番号は中性原子では、原子中の電子の数に等しい。C、Mg、Si、S の原子番号は各々 6、12、14、16 である。したがってパウリの排他原理を適用すると、表 1.5.2 のようになる。

表 1.5.2　各元素の電子配置

元素	エネルギー準位 原子番号 （電子数）	K 殻 $n=1$ $l=0$ 1s	L 殻 $n=2$ $l=0$ 2s	$l=1$ 2p	M 殻 $n=3$ $l=0$ 3s	$l=1$ 3p	$l=2$ 3d
C	6	2	2	2			
Mg	12	2	2	6	2		
Si	14	2	2	6	2	2	
S	16	2	2	6	2	4	

解答 2.1

① 系の安定な位置は $E(r)$ 曲線の極小値に対応する。すなわち

$$\frac{dE(r)}{dr} = \frac{\alpha}{r^2} - \frac{8\beta}{r^9} = 0 \tag{2.2.2}$$

を満足する $r = r_0$ で安定になる。(2.2.2) 式より

$$r_0{}^7 = \frac{8\beta}{\alpha} \qquad \text{すなわち} \qquad r_0 = \left(\frac{8\beta}{\alpha}\right)^{\frac{1}{7}} \tag{2.2.3}$$

となる。

② 引力エネルギー：$-\dfrac{\alpha}{r_0} = -\alpha\left(\dfrac{\alpha}{8\beta}\right)^{\frac{1}{7}} = -\dfrac{\alpha^{\frac{8}{7}}}{(8\beta)^{\frac{1}{7}}}$

斥力エネルギー：$\dfrac{\beta}{r_0{}^8} = \beta\left(\dfrac{\alpha}{8\beta}\right)^{\frac{8}{7}} = \dfrac{\beta}{8\beta}\dfrac{\alpha^{\frac{8}{7}}}{(8\beta)^{\frac{1}{7}}} = \dfrac{1}{8}\dfrac{\alpha^{\frac{8}{7}}}{(8\beta)^{\frac{1}{7}}}$

これより引力エネルギーは斥力エネルギーの8倍であることが分かる。

③ (2.2.1) 式に②で求めた引力エネルギー、斥力エネルギーを代入する。

$$E(r_0) = -\left(\frac{\alpha}{r_0}\right) + \left(\frac{\beta}{r_0{}^8}\right) = -\frac{\alpha^{\frac{8}{7}}}{(8\beta)^{\frac{1}{7}}} + \frac{1}{8}\frac{\alpha^{\frac{8}{7}}}{(8\beta)^{\frac{1}{7}}} = -\frac{7}{8}\left(\frac{\alpha^8}{8\beta}\right)^{\frac{1}{7}} = -\left(\frac{7}{8}\right)\frac{\alpha}{r_0}$$

④ 系の安定な位置では引力と斥力が等しく2原子間に働く力はゼロである。2原子間に働く力の最大値（引力から斥力を引いた最大値）は $\dfrac{dF(r)}{dr} = 0$ の r の位置に存在する。(2.1.2) 式で $n=1, m=8$ として $\dfrac{dF(r)}{dr} = 0$ の r の位置を求める。

$$\frac{dF(r)}{dr} = \frac{d}{dr}\left(-\frac{\alpha}{r^2} + \frac{8\beta}{r^9}\right) = \frac{2\alpha}{r^3} - \frac{72\beta}{r^{10}} = 0$$

これより

$$r = \left(\frac{36\beta}{\alpha}\right)^{\frac{1}{7}} = r_0(4.5)^{\frac{1}{7}} \tag{2.2.4}$$

となる。したがって安定な位置にある2つのイオンを (2.2.4) 式に示した r まで引き離すと、自然と分子は分解する。

解答3.1

単位細胞の体積は $(0.4\times10^{-9})^3\,[\text{m}^3]$ となり、単純立方格子の場合この中に1個の原子が、体

心立方格子の場合 2 個の原子が入っている。

単純立方格子：$n = \dfrac{1}{(0.4 \times 10^{-9})^3} = 1.563 \times 10^{28} \, [\text{m}^{-3}] = 1.563 \times 10^{22} \, [\text{cm}^{-3}]$

体心立方格子：$n = 2 \times 1.563 \times 10^{28} \, [\text{m}^{-3}] = 3.125 \times 10^{28} \, [\text{m}^{-3}] = 3.125 \times 10^{22} \, [\text{cm}^{-3}]$

解答 3.2

単位細胞の体積は $(0.3608 \times 10^{-9})^3 \, [\text{m}^3]$ となり、面心立方格子の場合この中に 4 個の原子が入っている。したがって

$$n = \dfrac{4}{(0.3608 \times 10^{-9})^3} = 8.516 \times 10^{28} \, [\text{m}^{-3}] = 8.516 \times 10^{22} \, [\text{cm}^{-3}]$$

となる。

解答 3.3

単純立方格子では（3.1.3）式がそのまま適用できる。
(100) 面間隔：(3.1.3) 式で $h = 1, k = 0, l = 0$ とおいて、$d_{100} = a$

(110) 面間隔：$h = 1, k = 1, l = 0$ とおいて、$d_{110} = \dfrac{1}{\sqrt{2}} a$

(111) 面間隔：$h = 1, k = 1, l = 1$ とおいて、$d_{111} = \dfrac{1}{\sqrt{3}} a$

解答 3.4

(100) 面間隔：図 3.1.7(a)から分かるように、(100) 面は、原点 (0,0,0) を通る yz 面の次に点 (1/2,0,0) を通る斜線をほどこした面が来る。したがって面間隔 $d_{100} = a/2$ となる。

(110) 面間隔：図 3.1.7(b)から分かるように、立方体上面の対角線を通る面（細い赤線で示した面）の次には (1,1/2,0),(1/2,1,0) を通る面（太い赤線で示した面）が来る。この 2 枚の面間隔は対角線の長さである $\sqrt{2}a$ を 4 等分したものである。したがって $d_{110} = \dfrac{\sqrt{2}}{4} a$。

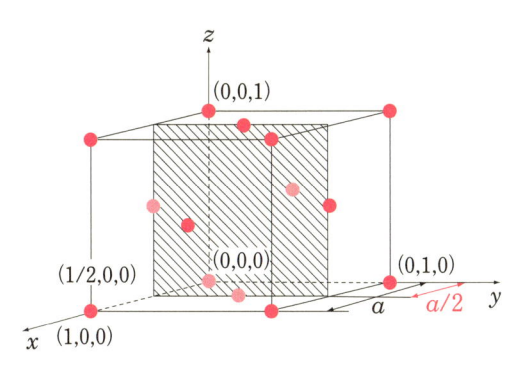

図 3.1.7 (a) 面心立方格子の (100) 面間隔

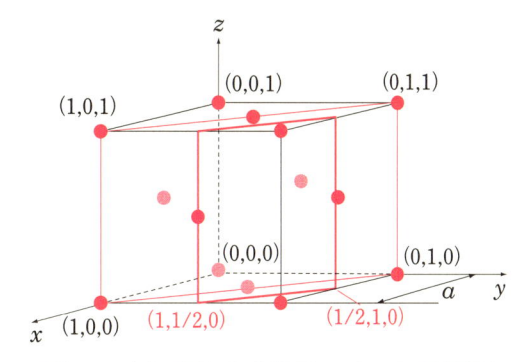

図 3.1.7 (b) 面心立方格子の (110) 面間隔

(111) 面間隔：(111) 面に関しては図 3.1.7 (c) から分かるように、まず原点 (0,0,0) を通る面があり、その次に頂点 (1,0,0), (0,1,0), (0,0,1) を通る面（赤線で示した面）があり、次に黒い破線で示した面が、次に頂点 (1,1,1) を通る面が来る。これらの面間隔は頂点 (0,0,0) と (1,1,1) を結んだ線分の長さ $\sqrt{3}a$ の各々 1/3 となる。したがって $d_{111} = \frac{\sqrt{3}}{3}a$ となる。

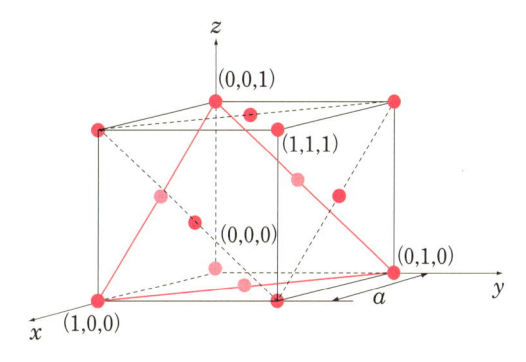

図 3.1.7 (c) 面心立方格子の (111) 面間隔

解答 3.5

(100) 面間隔：図 3.1.8 (a) から分かるように (100) 面は、原点 (0,0,0) を通る yz 面の次に体心にある点 (1/2,1/2,1/2) を通る斜線をほどこした面が来る。したがって面間隔 $d_{100} = a/2$ となる。

(110) 面間隔：図 3.1.8 (b) から分かるように原点 (0,0,0) を通る (110) 面（赤い破線で示した面）の次には、体心にある点 (1/2,1/2,1/2) を含む立方体上面の対角線を通る面（太い赤線で示した面）がある。この 2 枚の面間隔は対角線の長さである

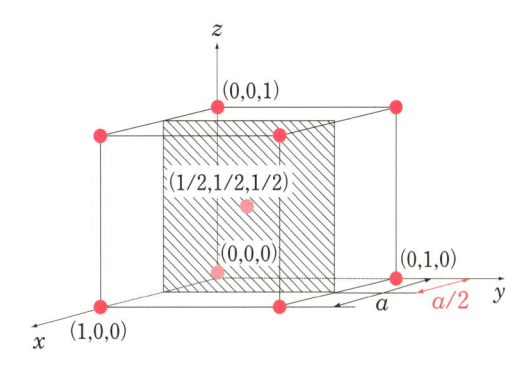

図 3.1.8 (a) 体心立方格子の (100) 面間隔

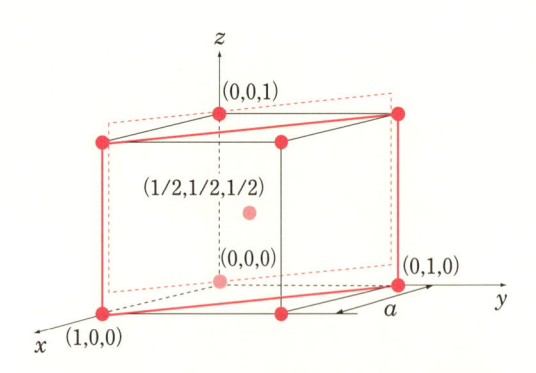

図 3.1.8 (b)　体心立方格子の (110) 面間隔

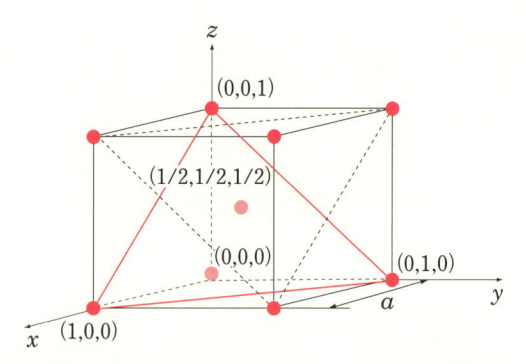

図 3.1.8 (c)　体心立方格子の (111) 面間隔

$\sqrt{2}a$ を 2 等分したものである。したがって $d_{110} = \dfrac{\sqrt{2}}{2}a$。

(111) 面間隔：体心立方格子での (111) 面に関しては図 3.1.8 (c) から分かるように、頂点 (1,0,0), (0,1,0), (0,0,1) を通る面（赤線で示した面）と、黒い破線で示した面のちょうど中間に、体心にある点 (1/2,1/2,1/2) を含む (111) 面ができる。したがって面間隔は［解答 3.4］の (111) 面間隔である $\dfrac{\sqrt{3}}{3}a$ のちょうど半分になる。すなわち $d_{111} = \dfrac{\sqrt{3}}{6}a$ となる。[注)]

解答 3.6

どちらの場合も単位細胞当り 8 個の原子が入っている。[m³] 当りの原子数を n とすると、

Si の場合：$n = \dfrac{8}{(0.543 \times 10^{-9})^3} = 5.0 \times 10^{28} \, [\text{m}^{-3}]$

Ge の場合：$n = \dfrac{8}{(0.562 \times 10^{-9})^3} = 4.5 \times 10^{28} \, [\text{m}^{-3}]$

注)　一般に $ax + by + cz + d = 0$ という平面と点 (x_0, y_0, z_0) との距離 l は

$l = \dfrac{|ax_0 + by_0 + cz_0 + d|}{\sqrt{a^2 + b^2 + c^2}}$ で与えられる。3 点 (1,0,0), (0,1,0), (0,0,1) を通る平面は、

$x + y + z - 1 = 0$ で与えられ、この平面と体心となる点 (1/2,1/2,1/2) との距離は

上式で $a = b = c = 1$, $d = -1$, $x_0 = y_0 = z_0 = 1/2$ とおくと、$l = \dfrac{a}{2\sqrt{3}} = \dfrac{\sqrt{3}}{6}a$ となり、図 3.1.8 (c) から求めた値と等しくなる。

解答 3.7

[単純立方格子]

単位細胞に含まれる原子の数は 1 である。したがって単位細胞中の原子の体積は $1 \times \frac{4}{3}\pi r_0^3$ であり、単位細胞の体積は $a = 2r_0$ の関係を用いて $V = a^3 = (2r_0)^3 = 8r_0^3$ となり、充填率 ρ は次のようになる。

$$\rho = \frac{4\pi r_0^3}{3} / 8r_0^3 = \frac{\pi}{6} = 0.523$$

[体心立方格子]

単位細胞に含まれる原子の数は 2 である。したがって単位細胞中の原子の体積は $2 \times \frac{4}{3}\pi r_0^3$ であり、単位細胞の体積は $a = 4r_0/\sqrt{3}$ の関係を用いて $V = a^3 = (4r_0/\sqrt{3})^3 = 64r_0^3/3\sqrt{3}$ となり、充填率 ρ は次のようになる。

$$\rho = \frac{8\pi r_0^3}{3} / 64r_0^3/3\sqrt{3} = \frac{\sqrt{3}\pi}{8} = 0.68$$

[面心立方格子]

単位細胞に含まれる原子の数は 4 である。したがって単位細胞中の原子の体積は $4 \times \frac{4}{3}\pi r_0^3$ であり、単位細胞の体積は $a = 4r_0/\sqrt{2}$ の関係を用いて $V = a^3 = (4r_0/\sqrt{2})^3 = 64r_0^3/2\sqrt{2}$ となり、充填率 ρ は次のようになる。

$$\rho = \frac{16\pi r_0^3}{3} / 64r_0^3/2\sqrt{2} = \frac{\sqrt{2}\pi}{6} = 0.74$$

この結果より、面心立方格子が最稠密であり、単純立方格子が最も密度が低いことがわかる。なお稠密六方格子も面心立方格子と充填率は同じく 0.74 である。

解答 3.8

面心立方格子の (100) 面間隔は [演習問題 3.4] の [解答 3.4] より、その格子定数を a として $d_{100} = a/2$ となる。Cu では $a = 0.3608$ [nm] であるので、$d_{100} = 0.1804$ [nm] となる。(3.3.1) 式に $d = 0.1804$ [nm] を入れ、$n = 1$ および $n = 2$ のときの θ_1 および θ_2 を求めると、

$n=1$ では　$\sin\theta_1 = \dfrac{0.1658}{2\times 0.1804} = 0.4595$　これより $\theta_1 = 27.4°$

$n=2$ では　$\sin\theta_2 = \dfrac{2\times 0.1658}{2\times 0.1804} = 0.9191$　これより $\theta_2 = 66.8°$

となる。

解答 4.1

抵抗率 ρ と導電率 σ の間には、$\sigma = 1/\rho$ の関係がある。

① （4.1.7）式を用いて移動度 μ は

$$\mu = \frac{\sigma}{ne} = \frac{1}{ne\rho} = \frac{1}{5.8\times 10^{28}\times 1.6\times 10^{-19}\times 1.54\times 10^{-8}} = 7.0\times 10^{-3}\,[\mathrm{m^2/V\cdot sec}]$$

② （4.1.5）式を用いて緩和時間 τ は

$$\tau = \frac{m\mu}{e} = \frac{9.1\times 10^{-31}\times 7.0\times 10^{-3}}{1.6\times 10^{-19}} = 3.98\times 10^{-14}\,[\mathrm{sec}]$$

③ 電界の大きさは 1V/cm = 100V/m となる。（4.1.4）式より平均ドリフト速度 $<v_x>$ の大きさは

$$|<v_x>| = \mu E_x = 7.0\times 10^{-3}\times 100 = 0.7\,[\mathrm{m/sec}]$$

となる。

解答 4.2

（4.2.2）式を用いて電子速度 v_f を求める。

$$\frac{1}{2}\times 9.1\times 10^{-31} v_f^{\,2} = 5.5\times 1.6\times 10^{-19} \quad \text{より} \quad v_f = 1.39\times 10^6\,[\mathrm{m/sec}]$$

この速度を［演習問題 4.1］で求めた平均ドリフト速度 $|<v_x>|$ と比較すると、フェルミ速度がいかに大きいかがよくわかる。v_f および $\tau = 3.98\times 10^{-14}\,[\mathrm{sec}]$ を用いて

$$\lambda_f = 1.39\times 10^6 \times 3.98\times 10^{-14} = 5.53\times 10^{-8}\,[\mathrm{m}] = 55.3\,[\mathrm{nm}]$$

となる。

解答 4.3

格子不整に基づく抵抗率は温度に依存しない。したがって（4.3.6）式を用いて ρ_i を計算す

ればよい。

$$\rho_{300K} = \rho_i + 300\alpha = 1.0 \times 10^{-6}$$
$$\rho_{973K} = \rho_i + 973\alpha = 1.07 \times 10^{-6}$$

上の2つの連立方程式より $\alpha = 1.04 \times 10^{-10}$, $\rho_i = 0.97 \times 10^{-6}$ が求まる。したがって格子不整に基づく抵抗率は 0.97×10^{-6} [Ωm] である。

解答4.4

不純物を添加すると、格子の不規則性の増加により抵抗率があがり、少量の場合は添加量に比例する。したがって Ni を 0.2%添加すると

$$\Delta\rho_{Ni} = 1.25 \times 10^{-8} \times \frac{2}{10} = 0.25 \times 10^{-8} \text{ [Ωm]}$$

の抵抗率が増加し、Ag を 0.4%添加すると

$$\Delta\rho_{Ag} = 0.14 \times 10^{-8} \times \frac{4}{10} = 0.056 \times 10^{-8} \text{ [Ωm]}$$

の抵抗率が増加する。したがって全体の抵抗率 ρ は

$$\rho = \rho_{Cu} + \Delta\rho_{Ni} + \Delta\rho_{Ag} = (1.7 + 0.25 + 0.056) \times 10^{-8} = 2.006 \times 10^{-8} \text{ [Ωm]}$$

となる。

解答5.1

(5.1.1) 式を用いて計算する。300 K においては

$$kT = 1.38 \times 10^{-23} \times 300 = 4.14 \times 10^{-21} \text{ [J]} = \frac{4.14 \times 10^{-21}}{1.602 \times 10^{-19}} \text{ [eV]} = 0.0258 \text{ [eV]}$$

となるので、

(1) フェルミ準位より 0.1[eV] 上の準位の確率は

$$f(E) = \frac{1}{1 + \exp(0.1/0.0258)} = 0.02 \quad \text{となる。}$$

(2) フェルミ準位より 0.1[eV] 下の準位の確率は

$$f(E) = \frac{1}{1 + \exp(-0.1/0.0258)} = 0.98 \quad \text{となる。}$$

解答 5.2

(1) フェルミエネルギーは (5.1.11) 式を用いて求める。

$$E_{f0} = \left(\frac{h^2}{2m}\right)\left(\frac{3n_e}{8\pi}\right)^{\frac{2}{3}} = \frac{(6.626\times 10^{-34})^2}{2\times 9.109\times 10^{-31}} \times \left(\frac{3\times 2.51\times 10^{28}}{8\times 3.1416}\right)^{\frac{2}{3}} = 5.0043\times 10^{-19}\,[\text{J}]$$

$$= \frac{5.0043\times 10^{-19}}{1.602\times 10^{-19}}[\text{eV}] = 3.12\,[\text{eV}]$$

(2) 伝導電子の平均速度は (4.2.2) 式を用いて計算する。

$$v_f = \sqrt{\frac{2E_{f0}}{m}} = \sqrt{\frac{2\times 5.0043\times 10^{-19}}{9.109\times 10^{-31}}} = 1.048\times 10^6\,[\text{m/s}]$$

解答 6.1

(6.1.17) 式を用いる。$\sigma = 1/\rho = ne(\mu_e + \mu_h)$ より

$$1/3000 = 1.602\times 10^{-19}\times (0.18+0.04)n$$

これより n を求めると、$n = 9.46\times 10^{15}\,[\text{m}^{-3}]$ となる。

解答 6.2

(6.1.17) 式を用いる。[解答 6.1] と同様にして

$$1/(2\times 10^{-3}) = 1.602\times 10^{-19}\times (0.3+0.1)n$$

これより n を求めると、$n = 7.8\times 10^{21}\,[\text{m}^{-3}]$ となる。

解答 6.3

(6.1.12) 式を用いる。

$$E_f = \frac{E_c+E_v}{2} + \frac{3}{4}kT\ln\left(\frac{m_h}{m_e}\right)$$

において $\frac{E_c+E_v}{2}$ は禁制帯のちょうど中央になる。$\frac{3}{4}kT\ln\left(\frac{m_h}{m_e}\right)$ を計算すると、$T = 300\,\text{K}$ では

$$\frac{3}{4}\times\frac{1.38\times 10^{-23}\times 300}{1.602\times 10^{-19}}\ln\frac{5m_e}{m_e} = 0.0194\ln 5 = 0.031\,[\text{eV}]$$

$T = 600\,\text{K}$ では

$$\frac{3}{4} \times \frac{1.38 \times 10^{-23} \times 600}{1.602 \times 10^{-19}} \ln \frac{5m_e}{m_e} = 0.0388 \ln 5 = 0.062 [\text{eV}]$$

となる。すなわち $T = 300$ K では禁制帯のちょうど中央から 0.031[eV] 伝導帯側に、$T = 600$ K では禁制帯のちょうど中央から 0.062[eV] 伝導帯側にある。

解答 6.4

As の含有量は $4.5 \times 10^{28} \times 10^{-4} \times 10^{-2} = 4.5 \times 10^{22} [\text{m}^{-3}]$ となる。したがって
$\rho = 1/\sigma = 1/ne\mu_e = 1/(4.5 \times 10^{22} \times 1.602 \times 10^{-19} \times 0.38) = 1/(2.74 \times 10^3) = 3.65 \times 10^{-4} [\Omega\text{m}]$ となる。

解答 7.1

(1) 障壁の厚さは (7.2.7) 式より求められる。

$$d = \left[\frac{2\varepsilon}{eN_d}\right]^{\frac{1}{2}} (V_d - V)^{\frac{1}{2}} = \left[\frac{2 \times 8.2 \times 8.854 \times 10^{-12}}{1.602 \times 10^{-19} \times 1 \times 10^{22}}\right]^{\frac{1}{2}} \times (1 + 10)^{\frac{1}{2}} = 9.99 \times 10^{-7} [\text{m}]$$

(2) 単位面積当りの障壁容量は (7.2.10) 式より求められる。

$$C = \frac{\varepsilon}{d} = \frac{8.2 \times 8.854 \times 10^{-12}}{9.99 \times 10^{-7}} = 7.27 \times 10^{-5} [\text{F/m}^2]$$

面積が $0.1 [\text{cm}^2] = 10^{-5} [\text{m}^2]$ なので、容量 C_s は

$C_s = C \times S = 7.27 \times 10^{-5} \times 10^{-5} = 7.27 \times 10^{-10} [\text{F}] = 727 [\text{pF}]$

(3) 障壁内の最大電界強度は (7.2.8) 式を用いて求められる。

$$E_m = \frac{2(V_d - V)}{d} = \frac{2 \times 11}{9.99 \times 10^{-7}} = 2.2 \times 10^7 [\text{V/m}]$$

解答 8.1

(8.1.3) 式を用いる。

$$D_e = \left(\frac{kT}{e}\right)\mu_e = \frac{1.38 \times 10^{-23} \times 300}{1.602 \times 10^{-19}} \times 0.17 = 4.4 \times 10^{-3} [\text{m}^2\text{sec}^{-1}]$$

$$D_h = \left(\frac{kT}{e}\right)\mu_h = \frac{1.38 \times 10^{-23} \times 300}{1.602 \times 10^{-19}} \times 0.035 = 9.04 \times 10^{-4} [\text{m}^2\text{sec}^{-1}]$$

解答 8.2

(8.1.3) 式および (8.1.4) 式を用いる。

$$L_e = \sqrt{D_e \tau_e} = \sqrt{\frac{kT\mu_e \tau_e}{e}} = \sqrt{\frac{1.38 \times 10^{-23} \times 300 \times 0.36 \times 340 \times 10^{-6}}{1.602 \times 10^{-19}}} = 1.78 \times 10^{-3} \, [\text{m}]$$

解答 8.3

(1) 空間電荷層の厚さ：(8.1.15) 式を用いる。$V = 0$ とする。

$$d = \left[\frac{2\varepsilon_0 \varepsilon_r (N_d + N_a) V_d}{eN_d N_a}\right]^{\frac{1}{2}} = \sqrt{\frac{2 \times 8.854 \times 10^{-12} \times 16 \times 2 \times 10^{25} \times 0.72}{1.602 \times 10^{-19} \times 10^{25} \times 10^{25}}} = 16 \times 10^{-9} \, [\text{m}] = 16 \, [\text{nm}]$$

(2) 平均電界強度：$E_{av} = V_d / d$ より求められる。

$$E_{av} = 0.72/(16 \times 10^{-9}) = 4.5 \times 10^7 \, [\text{V/m}]$$

(3) 最大電界強度：(8.1.16) 式より $E_m = 2E_{av}$ となる。

$$E_m = 2 \times 4.5 \times 10^7 = 9.0 \times 10^7 \, [\text{V/m}]$$

解答 8.4

(6.1.16) 式より $\sigma_p = n_h e \mu_h$ および $\sigma_n = n_e e \mu_e$ の関係がある。

$$n_h = \frac{\sigma_p}{e\mu_h} = \frac{10^4}{1.602 \times 10^{-19} \times 0.18} = 3.47 \times 10^{23} \, [\text{m}^{-3}]$$

$$n_e = \frac{\sigma_n}{e\mu_e} = \frac{10^2}{1.602 \times 10^{-19} \times 0.36} = 1.74 \times 10^{21} \, [\text{m}^{-3}]$$

$N_a \simeq n_h$, $N_d \simeq n_e$ として (8.1.17) 式を用いて容量を計算する。

$$C = \left[\frac{e\varepsilon N_d N_a}{2(V_d - V)(N_d + N_a)}\right]^{\frac{1}{2}} = \sqrt{\frac{1.602 \times 10^{-19} \times 8.854 \times 10^{-12} \times 16 \times 3.47 \times 10^{23} \times 1.74 \times 10^{21}}{2 \times 0.5 \times (3.47 \times 10^{23} + 1.74 \times 10^{21})}}$$

$$= 1.98 \times 10^{-4} \, [\text{F/m}^2]$$

接合面積 $S = (0.15 \times 10^{-3})^2 \pi = 7.065 \times 10^{-8} \, [\text{m}^2]$

したがって接合容量 $C_j = CS = 1.98 \times 10^{-4} \times 7.065 \times 10^{-8} = 14 \times 10^{-12} \, [\text{F}] = 14 \, [\text{pF}]$

次に 3[V] の逆方向電圧を印加したときの容量 C_V は、(8.1.16) 式で $V = -3$[V] を代入することにより求められる。

$$C_V = \left[\frac{e\varepsilon N_d N_a}{2(V_d - V)(N_d + N_a)}\right]^{\frac{1}{2}} = \sqrt{\frac{1.602\times10^{-19}\times 8.854\times10^{-12}\times 16\times 3.47\times10^{23}\times 1.74\times10^{21}}{2\times 3.5\times(3.47\times10^{23} + 1.74\times10^{21})}}$$

$$= 0.75\times10^{-4}\,[\text{F/m}^2]$$

したがって容量 C_{Vj} は

$$C_{Vj} = C_V S = 0.75\times10^{-4}\times 7.065\times10^{-8} = 5.3\times10^{-12}[\text{F}] = 5.3[\text{pF}]$$

となる。

なおこの問題のように $N_a \gg N_d$ の場合は (8.1.17) 式より、C は次のように近似して計算してもよい。

$$C \simeq \left[\frac{e\varepsilon N_d}{2(V_d - V)}\right]^{\frac{1}{2}}$$

解答8.5

まず n 領域中の電子濃度および正孔濃度を求める。少数キャリア濃度の計算には (6.1.13) 式を用いる。

$$\text{電子濃度}：n_e = \frac{\sigma_n}{e\mu_e} = \frac{10^4}{1.602\times10^{-19}\times 0.36} = 1.73\times10^{23}\,[\text{m}^{-3}]$$

$$\text{正孔濃度}：n_h = \frac{n_i^2}{n_e} = \frac{(2.5\times10^{19})^2}{1.73\times10^{23}} = 3.6\times10^{15}\,[\text{m}^{-3}]$$

次に p 領域中の正孔濃度および電子濃度を求める。

$$\text{正孔濃度}：n_h = \frac{\sigma_p}{e\mu_h} = \frac{10^2}{1.602\times10^{-19}\times 0.17} = 3.68\times10^{21}\,[\text{m}^{-3}]$$

$$\text{電子濃度}：n_e = \frac{n_i^2}{n_h} = \frac{(2.5\times10^{19})^2}{3.68\times10^{21}} = 1.7\times10^{17}\,[\text{m}^{-3}]$$

ボルツマン統計が成り立つとき、n 領域中の電子濃度 $1.73\times10^{23}\,[\text{m}^{-3}]$ と p 領域中の電子濃度 $1.7\times10^{17}\,[\text{m}^{-3}]$ との間には次の関係式が成り立つ。

$$1.7\times10^{17}\,[\text{m}^{-3}] = 1.73\times10^{23}\exp\left(-\frac{V_d}{kT}\right)[\text{m}^{-3}]$$

ここに V_d は拡散電位である。室温では $kT = \dfrac{1.38\times10^{-23}\times 300}{1.6\times10^{-19}} = 0.026[\text{eV}]$ であるので、これを上式に代入すると

$$1.7\times10^{17} = 1.73\times10^{23}\exp\left(-\frac{V_d}{0.026}\right)$$

となり、これより $V_d = 0.358\,[\text{eV}]$ となる。

さらに順方向に 0.25[V] を印加すると、p領域とn領域の伝導帯の底のエネルギー差は $V_d - V = 0.358 - 0.25 = 0.108\,[\text{V}]$ となる。したがってp領域の接合に接する点の電子濃度は

$$n = 1.73\times10^{23}\exp\left(-\frac{0.108}{0.026}\right) = 2.72\times10^{21}\,[\text{m}^{-3}]$$

となる。

解答8.6

$$k = \frac{\sqrt{2m(V-E)}}{\hbar} = \frac{\sqrt{2\times9.109\times10^{-31}\times5\times1.602\times10^{-19}}}{1.055\times10^{-34}} = 1.145\times10^{10}$$

したがって $T \approx 4e^{-2\times1.145\times10^{10}a} = 4e^{-2.29\times10^{10}a}$ となる。

$a = 0.1\,[\text{nm}]$ のとき: $T \approx 4e^{-2.29\times10^{10}\times1\times10^{-10}} = 4e^{-2.29} = 0.4$

$a = 0.2\,[\text{nm}]$ のとき: $T \approx 4e^{-2.29\times10^{10}\times2\times10^{-10}} = 4e^{-4.58} = 0.04$

$a = 0.5\,[\text{nm}]$ のとき: $T \approx 4e^{-2.29\times10^{10}\times5\times10^{-10}} = 4e^{-11.45} = 4\times10^{-5}$

この場合、障壁層の厚さが $a = 0.1\,[\text{nm}]$ 程度の時には、かなりの粒子がトンネル効果で通り抜けることができるが、厚さの増加とともに急速に透過率が落ちるのが分かる。

解答9.1

(9.3.7) 式を用いる。kT を [eV] で表わすと次のようになる。

$$kT = \frac{1.38\times10^{-23}T}{1.602\times10^{-19}} = 0.861\times10^{-4}T\,[\text{eV}]$$

したがって $T = 1350\,\text{K}$ では

$$D = 10.5\times10^{-4}\exp[-3.68/(0.861\times10^{-4}\times1350)] = 10.5\times10^{-4}\exp(-31.67) = 1.85\times10^{-17}\,[\text{m}^2/\text{sec}]$$

$T = 1500\,\text{K}$ では

$$D = 10.5 \times 10^{-4} \exp\left[-3.68/(0.861 \times 10^{-4} \times 1500)\right] = 10.5 \times 10^{-4} \exp(-28.48) = 4.5 \times 10^{-16} \left[\text{m}^2/\text{sec}\right]$$

となる。

解答9.2

(9.3.3) 式を用いる。

$$N(x) = \frac{10^{24}}{\sqrt{\pi}\left(10^{-6}/2\sqrt{2 \times 10^{-17} \times 3.6 \times 10^3}\right)} \exp\left(-\frac{10^{-12}}{4 \times 2 \times 10^{-17} \times 3.6 \times 10^3}\right) = 9.4 \times 10^{21} \left[\text{m}^{-3}\right]$$

解答9.3

(9.3.4) 式において $N_0 = 2 \times 10^{21} \left[\text{m}^{-3}\right]$ として x_0 を計算する。

$$x_0 = 2\sqrt{2 \times 10^{-17} \times 4.5 \times 10^3} \left[\ln\left(\frac{10^{24}}{2 \times 10^{21}}\right) - \ln\left(\frac{\sqrt{\pi} x_0}{2\sqrt{2 \times 10^{-17} \times 4.5 \times 10^3}}\right)\right]^{\frac{1}{2}}$$

$$= 6.0 \times 10^{-7} \left[-8.69 - \ln x_0\right]^{\frac{1}{2}} \tag{9.3.8}$$

接合の深さ x_0 はせいぜい $1 \sim 2[\mu\text{m}]$ である。したがって $x_0 = x_1 \times 10^{-6} (0 < x_1)$ とおいて、これを (9.3.8) 式に代入して整理すると、

$$x_1 = 0.6 \times \sqrt{5.11\left(1 - \frac{\ln x_1}{5.11}\right)} \cong 0.6 \times \sqrt{5.11} = 1.36$$

となる。よって拡散の深さ $x_0 = 1.36 \times 10^{-6} [\text{m}] = 1.36 [\mu\text{m}]$ となる。

解答9.4

(9.3.6) 式において $N_0 = 5 \times 10^{22} \left[\text{m}^{-3}\right]$ として x_0 を求める。

$$x_0 = 2\sqrt{2 \times 10^{-17} \times 2 \times 10^3} \left[\ln\left(\frac{10^{19}}{5 \times 10^{22} \times \sqrt{\pi \times 2 \times 10^{-17} \times 2 \times 10^3}}\right)\right]^{\frac{1}{2}} = 1.01 \times 10^{-6} [\text{m}]$$

$$= 1.01 [\mu\text{m}]$$

解答 10.1

発振波長 λ_g は (10.2.1) 式を用いる。

$$\lambda_g[\mu m] = \frac{1.24}{E_g[\text{eV}]} = \frac{1.24}{1.43} = 0.867[\mu m] = 867[\text{nm}]$$

発振周波数 f は

$$f = \frac{c}{\lambda_g} = \frac{3 \times 10^8}{0.867 \times 10^{-6}} = 3.46 \times 10^{14}[\text{Hz}] = 346[\text{THz}]$$

波数 k は

$$k = \frac{2\pi}{\lambda_g} = \frac{2\pi}{0.867 \times 10^{-6}} = 7.25 \times 10^6[\text{m}^{-1}]$$

解答 10.2

(10.2.1) 式より活性領域のバンドギャップ E_g は

$$E_g[\text{eV}] = \frac{1.24}{\lambda_g[\mu m]} = \frac{1.24}{0.76} = 1.63[\text{eV}]$$

となる。このバンドギャップに相当する x の値は比例計算より

$$\frac{1.63 - 1.43}{x} = \frac{1.99 - 1.43}{0.45}$$

より求められる。これより x = 0.16 となる。

クラッド層は活性領域より 0.35[eV] エネルギーが大きいのであるから、クラッド層のバンドギャップは $E_{gc} = 1.63 + 0.35 = 1.98[\text{eV}]$ とすればよい。上と同様の比例計算により

$$\frac{1.98 - 1.43}{y} = \frac{1.99 - 1.43}{0.45}$$

すなわち y = 0.45 とすればよい。

解答 10.3

(10.5.8) 式を用いる。

$$\nu = \frac{c}{\lambda} = \frac{3 \times 10^8}{650 \times 10^{-9}} = 4.62 \times 10^{14}[\text{Hz}]$$

$$E_{fc} - E_{fv} > h\nu = 6.626 \times 10^{-34} \times 4.62 \times 10^{14} = 3.06 \times 10^{-19} [\text{J}] = \frac{3.06 \times 10^{-19}}{1.602 \times 10^{-19}} = 1.91 [\text{eV}]$$

したがって 1.91[eV] 以上必要となる。ただし 1.91[eV] では駄目で、この値を大きく超えるほど発振しやすくなる。

解答 10.4

(10.5.9) 式を用いる。活性領域が GaAs なので、[演習 10.1] より発振波長 $\lambda = 867$[nm] である。したがって活性領域の厚さを d とすると

$$d \leq \frac{\lambda}{2\sqrt{n_2^2 - n_1^2}} = \frac{867 \times 10^{-9}}{2\sqrt{3.655^2 - 3.385^2}} = 0.314 \times 10^{-6} [\text{m}] = 0.314 [\mu\text{m}]$$

すなわち 0.314[μm] 以下である必要がある。

解答 10.5

(10.5.13) 式を用いる。まず $R_1 = R_2 = 0.3$ のときは

$$g_{th} = \frac{1}{\Gamma}\left\{\frac{1}{2L}\ln\left(\frac{1}{R_1 R_2}\right) + \alpha\right\} = \frac{1}{0.6}\left\{\frac{1}{2 \times 500 \times 10^{-6}}\ln\left(\frac{1}{0.3 \times 0.3}\right) + 1200\right\} = 6013 [\text{m}^{-1}] = 60.13 [\text{cm}^{-1}]$$

となる。次に $R_1 = 0.3$、$R_2 = 0.8$ のときは

$$g_{th} = \frac{1}{0.6}\left\{\frac{1}{2 \times 500 \times 10^{-6}}\ln\left(\frac{1}{0.8 \times 0.3}\right) + 1200\right\} = 4378 [\text{m}^{-1}] = 43.78 [\text{cm}^{-1}]$$

となる。この結果より端面反射率がしきい値利得（しきい値電流密度）に大きく影響するのが分かる。

解答 10.6

(10.2.1) 式を用いる。

①基礎吸収端の波長： $\lambda_g [\mu\text{m}] = \dfrac{1.24}{E_g [\text{eV}]} = \dfrac{1.24}{1.4} [\mu\text{m}] = 0.886 [\mu\text{m}] = 886 [\text{nm}]$

②励起子吸収波長： $\lambda_{ex} [\mu\text{m}] = \dfrac{1.24}{1.4 - 0.15 [\text{eV}]} = 0.992 [\mu\text{m}] = 992 [\text{nm}]$

解答 10.7

(10.8.4) 式を用いる。

$$\Delta\sigma = eG(\mu_n\tau_n + \mu_p\tau_p) = (1.602\times 10^{-19})\times(2\times 10^{23})\times 0.01\times 10^{-3} = 0.32\,[\text{S/m}]$$

解答 11.1

入力信号 A に対する出力信号 B のデシベル値 L_B での表示は

$$L_B = 10\log_{10}\frac{B}{A}$$

で与えられる。A = 1、B = 0.5 とし、ファイバ長を l とすると

$$L_B \times l = 10\log_{10} 0.5 = -3.01$$

となる。1.55[μm] での伝送損失は、**図 11.7** より 0.17[dB/km] となるので、$-0.17l = -3.01$ が成り立ち、これより $l = 17.7$[km] となる。

解答 11.2

$\lambda/N.A.$ の比は

$$\text{CD:DVD:Blu-ray} = \frac{0.78}{0.45}:\frac{0.65}{0.6}:\frac{0.405}{0.85} = 1.73:1.08:0.476 = 1.0:0.62:0.275$$

となって、スポット径 d_s の比 1.0:0.6:0.3 にほぼ等しくなる。すなわちスポット径は $\lambda/N.A.$ で決まっていることが分かる。

解答 12.1

12.2「超伝導の発生原因」を参照

解答 12.2

12.2「超伝導の発生原因」を参照

解答 12.3

12.3.1 「臨界磁界と完全反磁性」を参照

解答 12.4

12.3.1 「臨界磁界と完全反磁性」を参照

解答 12.5

12.3.2 「第1種超伝導体と第2種超伝導体」を参照

解答 12.6

12.3.3 「電流密度、磁束の量子化とピン止め」を参照

解答 12.7

12.3.4 「ジョセフソン効果」を参照

解答 13.1

13.2 「磁性体の分類」を参照

解答 13.2

13.4 「磁性材料の種類」を参照

解答 13.3

13.4 「磁性材料の種類」を参照

解答 13.4

13.5.2 「けい素鋼」を参照

解答 13.5

13.6.5 「希土類磁石」を参照

解答 14.1

14.2.1 「誘電分極の種類」を参照

解答 14.2

14.3.1 「強誘電体の性質」を参照

解答 14.3

14.5 「誘電体の電気伝導」を参照

解答 14.4

14.6.1 「誘電体の絶縁破壊」を参照

解答 A2.1

(1) 高温では $kT \gg h\nu$ と考えてよい。したがって（A2.14）式より

$$C_V = 3N_0 k \left(\frac{h\nu}{kT}\right)^2 \frac{e^{h\nu/kT}}{\left(e^{h\nu/kT}-1\right)^2} \approx 3N_0 k \left(\frac{h\nu}{kT}\right)^2 \frac{e^{h\nu/kT}}{\left(1+h\nu/kT-1\right)^2} = 3N_0 k e^{h\nu/kT}$$

$$\approx 3N_0 k \left(1+\frac{h\nu}{kT}\right) \approx 3N_0 k = 3R$$

となる。

(2) 低温では $kT \ll h\nu$ と考えてよい。したがって（A2.14）式より

$$C_V = 3N_0 k \left(\frac{h\nu}{kT}\right)^2 \frac{e^{h\nu/kT}}{\left(e^{h\nu/kT}-1\right)^2} = 3N_0 k \left(\frac{h\nu}{kT}\right)^2 e^{-h\nu/kT}$$

となり、$\left(\dfrac{h\nu}{kT}\right)^2$ の温度に対する変化より、$e^{-h\nu/kT}$ の温度に対する変化の方が支配的である。したがって、おおむね $\exp(-h\nu/kT)$ に比例する。

解答 A2.2

(1) 高温では $kT \gg h\nu$ と考えてよい。したがって（A2.25）式の被積分関数の分母は近似的に x になる。よって1モル当りでは

$$E = 9N_0 \left(\frac{kT}{h\nu_D}\right)^3 kT \int_0^{x_m} \frac{x^3 dx}{e^x - 1} \approx 9N_0 \left(\frac{kT}{h\nu_D}\right)^3 kT \int_0^{x_m} \frac{x^3 dx}{x} = 3N_0 kT = 3RT \tag{A2.27}$$

したがって

$$C_V = \frac{\partial E}{\partial T} = 3R \tag{A2.28}$$

(2) 低温では $kT \ll h\nu$ となり、$x_m = \dfrac{h\nu_D}{kT}$ が非常に大きくなり（A2.24）式の積分の上限は ∞ で置き換えてよい。よって1モル当りでは

$$E = 9N_0 \left(\frac{kT}{h\nu_D}\right)^3 kT \int_0^{\infty} \frac{x^3 dx}{e^x - 1} = 9N_0 \left(\frac{T}{\Theta_D}\right)^3 kT \times \frac{\pi^4}{15} = \frac{3}{5}\pi^4 N_0 kT \left(\frac{T}{\Theta_D}\right)^3 \tag{A2.29}$$

となる。ただし次の積分公式を使用している。

$$\int_0^{\infty} \frac{x^3 dx}{e^x - 1} = \frac{\pi^4}{15}$$

したがって1モル当りの定積比熱 C_V は（A2.29）式を温度で微分して

$$C_V = \frac{\partial E}{\partial T} = \frac{12}{5}\pi^4 N_0 k \left(\frac{T}{\Theta_D}\right)^3 \tag{A2.30}$$

これより低温における比熱は T^3 に比例することが分かる。

解答 A2.3

$x_n(t) = e^{-i\omega(t-na/Cs)} = e^{-i(\omega t - qna)}$ であるので

$$\frac{d^2 x_n}{dt^2} = (-i\omega)^2 e^{-i(\omega t - qna)} = -\omega^2 e^{-i(\omega t - qna)} \tag{A2.39}$$

となる。また

$$x_{n-1}(t) = e^{-i(\omega t - q(n-1)a)} = e^{-i(\omega t - qna)} e^{-iqa} = x_n(t) e^{-iqa} \tag{A2.40}$$

$$x_{n+1}(t) = e^{-i(\omega t - q(n+1)a)} = e^{-i(\omega t - qna)} e^{iqa} = x_n(t) e^{iqa} \tag{A2.41}$$

となる。これらを (A2.31) 式に代入して両辺を $x_n(t)$ で割ると

$$-M\omega^2 = f(e^{-iqa} + e^{iqa} - 2) = f(2\cos qa - 2) = 2f(\cos^2\frac{qa}{2} - \sin^2\frac{qa}{2} - \cos^2\frac{qa}{2} - \sin^2\frac{qa}{2})$$

$$= -4f\sin^2\frac{qa}{2} \tag{A2.42}$$

したがって $\omega = \omega_m \sin\left(\frac{qa}{2}\right)$, $\omega_m = \left(\frac{4f}{M}\right)^{\frac{1}{2}}$ が得られる。

解答 A3.1

波数 k とエネルギー E との間には (5.2.3) 式の関係がある。境界の中央では $|k_x| = \frac{\pi}{a}$ であり、領域の隅までの k の長さは $|k_{xy}| = \frac{\sqrt{2}\pi}{a}$ となるので、これらの値を (5.2.3) 式に代入すると

境界の中央：$E_x = \frac{\hbar^2}{2m}\left(\frac{\pi}{a}\right)^2$

領域の隅　：$E_{xy} = \frac{\hbar^2}{2m}\left(\frac{\sqrt{2}\pi}{a}\right)^2 = 2 \times \frac{\hbar^2}{2m}\left(\frac{\pi}{a}\right)^2$

となり、ちょうど 2 倍になることが分かる。

解答 A7.1

(A7.1) を用いる。T は絶対温度で考える。

$I_{th} = I_{th0} \exp(T/T_0)$ を用いて

$T = 283\text{K}(10℃)$ では　$33.5 = I_{th0}\exp(283/T_0)$ (A7.3)

$T = 303\text{K}(30℃)$ では　$37.5 = I_{th0}\exp(303/T_0)$ (A7.4)

(A7.3) 式および (A7.4) 式より

$$\frac{37.5}{33.5} = \exp\left(\frac{303-283}{T_0}\right) \tag{A7.5}$$

が成り立つ。(A7.5) 式より $T_0 = 177$ K が求まる。

解答 A7.2

(A7.2) 式を用いる。

$$\Delta\lambda = \lambda^2/2L\left[n - \lambda(dn/d\lambda)\right] = \left(780\times10^{-9}\right)^2 \Big/ 2\times\left(300\times10^{-6}\right)\times 3.6$$

$$= 0.282\times10^{-9}\,[\text{m}] = 0.282\,[\text{nm}] \tag{A7.6}$$

解答 A7.3

$\eta_D = 0.7\,[\text{mW/mA}]$ であり、しきい値 I_{th} からの電流値の増加は $80\,[\text{mA}]$ である。したがって光出力は $P = 0.7\times 80 = 56\,[\text{mW}]$ となる。

解答 A7.4

T は絶対温度で考える。

$T = 293$ K(20℃) では

$$E_g(293\text{ K}) = 1.519 - 5.405\times10^{-4}\times\frac{293^2}{293+204} = 1.519 - 0.09336 = 1.42564\,[\text{eV}]$$

$$\lambda(293\text{ K}) = \frac{1.24}{1.42564} = 0.86978\,[\mu\text{m}] = 869.78\,[\text{nm}] \tag{A7.7}$$

$T = 303$ K(30℃) では

$$E_g(303 \text{ K}) = 1.519 - 5.405 \times 10^{-4} \times \frac{303^2}{303 + 204} = 1.519 - 0.09788 = 1.42112[\text{eV}]$$

$$\lambda(303 \text{ K}) = \frac{1.24}{1.42112} = 0.87255[\mu\text{m}] = 872.55[\text{nm}] \tag{A7.8}$$

(A7.7) 式および (A7.8) 式より、10 K(10℃) の温度変化により、$\Delta\lambda = 872.55 - 869.78 = 2.77[\text{nm}]$ の波長変化が生じている。したがって室温近傍での発振波長の温度依存性は $0.277[\text{nm/℃}] \cong 0.28[\text{nm/℃}]$ となる。

索　引

【人　名】

アインシュタイン（Einstein） ……………… 63
ヴィーデマン・フランツ（Wiedemann-Franz） ……… 33
ヴェント（J.J.Went） ……………………… 168
カメリン・オンネス（Kamerlingh Onnes） ……… 141
ガルバーニ（Galvani） …………………… 58
クーパー（Cooper） ………………………… 142
ゴス（N.P.Goss） …………………………… 164
コチャード（A.Cochardt） ………………… 168
シュリーファー（Schrieffer） ……………… 142
シュレーディンガー（Schrödinger） ………… 5
ジョセフソン（Josephson） ………… 144,147
ショトキー（Schottky） …………………… 29
デバイ（Debye） …………………………… 31
デューロン・ペティ（Dulong-Petit） ……… 199
ド・ブロイ（de Broglie） …………………… 5
バーディーン（Bardeen） ………………… 142
パウリ（Pauli） ……………………………… 9
ファンデルワールス（van der Waals） ……… 11
フェルミ・ディラック（Fermi-Dirac） ……… 35
ブラッグ（Bragg） ………………………… 24
ブラベー（Bravais） ……………………… 20
プランク（Planck） ………………………… 1
ブリッジマン（Bridgman） ………………… 78
フレーリッヒ（Frölich） …………………… 143
フレンケル（Frenkel） …………………… 29
ベガード（Vegard） ………………………… 16
ベドノルツ（Bednorz） …………………… 142
ポアソン（Poisson） ……………………… 60
ホイヘンス（Huygens） ……………………… 24
ボーア（Bohr） ……………………………… 1
ボース・アインシュタイン（Bose-Einstein） … 35
ボルン（Born） ……………………………… 12
マイスナー（Meissner） …………… 141,145
マクスウェル（Maxwell） ………………… 103
マティアス（B.T.Matthias） ……………… 141

マティーセン（Matthiessen） ……………… 32
ミューラー（Müller） ……………………… 142
リドベリー（Rydberg） ……………………… 4
ローレンツ（Lorentz） …………………… 33

【英　数】

1次モード ………………………………… 107
第1ブリルアン（Brillouin）帯域 ………… 202
第1ブリルアン（Brillouin）領域 ……… 42,207
第1励起状態 ……………………………… 4
2次モード ………………………………… 107
第2ブリルアン（Brillouin）領域 ………… 210
第2励起状態 ……………………………… 4
3元化合物半導体 ………………………… 98
4元化合物半導体 ………………………… 98
Alnico系磁石 …………………………… 167
$Al_xGa_{1-x}As$ ………………………………… 99
$Al_xGa_{1-x}N$ ………………………………… 99
$Al_xIn_{1-x}P$ ………………………………… 99
anomalous dispersion …………………… 177
antiferroelectric material ……………… 180
antiferromagnetism ……………………… 160
APC回路 ………………………………… 115
APD ……………………………………… 123
ArF ……………………………………… 93
atomic polarization ……………………… 176
BD（Blu-ray Disc） ……………………… 135
Bloch関数 …………………………… 44,206
Bloch近似法 …………………………… 205
Blochの定理 …………………………… 206
Boltzman統計 …………………………… 198
Bose-Einstein関数 ……………………… 39
C_{60} ……………………………………… 191
CD ……………………………………… 135
CD-R …………………………………… 136
CD-ROM ………………………………… 136

索 引

CMOS インバータ	94,215
COD	222
coercive force	178
critical electric current	144
critical magnetic field	144
critical temperature	144
Cu–Ag 合金	188
Cu–Be 合金	188
Cu–Cr 合金	188
Curie temperature	178
CVD 法	81
Debye 温度	201
Debye モデル	200
DFB レーザ	134
diamagnetism	160
dielectric breakdown	182
dielectric breakdown strength	182
dielectric constant	175
dielectric dispersion	176
dielectric flux density	175
dielectric polarization	175
DMZn	102
DNA	17
domain	178
domain wall	161
DVD	135
d 軌道	6
edge effect	184
Einstein 温度	199
Einstein 関数	199
Einstein の関係	63
Einstein モデル	197
electric susceptibility	175
electron avalanche	183
electronic polarization	176
electrostriction	180
Fermi-Dirac	35
ferrimagnetism	160
ferroelectric material	177
ferromagnetism	160
FET	88
FFP	223
Field Effect Transistor	88
Field Emission Display	193
Frenkel	181
FTTC	130
FTTH	130
FTTO	130
FTTZ	130
f 軌道	6
GaAs	21
$Ga_xIn_{1-x}P$	99
g 軌道	6
intensity of magnetization	159
interfacial polarization	176
$In_xGa_{1-x}As_{1-y}P_y$	99
$In_xGa_{1-x}N$	99
ionic polarization	176
Josephson effect	147
Josephson junction	147
KrF	93
KS 鋼	166
K 殻	6
K 点	212
L 点	212
LASER	103
leakage current	182
LEC（Liquid Encapsulated Czochralski）法	77
LED	95
LPE 成長法	79
L 殻	6
magnetic domain	161
magnetic field	159
magnetic fluxdensity	159
magnetic induction	159
magnetic moment	159
magnetic substance	159
magnetic susceptibility	160
MBE 成長法	82
MD（Mini Disk）	137
Meissner	145
MES 型 FET	90
MK 鋼	167
MOCVD 法	81
MOS	90
MOS 型 FET	214

MOS 型電界効果トランジスタ	90
MQW 型レーザ	110
MRI	165
MT 鋼	166
M 殻	6
NFP	222
NMOS–FET	214
NMOS 電界効果トランジスタ	90
N 殻	6
n 型半導体	51
OH フリー型純石英光ファイバ	133
orientational polarization	176
O 殻	6
p–n 接合の整流特性	70
p–n 接合半導体	64
paramagnetism	160
permanent magnet	165
permanent magnetic dipole	159
permeability	160
piezoelectric effect	180
pin–FET 回路	127
pin フォトダイオード	123
PMOS–FET	214
PMOS 電界効果トランジスタ	90
Poisson の方程式	60,66
pyroelectricity	178
p 型半導体	51
p 軌道	6
relative dielectric constant	175
relaxation frequency	177
relaxation time	177
remanent polarization	178
RHEED	83
Schottky	181
Sendust	165
sp^2+p 混成波動関数	15
sp^3 混成波動関数	14
spark discharge	183
spontaneous polarization	177
superconductivity	141
s 軌道	6
TDM	130
TE_{00} 偏光モード	222
TMAl	102
TMGa	102
Vapor Phase Epitaxial 法	81
WDM	131
withstand voltage	183
Write Once 型ディスク	135
X 点	212
Γ 点	212
π 結合	15
π 電子	15
σ 結合	15
σ 電子	15
量子数 (n, l, m_l, s)	9

【ア 行】

アーク放電法	192
アインシュタイン温度	199
アインシュタイン関数	199
アインシュタインの関係	63
アインシュタインモデル	197
アクセプター	52
アクセプター準位	52
圧電効果	180
アナログ変調方式	130
アバランシェフォトダイオード	123
アボガドロ数	198
アモルファス状態	135
アルニコ系磁石	167
イオン間距離	12
イオン結晶	11,12
イオン注入法	94
イオン導電性	12
イオン分極	176
異常分散	177
移動度	27
インサイチュー（in situ）法	150
インバータ	216
引力によるエネルギー	11
ヴィーデマン・フランツの法則	33
ウルツァイト構造	77
運動エネルギー	2
運動量の保存則	96
永久磁気双極子	159,160

索 引

永久磁石 165
永久磁石材料 162
永久双極子 16
永久双極子モーメント 16
A15型金属間化合物 141,151
液相エピタキシャル成長法 79
SNS素子 147
n型半導体 51,52
Nb-Ti合金 149
エネルギーギャップ 43
エネルギー状態密度 38
エネルギー障壁 64
エネルギーバンド 41
エネルギー保存則 96
エピタキシャル成長 77,79
エピタキシャルプレーナ型トランジスタ 89
MOS型電界効果トランジスタ 90
エレクトロンボルト [eV] 2
縁効果 184
遠視野像 223
遠心力 1
オーム接触 59
オームの法則 27
音響姿態 202
音響分岐 204
音子 97,197

【カ 行】

カー効果 138
カーボンナノチューブ 191
回転双極子 16
外部仕事関数 57
外部微分量子効率 221
開放端電圧 122
界面分極 176
解離エネルギー 11
ガウス分布 223
化学気相成長法 192
化学蒸着法 81
書き換え可能型ディスク 135
角運動量 6
拡散 63
拡散距離 63

拡散定数 63
拡散電位 59,64
拡散電流 63
拡散の活性化エネルギー 86
拡散法 84
拡散方程式 84
確率密度 219
化合物半導体 76
活性層 100
価電子 21
価電子帯 43
下部臨界磁場 147
ガルバーニの電位差 58
干渉性 104
間接遷移型半導体 96
完全導電性 144
完全反磁性 144,145,146
カンタル 189
緩和時間 27,177
緩和周波数 177
規格化した電流密度 109
気相成長法 81
基礎吸収端 117
気体定数 199
基底状態 4
起電力 122
軌道角運動量 6
軌道角運動量ベクトル 6
擬フェルミレベル 106
基本並進ベクトル 19,20
基本モード 107
逆方向電流 62
キャビティ 107
キャリア 47
キャリアの閉じ込め効果 101
キャリアの分離効率 123
キャリア反転分布 105
球座標表示 5
吸収 105
キュリー温度 137,178
強磁性 144,160
共有結合 14
共有結合結晶 11,14

強誘電体	177	格子振動	29,97,197
曲線因子	122	格子振動に基づく抵抗率	31
許容帯	41,209	硬質磁性材料	162
近視野像	222	格子定数	20,101
禁制帯	41,209	格子不整に基づく抵抗率	31
禁制帯幅	43,119	高次モード	107
近接効果型素子	147	向心力	1
金属結晶	11	抗電界	178
金属抵抗材料	189	高透磁率材料	162
空間格子	19	降伏現象	124
空間電荷層	59,64	降伏電圧	221
空間電荷量	61	誤差関数	84
空格子点	29	混晶半導体	16
空乏層	59,64	コンスタンタン	189
クーロン引力	1,12	混成波動関数	14
クラッド	131		
クラッド層	100	【サ 行】	
グラファイト	190	サーミスタ	190
グレーデッドインデックス型光ファイバ	132	再結合確率	101
クローニッヒ・ペニーのモデル	207	再結合電流	68
群速度	131	再生専用光ディスク	135
ゲート	90	最大磁気エネルギー積	165
結晶相	135	最大電力	122
結晶の比熱	198	残留磁束密度	162,165
結晶粒界	29	残留分極	178
ゲルマニウム	21	シェブレル相化合物	142
検光子	138	磁界の強さ	159
原子間距離	11	磁化率	160
原子芯	15	しきい値電圧	215
原子半径	22	しきい値電流	221
原子分極	176	しきい値利得	108
原子面間隔	20	磁気共鳴画像診断装置	165
元素半導体	76	磁気分極	160
コア	131	磁気モーメント	9,159,162
高エネルギー応用	104	磁気量子数	6
光学姿態	204	磁区	161
光学分岐	204	軸角	20
交換エネルギー	13	軸の長さ	20
交換力	13	指向性	104
合金	187	仕事関数	57
合金法	83	磁性体	159
光子	96	自然放出	104
格子間原子	29	磁束の量子化	144,147

索 引

磁束密度	159
実屈折率導波ストライプ型レーザ	109
自発分極	177
時分割多重方式	130
磁壁	161
斜方晶系	180
シャロートレンチ分離法	92
周期的境界条件	36
周期的ポテンシャル	205
自由正孔キャリア	53
自由電子	4,36,43
自由電子キャリア	52
充填率	24
縮退	6,7,72
受光素子	95,116
主軸	20
シュブレル型化合物	151
ジュラルミン	189
主量子数	5
シュレーディンガーの波動方程式	5,36,70,111
シュレーディンガーの方程式	207
準位群	41
純石英光ファイバ	133
順方向電流	62
順方向バイアス	69
小角度結晶粒界	31
常磁性	160
状態密度	38
焦電性	178
衝突間の平均自由時間	27
上部臨界磁場	147
障壁層	59
障壁の厚み定数	61
障壁容量	61
常誘電体	178
ジョセフソン効果	144,147
ジョセフソン接合	147
ジョセフソン素子	154
ショットキー型	181
ショットキー型欠陥	29
ショットキー型障壁	59
シリコン	21
真空準位	57
真空の透磁率	159
真空の誘電率	1
真性半導体	47
真性半導体の導電率	51
水素結合	16
水素結合結晶	11
ステッパ方式	93
ステップインデックス型光ファイバ	133
ストライプ型レーザ	109
スパッタ法	92
スピノーダル分解	167
スピン角運動量	9
スピン量子数	9
正孔	45,52
青色 LED	101
成膜技術	92
整流作用	64
整流性接触	59
赤外光 LED	101
赤色 LED	101
斥力によるエネルギー	11
絶縁性空間電荷層	90
絶縁体	44,75
絶縁破壊	182
絶縁破壊の強さ	182
接合型電界効果トランジスタ	90
接合型電界トランジスタ	90
接合の厚み定数	67
零点エネルギー	35,197
閃亜鉛鉱構造	21,76
遷移領域	64
線スペクトル	120
センダスト	165
全電子エネルギー	2
占有確率	35
双極子モーメント	176
層状ペロブスカイト型構造	151
増幅率	108
相変化記録	135
相変化記録光ディスク	135
相補誤差関数	84
ソース	90
素子分離	92

ソリッド抵抗体	190

【タ 行】

ダイアモンド	21,190
ダイアモンド構造	21,76
帯域制限	131
第1ブリルアン帯域	202
第1ブリルアン領域	42,207
第1種超伝導体	146
第nブリルアン領域	210
体心格子	19
体心立方格子	23,166
体積抵抗率	187
体積抵抗率の温度係数	187
耐電圧	183
帯電率	175
第2種超伝導体	146
第2ブリルアン領域	210
太陽電池	95,120
楕円率	223
多結晶	19
多重化	130
多重量子井戸型レーザ	110
立ち上がり電圧	221
縦モード	223
縦モードのホッピング	224
たね結晶	78
ダブルヘテロ接合	100
多モード光ファイバ	131
単位細胞	19
単一モード光ファイバ	132
単一横モード発振	222
単結晶	19,77
単純格子	19
単純立方格子	20,22
単色X線	24
単色性	104
弾性振動の波	200
炭素の同素体	190
炭素皮膜抵抗体	190
端面光学損傷	222
短絡電流	122
稠密六方格子	23
稠密六方構造	77
超伝導	141
調和振動子	197
直接遷移型半導体	96
直接変調	129
低温超伝導	191
抵抗材料	189
ディジタル変調方式	129
定常状態のシュレーディンガーの波動方程式	218
底心格子	19
定積比熱	198
デバイ温度	31,201
デバイモデル	200
出払い領域	54
デューロン・ペティの法則	199
転位	29
転位線	30
電界効果トランジスタ	88
電界放出ディスプレー	193
添加元素	51
電気陰性度	17
電気銅	188
電気ひずみ	180
電極層	102
電子	1
電子殻	5
電子親和力	57
電子線回折	83
電子なだれ	183
電子の角運動量	1
電子の存在確率	219
電子の存在確率（電子密度）	8
電子波	42
電子分極	176
点接触型素子	148
電束密度	175
伝導帯	43
電離エネルギー	4
ド・ブロイ波	5
透磁率	160
導体	75
導電材料	187
導電率	27

索 引

導波……………………………………… 107
ドーパント……………………………… 51
特性温度………………………………… 222
ドナー…………………………………… 51
ドナー準位……………………………… 52
ドリフト………………………………… 63,121
ドリフト電流…………………………… 63
ドレイン………………………………… 90
トンネル効果…………………………… 70
トンネル素子…………………………… 147

【ナ 行】

内部仕事関数…………………………… 57
内部損失………………………………… 108
なだれ現象……………………………… 125
なだれ降伏……………………………… 123
ナノチューブディスプレー…………… 193
軟質磁性材料…………………………… 162
ニアフィールドパターン……………… 222
ニクロム………………………………… 189
2重拡散法……………………………… 87
熱CVD法……………………………… 92
熱間圧延けい素鋼帯…………………… 163
熱生成電流……………………………… 68
熱伝導率………………………………… 32
燃料電池………………………………… 193

【ハ 行】

パーマロイ……………………………… 164
配位数…………………………………… 24
配向分極………………………………… 176
バイポーラトランジスタ……………… 88
パウリの排他原理……………………… 9,143
刃状転位………………………………… 30
波数……………………………………… 4
波数空間………………………………… 37
波長多重方式…………………………… 131
波長分散………………………………… 132
発光スペクトル………………………… 104
発光素子………………………………… 95
発光ダイオード………………………… 95
発振モード……………………………… 109
波動関数………………………………… 5

波動関数の規格化条件………………… 219
波動方程式……………………………… 218
反強磁性………………………………… 160
反強誘電体……………………………… 180
反磁性…………………………………… 160
半値全幅………………………………… 223
反転磁化領域…………………………… 138
半導体…………………………………… 44,75
半導体IC……………………………… 92
半導体レーザ…………………………… 95
バンドスペクトル……………………… 120
B1型構造……………………………… 141
p-n接合の整流特性…………………… 70
p-n接合半導体………………………… 64
p型半導体……………………………… 51,53
BCS理論……………………………… 143
ビームスプリッター…………………… 134
光らない半導体………………………… 96
光起電力効果…………………………… 120
光吸収係数……………………………… 117
光吸収率………………………………… 106
光共振器………………………………… 107
光計測…………………………………… 104
光CVD法……………………………… 92
光磁気記録……………………………… 135
光磁気記録ディスク…………………… 137
光情報処理……………………………… 104
光センサー……………………………… 122
光通信…………………………………… 104
光通信アクセス系……………………… 130
光通信用受光素子……………………… 125
光導電効果……………………………… 117
光導波路型光分岐器…………………… 133
光による励起…………………………… 118
光の周波数……………………………… 3
光の振動数……………………………… 3
光の閉じ込め…………………………… 107
光の波長………………………………… 4
光ファイバ……………………………… 131
光分岐器………………………………… 133
光放射率………………………………… 106
光る半導体……………………………… 96
引き上げ法……………………………… 77

非金属抵抗材料	189
非結晶（アモルファス）	19
ヒステリシス	224
非定常状態のシュレーディンガーの波動方程式	218
比透磁率	162
比熱	197
火花放電	183
比誘電率	175
標準抵抗器	189
標準抵抗用材料	189
表面拡散法	150
ピンチオフ	90
ピン止め作用	147
ファーフィールドパターン	223
ファイバ融着型光分岐器	133
ファブリペロ型レーザ	108
ファンデルワールス結晶	11
ファンデルワールス力	16
フェリ磁性	160,165
フェルミエネルギー	28,35
フェルミ準位	28,57
フェルミ速度	28
フェルミ・ディラックの統計	35
フェルミ分布	35
フェルミ粒子	143
フォトダイオード	95,120
フォトリソグラフィ技術	92
フォトン	95
フォノン	97,197
副殻	6
複合加工法	150
複素屈折率	109
不純物拡散技術	92
不純物原子	29
不純物原子の拡散定数	84
不純物のエネルギー準位	119
不純物半導体	51
負性抵抗	73
フックの法則	29
物質波	5
物体の運動量	5
フラーレン	191
プラズマCVD法	92
ブラッグの法則	24
ブラベー格子	20
プランクの定数	1
ブリッジマン法	78
プレーナ型トランジスタ	88
フレーリッヒ理論	143
フレンケル型	181
フレンケル型欠陥	29
ブロッホ関数	44,207
ブロッホ近似法	205
ブロッホの定理	206
ブロンズ法	150
分域	178
分散力	16
分子線エピタキシャル成長法	82
分子の結合エネルギー	11
分布帰還形レーザ	134
平均自由行程	28
平均ドリフト速度	27
平衡状態の障壁の厚さ	60
ベガードの法則	16
変換効率	122
偏光面	138
ポアソンの方程式	60,66
ホイヘンスの原理	24
方位量子数	6
方向性けい素鋼帯	163
飽和磁束密度	162
飽和電流密度	62
ボーアの原子模型	1
ボーア半径	2
ボーキサイト	188
ボース・アインシュタイン関数	39
ボース・アインシュタインの法則	35
ボース粒子	143
ホール	45
補助磁界	138
保磁力	162,165
ポテンシャルエネルギー	2
ポテンシャルエネルギー最小の条件	58
ボルツマン定数	35
ボルツマン統計	198
ボルンの斥力	12

索 引

【マ 行】

マイクロブリッジ型素子 ……………………… 147
マイスナー効果 ……………………………… 145
マクスウェルの方程式 ………………………… 103
マグネット用線材 …………………………… 149
マティーセンの法則 …………………………… 32
マルテンサイト ……………………………… 166
マンガニン …………………………………… 189
ミラー指数 …………………………………… 20
無機半導体 …………………………………… 76
無酸素銅 ……………………………………… 188
面心格子 ……………………………………… 19
面心立方格子 …………………………… 21, 166
面心立方構造 ………………………………… 23
モード分散 …………………………………… 131
MOS型電界効果トランジスタ ……………… 90
漏れ電流 ……………………………………… 182

【ヤ 行】

焼入硬化形磁石 ……………………………… 166
有機金属化学蒸着法 …………………………… 81
有機色素記録 ………………………………… 135
有機色素記録光ディスク …………………… 136
有機色素膜 …………………………………… 136
有機半導体 …………………………………… 76
有効質量 ……………………………………… 44
誘電現象 ……………………………………… 175
誘電損率 ……………………………………… 177
誘電分極 ……………………………………… 175
誘電分散 ……………………………………… 176
誘電率 ………………………………………… 175
誘導吸収 ……………………………………… 104
誘導双極子 …………………………………… 16
誘導放出 ……………………………………… 104
陽子 …………………………………………… 1
横波 …………………………………………… 103

【ラ 行】

らせん転位 …………………………………… 30
利得 …………………………………………… 108
利得定数 ……………………………………… 109
利得導波ストライプ型レーザ ………………… 109
リドベリーエネルギー ………………………… 4
リドベリー定数 ………………………………… 4
粒界 …………………………………………… 30
量子井戸型レーザ …………………………… 110
量子井戸構造 ………………………………… 110
量子状態 ……………………………………… 9
量子数 ………………………………………… 2
量子数 (n, l, m_l, s) …………………………… 9
量子閉じ込め効果 …………………………… 222
菱面体晶系 …………………………………… 180
緑色 LED …………………………………… 101
臨界温度 ………………………………… 141, 144
臨界磁場 ……………………………………… 144
臨界電流 ……………………………………… 144
臨界電流密度 ………………………………… 147
リン青銅 ……………………………………… 188
冷間圧延けい素鋼帯 ………………………… 163
励起子 ………………………………………… 119
レイリー散乱損 ……………………………… 133
レーザアブレーション法 …………………… 192
レーザ光 ……………………………………… 103
ローレンツ数 ………………………………… 33
録再可能光ディスク ………………………… 135
ロスガイド型レーザ ………………………… 110

―― 著 者 略 歴 ――

伊藤　國雄（いとう　くにお）

1969年	京都大学工学部電気工学科卒業
1971年	京都大学大学院修士修了 松下電器産業株式会社入社，半導体レーザの研究開発に従事
1979年	工学博士（京都大学）
1997年	大河内記念技術賞受賞 受賞対象「二波長半導体レーザユニットの開発・商品化」
2002年	津山工業高等専門学校教授
2010年	津山工業高等専門学校名誉教授 奈良先端科学技術大学院，龍谷大学等の非常勤講師を歴任

●著書
『情報通信の新時代を拓く高周波・光半導体デバイス』
　　　　　　　　（共著，電子情報通信学会）
『イオン工学ハンドブック』
　　　　　　　　（共著，イオン工学研究所）
『光デバイス精密加工ハンドブック』
　　　　　　　　（共著，オプトロニクス社）
『これからスタート！電気磁気学　要点と演習』，
『これからスタート！光エレクトロニクス』，
『電気電子回路基礎』，
『技術英語　初級～中級レベル』，
『技術英語　中級～上級レベル』
　　　　　　　　（いずれも共著，電気書院）
『半導体レーザの基礎マスター』（単著，電気書院）

原田　寛治（はらだ　かんじ）

1983年	長岡技術科学大学工学部　電気・電子システム工学課程卒業
1985年	長岡技術科学大学大学院　工学研究科修士課程修了
1997年	博士（工学）鳥取大学
2008年	津山工業高等専門学校教授，現在に至る

© Kunio Ito，Kanji Harada 2009

これからスタート！電気電子材料

2009年　4月10日　第1版第1刷発行
2022年　4月18日　第1版第4刷発行

著　者　伊　藤　國　雄
　　　　原　田　寛　治
発行者　田　中　聡

発　行　所
株式会社　電気書院
ホームページ　www.denkishoin.co.jp
（振替口座　00190-5-18837）
〒101-0051　東京都千代田区神田神保町1-3 ミヤタビル2F
電話(03)5259-9160／FAX(03)5259-9162

印刷　創栄図書印刷株式会社
Printed in Japan／ISBN978-4-485-30049-7

・落丁・乱丁の際は，送料弊社負担にてお取り替えいたします．
・正誤のお問合せにつきましては，書名・版刷を明記の上，編集部宛に郵送・FAX (03-5259-9162) いただくか，当社ホームページの「お問い合わせ」をご利用ください．電話での質問はお受けできません．

JCOPY〈出版者著作権管理機構　委託出版物〉
本書の無断複写（電子化含む）は著作権法上での例外を除き禁じられています．複写される場合は，そのつど事前に，出版者著作権管理機構（電話：03-5244-5088，FAX：03-5244-5089，e-mail：info@jcopy.or.jp）の許諾を得てください．
また本書を代行業者等の第三者に依頼してスキャンやデジタル化することは，たとえ個人や家庭内での利用であっても一切認められません．